BestMasters

Mit „BestMasters" zeichnet Springer die besten Masterarbeiten aus, die an renommierten Hochschulen in Deutschland, Österreich und der Schweiz entstanden sind. Die mit Höchstnote ausgezeichneten Arbeiten wurden durch Gutachter zur Veröffentlichung empfohlen und behandeln aktuelle Themen aus unterschiedlichen Fachgebieten der Naturwissenschaften, Psychologie, Technik und Wirtschaftswissenschaften.

Die Reihe wendet sich an Praktiker und Wissenschaftler gleichermaßen und soll insbesondere auch Nachwuchswissenschaftlern Orientierung geben.

Weitere Bände in dieser Reihe http://www.springer.com/series/13198

Amrei Biedermann · Anna-Lena Ripperger

Urban Gardening und Stadtentwicklung

Neue Orte für konflikthafte Aushandlungsprozesse um städtischen Raum

Mit einem Geleitwort von Prof. Dr. Susanne Heeg

 Springer Spektrum

Amrei Biedermann
Frankfurt a.M., Deutschland

Anna-Lena Ripperger
Frankfurt a.M., Deutschland

BestMasters
ISBN 978-3-658-18697-5   ISBN 978-3-658-18698-2   (eBook)
DOI 10.1007/978-3-658-18698-2

Die Deutsche Nationalbibliothek verzeichnet diese Publikation in der Deutschen National-
bibliografie; detaillierte bibliografische Daten sind im Internet über http://dnb.d-nb.de abrufbar.

Springer Spektrum

Gedruckt auf säurefreiem und chlorfrei gebleichtem Papier

Springer Spektrum ist Teil von Springer Nature
Die eingetragene Gesellschaft ist Springer Fachmedien Wiesbaden GmbH
Die Anschrift der Gesellschaft ist: Abraham-Lincoln-Str. 46, 65189 Wiesbaden, Germany

Geleitwort von Prof. Dr. Susanne Heeg

Urban Gardening, die gärtnerische Nutzung städtischer Flächen, hat sich in den vergangenen Jahren von einem Einzel- zu einem Massenphänomen entwickelt. Entsprechende Projekte existieren nicht mehr nur in einigen wenigen Metropolen wie New York oder Berlin; der Trend hat inzwischen auch kleine und mittelgroße Städte erfasst. In ihnen wird mit *Urban-Gardening*-Projekten öffentlicher Raum begrünt oder sogar neu geschaffen. Hinter diesen Projekten stehen aber nicht nur engagierte Städter_innen mit Hang zum Gärtnern. Auch die Kommunalpolitik und das Immobiliengewerbe greifen mittlerweile – häufig im Rahmen von Zwischennutzungen – auf *Urban Gardening* zurück, etwa um damit bestimmte Quartiere aufzuwerten, die Nachbarschaft zu stärken oder auf kostengünstige Weise Klimapolitik zu betreiben. *Urban Gardening* ist also ein Phänomen, das eng mit aktuellen gesellschaftlichen, politischen und städtischen Entwicklungen zusammenhängt – und an dem kritische Stadtforschung folglich nicht vorbeikommt. Denn die scheinbar harmlose Freizeitbeschäftigung des urbanen Gärtnerns berührt einige ihrer zentralen Themen: unternehmerische Stadtpolitik und die Kommodifizierung des Städtischen, Partizipationsmöglichkeiten und das Recht auf Stadt, Aufwertungs- und Gentrifizierungsprozesse sowie Entwicklungen auf städtischen Immobilienmärkten. Bislang wurde die Analyse des Phänomens *Urban Gardening* von der kritischen Stadtgeographie aber weitgehend vernachlässigt.

An diesem Punkt setzt die vorliegende Masterarbeit von Frau Biedermann und Frau Ripperger an, die als Teamarbeit geschrieben wurde. Die Autorinnen haben die Arbeit und Mühe nicht gescheut, in einem stetigen gegenseitigen Abstimmungsprozess eine im Umfang circa doppelt so umfangreiche Abschlussarbeit zu schreiben, wie sie normalerweise angefertigt wird. Die individuell verfassten Einzelteile, die jeweils einer der beiden Autorinnen zuzuschreiben sind, ergänzen sich hervorragend zu einem runden Ganzen. In ihrer Analyse zeigen Frau Biedermann und Frau Ripperger, dass *Urban-Gardening*-Projekte zu neuen Austragungsorten für soziale Konflikte um urbanen Raum geworden sind, in denen unterschiedliche Interessen ausgehandelt werden.

Die Arbeit basiert auf einer umfangreichen Diskussion dreier zentraler Theorie-
stränge der kritischen Geographie – dem Raumproduktionsprozess nach Lefebvre, dem *Place*-Konzept nach Massey und der Diskussion neoliberaler Stadtentwicklungsprozesse. Zentral für den empirischen Teil der Arbeit waren leitfadengestützte Expert_inneninterviews und teilnehmende Beobachtungen zu zwei
Fallbeispielen. Die daraus gewonnenen Erkenntnisse haben Frau Biedermann
und Frau Ripperger anhand der theoretischen Bezugspunkte überzeugend dargestellt, um im Fazit zu dem Schluss zu kommen, dass *Urban Gardening* sowohl
einen Kontrapunkt als auch eine Verstärkung neoliberaler Stadtentwicklung
darstellt. Die Autorinnen machen in ihrer ausgezeichneten Arbeit deutlich, dass
Urban Gardening sowohl ausschließende Prozesse vor Ort, neoliberale Indienst-
nahme durch stadtpolitische Strategien als auch emanzipatorische, gesellschaftlich öffnende Entwicklungen bedingen kann. Frau Biedermann und Frau Ripperger verzichten dabei auf eine einfache Einordnung des Phänomens in ein Gut-
Schlecht-Schema. Vielmehr ermöglichen sie den Leser_innen, sich ein umfas-
sendes Bild des Phänomens *Urban Gardening* im Kontext aktueller Stadtentwicklung zu machen.

Prof. Dr. Susanne Heeg
Goethe-Universität Frankfurt am Main

Vorwort

Der Ausgangspunkt für diese Masterarbeit war keine inhaltliche, sondern eine formale Entscheidung. Nach vielen gemeinsamen Referaten und Seminararbeiten war uns klar: Wir wollen unsere Abschlussarbeit zusammen schreiben. Da wir bereits im Rahmen eines Projektseminars konstruktiv mit Prof. Dr. Susanne Heeg zusammengearbeitet hatten, freuten wir uns, dass sie uns bei diesem Vorhaben von Anfang an unterstützte.

Von dem Entschluss, eine gemeinsame Masterarbeit zu schreiben, bis zur Anmeldung haben wir uns mit verschiedenen stadtgeographischen Phänomenen und möglichen Theorieansätzen auseinandergesetzt, bis dann folgende Themen und Fragen übrig blieben, die uns besonders wichtig waren: *Wie funktioniert Raumaneignung durch Zwischennutzung? Warum wurde das Phänomen Urban Gardening in der kritischen Stadtgeographie bisher kaum untersucht? Wie reagieren Stadtpolitik und Stadtplanung auf Urban Gardening? Und was bedeutet das im Kontext aktueller, neoliberaler Stadtentwicklung?* Aus diesen Leitfragen und den Erfahrungen, die wir im Rahmen eines Seminars mit *Urban-Gardening*-Projekten in Frankfurt am Main und Offenbach gemacht hatten, entstand schließlich das konkrete Thema unserer Masterarbeit: *Urban Gardening* im Kontext konflikthafter Aushandlungsprozesse um Raum in den Projekten *Frankfurter Garten* und *Hafengarten Offenbach*.

Auch wenn jede von uns schwerpunktmäßig an einzelnen Teilen des Textes gearbeitet hat, war es für uns entscheidend, als Team alle Teile gemeinsam zu durchdenken und zu verfassen. Wir standen deshalb im ständigen Austausch über die Konzeption und Durchführung unserer Fallstudie. Dieses gemeinsame Arbeiten hat uns nicht nur auf persönlicher und wissenschaftlicher Ebene weitergebracht, sondern wurde in der empirischen Phase auch von den beteiligten Akteur_innen positiv aufgenommen. Ihre positiven Reaktionen und ihre Hilfsbereitschaft waren wichtig für das Gelingen unserer Arbeit.

In dieser zeigen wir die Vielschichtigkeit und die gesellschaftliche beziehungsweise stadtpolitische Relevanz des Phänomens *Urban Gardening* auf, um dabei das zu tun, was „kritische Stadtforschung schon immer ausgemacht hat, nämlich genau hinzuschauen, die Dinge ernst zu nehmen und nicht schon alles vorher zu wissen" (Belina 2014: 107)[1].

[1]   Belina, B. (2014): Warum denn gleich ontologisieren? Und wenn nicht, warum dann ANT? Kommentar zu Alexa Färbers „Potenziale freisetzen". *sub\urban. zeitschrift für kritische stadt-forschung* 2 (1): 104-109.

Inhaltsverzeichnis

1. Das Phänomen Urban Gardening

„Ein Gespenst geht um in Europa, ein fröhlich buntes Gespenst mit Dreck unter den Fingernägeln: der Neue Gärtner. Aufgetaucht aus dem Nichts, hat er in kürzester Zeit die Städte erobert"[2] (Rasper 2012: 9). Zuerst war dieses Gespenst lediglich ein Großstadtphänomen[3], mit den Berliner Prinzessinnengärten[4] als Inspirationsquelle und prominentem Vorbild. Doch spätestens seit in Andernach das Projekt Essbare Stadt[5] ins Leben gerufen wurde, ist *Urban Gardening*[6] nicht mehr nur Alleinstellungsmerkmal von Metropolen wie New York oder Berlin. *Urban-Gardening*-Projekte gibt es mittlerweile auch in kleinen und mittelgroßen deutschen Städten, und ständig kommen neue Projekte hinzu. *Urban Gardening* ist zum gesamtgesellschaftlichen Trend geworden – Stadtverwaltungen ernennen *Urban-Gardening*-Beauftragte und Baumärkte verkaufen *Urban-Gardening*-Zubehör (Staib 2015).

2009 und 2010, als die Praxis des *Urban Gardenings* in Deutschland gerade Fahrt aufnahm, wurden in den Feuilletons Lobeshymnen auf die ‚neuen‘ urbanen Gärtner_innen angestimmt. *Urban-Gardening*-Projekte wurden als Orte verklärt, an denen „Städter Wurzeln schlagen" (Haeming 2010: o.S.) und ihre „Sehnsucht

---

[2]   Alle hervorgehobenen Textstellen in direkten Zitaten sind Hervorhebungen im Original. In unserer Arbeit schreiben wir zugunsten der Leser_innenfreundlichkeit folgende Begrifflichkeiten kursiv: die von uns untersuchten *Urban-Gardening*-Projekte, Buchtitel sowie englischsprachige Fachbegriffe. Wir verwenden Zitate in den Sprachen, in denen wir sie in der von uns verwendeten Literatur vorgefunden haben.

[3]   In unserer Arbeit gehen wir auf das Phänomen der „neuen Urban-Gardening-Projekte" (Müller 2011a: 37) ein, die sich an den *Community Gardens* in New York orientieren (vgl.: Kapitel 2.1). Dieses Phänomen findet sich vor allem in Städten des Globalen Nordens wieder und wird in diesem Kontext wissenschaftlich diskutiert. Wenn wir im Folgenden von Städten sprechen, beziehen wir uns deshalb auf Städte des Globalen Nordens.

[4]   Die Prinzessinnengärten gibt es seit 2009, sie sind „eine soziale und ökologische urbane Landwirtschaft" am Moritzplatz in Berlin-Kreuzberg (Prinzessinnengärten 2016).

[5]   „Andernach geht mit dem Konzept der multifunktionalen ‚Essbaren Stadt‘ neue Wege" (Andernach o.J.). Im ganzen Stadtgebiet dürfen Bürger_innen auf öffentlichen Grünflächen Nutzpflanzen anbauen (ebd.).

[6]   Wir beziehen uns im Folgenden auf den Begriff des *Urban Gardenings* in Abgrenzung zum Begriff der *Urban Agriculture*. Damit möchten wir unterstreichen, dass es uns bei der Betrachtung der Praxis des urbanen Gärtnerns nicht um den Aspekt der Ernährungssicherheit beziehungsweise der Ernährungssicherung geht, auch wenn uns bewusst ist, dass es im Sinne eines (ernährungs-)politischen Aktivismus sinnvoller sein könnte, den Begriff des *Urban Gardenings* zu verwerfen, da er eine Art ‚verniedlichende‘, depolitisierende Wirkung haben kann (Tornaghi 2014: 558).

nach mehr Natur" (Herbst 2014: o.S.) stillen können, als Orte, an denen Urbanität neu definiert wird (Ochs 2013), und die zukunftsweisend sind für die
Entwicklung von Städten im Angesicht des Klimawandels (Wißmann 2014).
Offenbar hatten die Journalist_innen in *Urban Gardening* das Wohlfühlthema
gefunden, das ihnen und ihren Leser_innen Erholung vom Alltag und den damals
dominierenden Nachrichtenthemen – wie etwa der globalen Finanzkrise, der
Ölpest im Golf von Mexiko, der Klimakonferenz in Kopenhagen oder dem Re-
aktorunfall in Fukushima – versprach: *Urban Gardening* war ein „Trend, der
schöne Bilder liefert und sich integrieren lässt in die Neuigkeitserzählungen von
Zeitungen und Kulturmagazinen" (Dell 2011: o.S.).
Die positiv-wohlwollende Haltung der Journalist_innen gegenüber *Urban Gardening* dominiert zwar immer noch den medialen Diskurs, doch inzwischen gibt
es auch kritische Stimmen. *Urban-Gardening*-Projekte werden mit Gentrifizierungsprozessen in Verbindung gebracht, wie etwa im Hamburger Stadtteil Sankt
Pauli, wo der geplante Stadtgarten auf dem Dach eines ehemaligen Flakbunkers
für Konflikte sorgt (Beitzer 2014; Müller 2015). Das Potential von *Urban Gardening*, die Gesellschaft zu verändern, wird ebenso kritisch hinterfragt
(Wißmann 2014), wie die Tendenz zur ‚Weltflucht', die in den neuen urbanen
Lebensstilen des *Do-it-yourselfs* steckt (Haeming 2011b; Friedrichs 2015). Auch
auf die Schadstoffbelastung von städtischem Obst und Gemüse wird immer wie-
der hingewiesen (Säumel 2013).
Außerdem steht die kommerzielle Seite von *Urban Gardening* zunehmend im
Zentrum der Berichterstattung (Blinda 2013; Röth 2015). Initiator_innen von
Urban-Gardening-Projekten kommerzialisieren ihr Wissen und beraten nicht nur
andere urbane Gärtner_innen, sondern auch Unternehmen (Wißmann 2014).
Waren die Berliner Prinzessinnengärten schon in den Anfangszeiten der *Urban-
Gardening*-Bewegung in deutschen Städten Vorreiter, so sind sie es jetzt wieder:
Das Berliner *Urban-Gardening*-Projekt ist zur Marke geworden (Haeming
2011a, 2011b). *Urban Gardening* ist aber auch in anderen Städten „schon fast
Teil der Populärkultur" (Müller 2015: o.S.) und „in der Politik oft Everybody's
Darling" (Riedlinger 2014: o.S.): kostengünstig und werbekräftig.

Tatsächlich hat die Politik, vor allem auf kommunaler, aber auch auf bundespolitischer Ebene, das *Urban-Gardening*-Phänomen für sich entdeckt (Bläser et al. 2012; Bock et al. 2013; von der Haide 2014). In Zeiten knapper kommunaler Haushalte erscheint *Urban Gardening* auf ungenutzten Flächen als attraktiver Weg, um die adäquate Grünflächenversorgung der Bevölkerung sicherzustellen (Rosol 2006; ZDF 2012), das Stadtklima zu verbessern (Barthel et al. 2015) oder steuernd in die Entwicklung von Quartieren einzugreifen (von der Haide 2014). Doch nicht nur auf der kommunalen Ebene wird das Potential von *Urban Gardening* politisch genutzt. Auch die amtierende Bundesumweltministerin Barbara Hendricks (SPD) hat *Urban Gardening* für sich und die Ziele ihres Ministeriums entdeckt (Ehrenstein 2015):

> „Mit ‚Urban Gardening‘, Gemeinschaftsgärten, bepflanzten Baumscheiben und Aktionstagen zur Parkpflege bringen sich die Anwohnerinnen und Anwohner aktiv in die Gestaltung und Pflege ihrer Umgebung ein" (BMUB 2015: 5).

Passend zu dem von ihrem Ministerium veröffentlichten *Grünbuch Stadtgrün* (BMUB 2015) wurde auch der deutsche Pavillon auf der Expo-Weltausstellung 2015 in Mailand gestaltet: Dort wurde das Thema *Urban Gardening* umfangreich aufbereitet, als strategischer Beitrag für (nachhaltige) Städte der Zukunft (Prechel 2014). Strategisch denken auch viele Immobilienunternehmen und Wohnungsbaugesellschaften: Sie beziehen *Urban-Gardening*-Flächen inzwischen in ihre Projekte mit ein (von Allwörden und Faßmann 2013; Haufe Immobilien 2015) – um diese aufzuwerten und die Bindung der Bewohner_innen an die Immobilienprojekte zu stärken (von Allwörden und Faßmann 2013: 28f.). *Urban Gardening* in Städten des Globalen Nordens ist also alles andere als ein eindimensionales Phänomen und mit aktuellen gesellschaftlichen Entwicklungen untrennbar verbunden. Die Art und Weise, wie urbane Grünflächen genutzt werden, bezeichnet der Politologe Ulrich Brand [7] deshalb als „sozialen Bewegungsmelder" (Riedlinger 2014: o.S.).

---

[7] Ulrich Brand leitet das Forschungsprojekt „Rekonfiguration von öffentlichen Räumen durch *Green Urban Commons*. Zur Bedeutung von landwirtschaftlichen Bewegungen für den städtischen Raum in Wien" am Institut für Politikwissenschaft der Universität Wien (Green Urban Commons 2015).

Der mediale Diskurs um *Urban Gardening* zeigt, dass sich in diesem Phänomen zentrale Themen der kritischen Stadtgeographie[8] wie in einem Brennglas bündeln: Aufwertungs- und Gentrifizierungsprozesse, unternehmerische Kommunalpolitik, Klima- und Stadtteilpolitik, Städtekonkurrenz, Partizipation, Immobilienmarktentwicklung, Kommodifizierung des Städtischen und Recht auf Stadt. *Urban-Gardening*-Projekte sind zu neuen Austragungsorten für soziale Konflikte um urbanen Raum geworden, in denen unterschiedliche Interessen ausgehandelt werden.

1.1 Problemstellung

Zwei dieser neuen Austragungsorte konnten wir im Rahmen des Seminars „Politik und Steuerung: Urban Gardening und Postwachstumskultur" (Sommersemester 2014, Leitung: Prof. Dr. Antje Schlottmann) näher kennenlernen, den *Frankfurter Garten* und den *Hafengarten Offenbach*. Die dabei in den beiden *Urban-Gardening*-Projekten gemachten Beobachtungen warfen verschiedene Fragen auf, im Zusammenhang mit den Projekten selbst, aber auch mit den aktuellen Stadtentwicklungsprozessen in Frankfurt am Main[9] und Offenbach (beziehungsweise dem Frankfurter Ostend sowie dem Offenbacher Nordend und dem dort neu entstehenden sogenannten Hafenviertel).

Dass beide Projekte als Zwischennutzungen angelegt waren und von den Projekt-Verantwortlichen in den gemeinsamen Gesprächen als solche auch verteidigt beziehungsweise gutgeheißen wurden, irritierte; vor allem, da sich die Projekte explizit als Begegnungsorte verstanden, die den sozialen Zusammenhalt stärken sollten. Dieser Widerspruch zwischen zeitlich begrenzter Nutzung auf der einen und sozialer Nachhaltigkeit auf der anderen Seite schien für die Verantwortlichen keine Rolle zu spielen. Dass es diesbezüglich auch kaum Unterschiede zwischen den Argumentationen der Macher_innen des *Frankfurter*

---

[8] Laut Belina et al. liegt der Ausgangspunkt kritischer Stadtforschung, zu der auch der Teilbereich Stadtgeographie gehört, darin, städtische Verhältnisse „als historisch gewordene und politisch veränderbare" (Belina et al. 2014a: 11) zu begreifen. Kritische Stadtforschung will gleichzeitig „in Stadt und städtische Entwicklungen mit emanzipatorischer Absicht eingreifen" (ebd.).

[9] Wenn im Folgenden von Frankfurt die Rede ist, beziehen wir uns immer auf die hessische Stadt Frankfurt am Main.

Gartens und denen des *Hafengartens Offenbach* gab, war ebenfalls verwunderlich. Denn die Projekte hätten strukturell und personell kaum unterschiedlicher sein können: Der *Frankfurter Garten* war *bottom-up* auf Initiative zweier Frankfurterinnen als Kultur- und Sozialprojekt entstanden, der *Hafengarten Offenbach* als *Top-Down*-Projekt der OPG Offenbacher Projektentwicklungsgesellschaft mbH (OPG), um das Offenbacher Hafenareal bereits vor der Bebauung zu beleben.

Gemeinsam war beiden Projekten, dass sie in Stadtvierteln entstanden waren, in denen große und für die jeweilige Stadtregierung prestigeträchtige Bauvorhaben realisiert wurden beziehungsweise werden. Dies sind der Neubau der Europäischen Zentralbank (EZB) in Frankfurt und die Entwicklung des ehemaligen Offenbacher Hafenareals als Immobilienprojekt Hafen Offenbach. Dass im Zusammenhang mit beiden Stadtvierteln Aufwertungs- und Verdrängungsprozesse diskutiert wurden, verstärkte unseren Eindruck, dass *Urban Gardening* – in Offenbach und Frankfurt, aber auch allgemein – mehr ist, als „der letzte Schrei großstädtischer Freizeitgestaltung" (Hugendick 2011: o.S.). Aus diesen ersten empirischen Beobachtungen entstand das Thema unserer Masterarbeit: *Urban Gardening* im Kontext aktueller Stadtentwicklungsprozesse in Frankfurt und Offenbach.

Die tiefergehende Beschäftigung mit *Urban Gardening* war außerdem motiviert durch unsere Unzufriedenheit mit der Art und Weise, wie dieses Phänomen auf sozialwissenschaftlicher Ebene reflektiert wurde. Der Status von *Urban Gardening* schien irgendwo zwischen ‚Allheilmittel für urbane Problemlagen' und ‚harmlosem Randphänomen' zu liegen. Die erstgenannte Perspektive zeigte sich besonders anschaulich in dem für die deutschsprachige *Urban-Gardening*-Diskussion zentralen, interdisziplinären Sammelband *Urban Gardening – Über die Rückkehr der Gärten in die Stadt* (Müller 2011a). *Urban Gardening* wird darin mehrheitlich als positives Phänomen beschrieben, das quasi zwingend zu „grüneren, bunteren, sozialeren und glücklicheren Städten" (Sondermann 2011: o.S.) führen werde. Die zweitgenannte Perspektive, *Urban Gardening* als Randphänomen, lässt sich weniger an konkreten Forschungsbeiträgen festmachen als am Fehlen derselben in der deutschsprachigen kritischen Stadtforschung.

Aus dieser doppelten Motivation heraus – empirisch beobachtete Widersprüche in den *Urban-Gardening*-Projekten *Frankfurter Garten* und *Hafengarten Offenbach* sowie eine bisher nur begrenzt erfolgte Aufarbeitung von *Urban Gardening* in der deutschsprachigen kritischen Stadtforschung – ergibt sich die Fragestellung der vorliegenden Arbeit: Wir gehen der Frage nach, wie sich in den *Urban-Gardening*-Projekten *Frankfurter Garten* und *Hafengarten Offenbach* konfliktreiche Aushandlungsprozesse um urbanen Raum im Kontext aktueller Stadtentwicklungsprozesse im Frankfurter Ostend und im Offenbacher Nordend gestalten. Wir möchten die Vielfältigkeit und Widersprüchlichkeit von *Urban Gardening* aufzeigen und neue Perspektiven auf dieses stadtgeographisch relevante Phänomen eröffnen.

Diese noch recht allgemein gehaltene Fragestellung werden wir im Verlauf der folgenden Unterkapitel theoretisch weiter anreichern und um zentrale Thesen ergänzen. Zunächst möchten wir aber einen Überblick über den Forschungsstand zu *Urban Gardening* in der englisch- und der deutschsprachigen Stadtforschung geben. Im Anschluss werden wir skizzieren, inwiefern die vorliegende Arbeit diesen ergänzt. Wir werden außerdem darlegen, aus welcher theoretischen Perspektive wir auf unseren Forschungsgegenstand blicken und warum uns diese sinnvoll erscheint. Daran anknüpfend möchten wir unsere Fragestellung konkretisieren und drei erste Thesen formulieren, die mit ihr verbunden sind. Am Ende dieses ersten, einführenden Kapitels werden wir den weiteren Aufbau der Arbeit vorstellen.

1.2 Forschungslücke und erste Konkretisierung der Fragestellung

Wie wir gezeigt haben, ist *Urban Gardening* sowohl zum medialen Trendthema, als auch zu einer in zahlreichen deutschen Städten präsenten Praxis geworden. Diese wachsende Bedeutung von *Urban Gardening* in den Städten des globalen Nordens spiegelt sich jedoch nicht in der deutschsprachigen kritischen Stadtforschung wider. Ein Blick auf die Literaturhinweise des Überblicksartikels *Urban Gardening* (Metzger 2014: 244-249) im *Handbuch Kritische Stadtgeographie* (Belina et al.: 2014b) bestätigt dies: Es liegen kaum deutschsprachige wissenschaftliche Beiträge zu diesem Thema vor. Eine Diskussion über die

Zusammenhänge zwischen *Urban Gardening* und Stadtentwicklung findet bisher hauptsächlich in Abschlussarbeiten, auf Blogs, in universitären Seminaren und auf Konferenzen statt.

Eine Ausnahme bilden die Veröffentlichungen von Marit Rosol (2006, 2010, 2011), in denen sie sich explizit mit Gemeinschaftsgärten und Stadtpolitik auseinandersetzt, sowie einzelne Arbeiten anderer Forscher_innen (Lebuhn 2008; Werner 2011; Exner und Schützenberger 2015). In Zusammenhang mit den „Recht auf Stadt"-Bewegungen und anderen urbanen sozialen Bewegungen wird *Urban Gardening* zumindest gestreift (Mayer 2013b; Schmid 2011), und aus kritisch-philosophischer Perspektive beschäftigt sich etwa Lemke (2012) mit der Politik des Essens in Städten. Doch aus diesen isoliert stehenden Beiträgen hat sich in der deutschsprachigen kritischen Stadtforschung bisher keine breite wissenschaftliche Debatte entwickelt.

Um einen Beitrag zu diesem noch jungen Forschungsfeld zu leisten, untersuchen wir zwei konkrete *Urban-Gardening*-Projekte aus der Perspektive kritischer Stadtgeographie. Welche theoretischen Vorannahmen in dieses Vorhaben einfließen und welche Thesen unsere Forschungsarbeit leiten, legen wir im Folgenden dar. Unsere Fragestellung (vgl.: Kapitel 1.1) enthält drei zentrale Elemente: *Urban Gardening*, konfliktreiche Aushandlungsprozesse um urbanen Raum und aktuelle Stadtentwicklungsprozesse. Um diese drei Elemente schlüssig zu fassen, haben wir folgende theoretischen Zugänge gewählt: Lefebvres Theorie der gesellschaftlichen Produktion des Raums, die Raumform *Place* und den damit verknüpften Begriff des *Place-Makings*, sowie die Neoliberalisierung des Städtischen.

Diese Zugänge sollen uns eine differenzierte Analyse des vielschichtigen Phänomens *Urban Gardening* ermöglichen und zwar aus folgenden Gründen: Das Phänomen *Urban Gardening* könnte im Hinblick auf verschiedene Raumformen sinnvoll untersucht werden (z.B. *Scale* oder *Network)*; da sich *Urban-Gardening*-Projekte aber häufig explizit auf kleinräumlicher Skala, auf Quartiers- oder Stadtteilebene, verorten, möchten wir das Konzept des *Places* und des *Place-Makings* herausgreifen, um diese zu analysieren. Dieses Konzept bietet sich auch deshalb an, weil *Urban-Gardening*-Projekte als Orte individuell und überindividuell bedeutungsvoll sein und identitätsstiftend wirken können. Dies konnten wir bereits bei unseren ersten empirischen Beobachtungen im *Frankfurter Garten* und im *Hafengarten Offenbach* feststellen.

Places wollen wir aber nicht nur – wie in der Tradition der *Humanistic Geography* – als „meaningful location" (Creswell 2004: 7) begreifen, nicht nur als konkrete Orte, die für Menschen auf Grund von Erfahrungen und Gefühlen wichtig sind. Wir verstehen *Places* als dynamisch und sozial konstruiert, als „vorübergehendes Resultat sozialer Beziehungen" (Belina 2013: 117). Sie entstehen im Kontext konfliktreicher, machtvoller gesellschaftlicher Verhältnisse (Massey 1991: 28); sie sind Strategie und Werkzeug zur politischen Mobilisierung, zur Ausgrenzung, zur „creation, maintenance and transformation of relations of domination" (Lombard 2014: 12). *Urban-Gardening*-Projekte als *Places* zu verstehen, bedeutet also nicht nur, herauszufinden, auf welche Weise diese Orte für die in den Projekten Aktiven zu bedeutungsvollen Orten werden. Es bedeutet auch, zu analysieren, wer sich zu welchen Zwecken auf den urbanen Garten als *Place* beruft oder welche Formen von Inklusion und Exklusion in den *Urban-Gardening*-Projekten relevant werden.

Die Betrachtung von *Urban-Gardening*-Projekten oder genauer, dem *Frankfurter Garten* und dem *Hafengarten Offenbach* als sozial konstruierte *Places* fügt sich ein in einen größeren theoretischen Rahmen: in ein Raumverständnis, das Raum als in konfliktreichen Prozessen hergestelltes soziales Produkt versteht. Wie von Tornaghi vorgeschlagen, möchten wir uns bei unserer Analyse von *Urban Gardening* auf die „radical scholars on the social production of space" (Tornaghi 2014: 553) beziehen, um die Zusammenhänge zwischen Macht, Ungleichheit und Raumproduktion aufzuzeigen. Dass Räume sozial produziert sind, ist heute *Common Sense* in kritischer Sozialforschung. Maßgeblich beeinflusst wurde dieses Verständnis von Raum aber durch die theoretischen Überlegungen Henri Lefebvres, der als einer der Ersten Raum in dieser Weise aufgefasst hat.

In *La production de l'espace* (Lefebvre 1974) hat er, in engem inhaltlichen Zusammenhang mit seinen weiteren Arbeiten über Marxismus, Alltagsleben, Stadt und Staat (Vogelpohl 2014a: 26), ein theoretisches Konzept entwickelt, welches nicht Raum an sich, sondern seinen dynamischen, historisch situierten Produktionsprozess zu erfassen sucht (Lefebvre 1991: 37). Dabei versucht er, jene Elemente zusammenzubringen, die seiner Meinung nach eine Einheit bilden, aber von der westlichen Denktradition getrennt sind: das Physikalisch-Materielle, das Mentale und das Soziale (Lefebvre 1991: 11-14). Er betont deshalb die enge Verbindung zwischen dem Räumlichen und der konkreten sozialen Praxis, wie Menschen sie in ihrem Alltag erleben, eingebettet in konkrete soziale Verhältnisse. Lefebvres theoretischer Ansatz erscheint uns deshalb als besonders geeignet für die Untersuchung von *Urban Gardening.*

Das alltägliche Erleben und Schaffen von Raum, der schöpferische Akt der Bedeutungszuschreibung, wie er auch in den *Places Frankfurter Garten* und *Hafengarten Offenbach* stattfindet, spielt für ihn eine zentrale Rolle im Raumproduktionsprozess.[10] Lefebvre sieht in dieser Raumdimension, die er als gelebten Raum bezeichnet, die Möglichkeit, die Entfremdung des Alltagslebens zu überwinden und gesellschaftliche Veränderungen anzustoßen (Belina 2013: 75). Aus diesem Blickwinkel wollen wir untersuchen, inwiefern *Urban-Gardening*-Projekte tatsächlich als „windows of opportunity for experimenting with radical mechanisms of territorial development and urban living" (Tornaghi 2014: 564) verstanden werden können. Untrennbar mit dem gelebten Raum verbunden sind in der von Lefebvre entwickelten triadischen Dialektik aber auch die Raumdimensionen wahrgenommener und konzipierter Raum. Mit Hilfe des von ihm vorgeschlagenen Analyserasters für Raumproduktionsprozesse lässt sich die räumlich-materielle Praxis des urbanen Gärtnerns ebenso fassen wie die (strategische) Darstellung von *Urban-Gardening*-Projekten und ihre Einbindung in städtische Planungskonzepte.

Eine Analyse von *Urban Gardening* anhand dieser drei Raumdimensionen kann aber nicht getrennt von den herrschenden gesellschaftlichen Verhältnissen vorgenommen werden (McClintock 2014; Tornaghi 2014). Diese sind nicht nur gekennzeichnet von einer kapitalistischen, marktwirtschaftlich dominierten

---

[10] Für Lefebvre spielt der gelebte Raum im Hinblick auf die Möglichkeit zu gesellschaftlichen Veränderungen eine zentrale Rolle; in seinem Konzept des Raumproduktionsprozesses wird aber keine der drei räumlichen Dimensionen – gelebter, wahrgenommener und konzipierter Raum – bevorzugt (Vogelpohl 2014a: 27).

Wirtschafts- und Gesellschaftsordnung, sondern auch von „dem Prozess einer fortschreitenden Neoliberalisierung von Stadt und Gesellschaft" (Kemper und Vogelpohl 2013: 218). In diesem Zusammenhang kommt das dritte Element unserer Fragestellung zum Tragen: die aktuellen Stadtentwicklungsprozesse in Frankfurt und Offenbach beziehungsweise ihre theoretische Aufarbeitung mit Hilfe des Konzepts der Neoliberalisierung des Städtischen.

Dieser Neoliberalisierungsprozess zeigt sich vor allem im Wandel der stadtpolitischen Leitbilder: Die Beförderung von ökonomischem Wachstum ist zum wichtigsten Ziel von Stadtpolitik avanciert (Mayer 2013a: 159). Unternehmerische Stadtentwicklungsstrategien sind an die Stelle von wohlfahrtsstaatlichen getreten und werden im Hinblick auf eine verschärfte Konkurrenz zwischen Städten, die als gegeben angenommen wird, legitimiert. Ergänzt werden diese Formen des „roll-back neoliberalism" (Peck und Tickell 2002: 391) durch ‚weiche‘ Strategien[11]: Der subkommunale Raum wird zur Lösung sozialer Problemlagen aktiviert (Heeg und Rosol 2007: 496). Es geht dabei um die Aufwertung von Quartieren, aber auch um „die Erfindung lokaler Gemeinschaften und die Vereinnahmung von Protest" (ebd.). Diese Aspekte sind im Hinblick auf die Praxis des *Urban Gardenings* besonders relevant, da sich *Urban-Gardening*-Projekte häufig auf Quartiersebene verorten und somit eingebettet sind in Aufwertungsstrategien zugunsten einer Mehrung der Standortvorteile.

Der Prozess der Neoliberalisierung des Städtischen vollzieht sich aber keineswegs ohne Widerstände und Widersprüche (Kemper und Vogelpohl 2013: 218f.). Er ist gekennzeichnet von „ambivalenten Situationen und widersinnig anmutenden Entwicklungen" (ebd.: 219). Denn nicht alle Effekte der Neoliberalisierung werden durch Akteur_innen bewusst herbeigeführt, nicht alle Prozesse, die gegenläufig zur Neoliberalisierung sind, können als artikulierte Gegenprojekte gedeutet werden (ebd.). Auch in der Praxis des *Urban Gardenings* lässt sich diese Widersprüchlichkeit erkennen (Classens 2014; McClintock 2014; Tornaghi

---

[11] Als „Strategien eines ‚weichen Neoliberalismus‘" (Heeg und Rosol 2007: 496) lassen sich jene Maßnahmen begreifen, die auf Quartiersebene Armut und soziale Ungleichheit bekämpfen wollen – allerdings auf selektive Weise (ebd.).

2014) – ein Aspekt, den wir im Verlauf dieser Arbeit weiter ausführen werden (vgl. Kapitel 2.1.1).

Nachdem wir die drei Elemente unserer Fragestellung – *Urban Gardening*, konfliktreiche Aushandlungsprozesse um urbanen Raum sowie die aktuellen Stadtentwicklungsprozesse – nun überblicksartig in der Theorie verankert haben, möchten wir unsere Fragestellung noch einmal konkretisieren: In der vorliegenden Arbeit gehen wir der Frage nach, wie sich in den *Urban-Gardening*-Projekten *Frankfurter Garten* und *Hafengarten Offenbach*, verstanden als *Places*, die konfliktreiche Produktion von Raum im Kontext neoliberaler Stadtentwicklung in Frankfurt und Offenbach gestaltet.

Aus dieser Fragestellung möchten wir drei Thesen ableiten, die sich sowohl aus unseren ersten empirischen Beobachtungen als auch aus dem Forschungsstand zu *Urban Gardening* beziehungsweise dem von uns gewählten theoretischen Zugang ergeben:

• In *Urban-Gardening*-Projekten finden konfliktreiche Aushandlungsprozesse um Raum statt.

• *Urban-Gardening*-Projekte sind stadtpolitisch relevant.

• *Urban-Gardening*-Projekte stellen zugleich einen Kontrapunkt und eine Verstärkung von Prozessen der Neoliberalisierung des Städtischen dar.

Dieser Komplex aus erweiterter Fragestellung und ersten Thesen, denen wir im Verlauf der Arbeit weitere hinzufügen werden, sollen die weitere Analyse der Projekte *Frankfurter Garten* und *Hafengarten Offenbach* anleiten.

1.3 Aufbau der Arbeit

Am Ende dieses ersten Kapitels möchten wir einen kurzen Überblick über den Aufbau dieser Arbeit geben. Anknüpfend an die Einleitung bildet das zweite Kapitel das theoretische Fundament unserer Arbeit. Nach dem Überblick über die von uns ausgewählten theoretischen Ansätze werden wir in Kapitel 3 unsere Fragestellung noch einmal konkretisieren und weitere Thesen für unsere empirische Analyse aufstellen. In Kapitel 4 werden wir unsere empirische Vorgehensweise skizzieren, indem wir einen Überblick über unsere Methoden geben und diese kritisch reflektieren. Außerdem werden wir hier unseren Untersuchungsgegenstand, den *Frankfurter Garten* und den *Hafengarten Offenbach*, sowie unsere Interviewpartner_innen vorstellen. Der empirischen Analyse unserer Fallbeispiele widmet sich das Kapitel 5. Hier stellen wir einen Bezug zu den in Kapitel 2 vorgestellten theoretischen Konzepten her und gehen ausführlich auf die Ergebnisse unserer Fallstudie ein. Wir stellen dar, wie in den *Urban-Gardening*-Projekten *Frankfurter Garten* und *Hafengarten Offenbach* Raum produziert wird (Kapitel 5.1). Darüber hinaus beleuchten wir, welche Rolle die Raumform *Place* in diesen Projekten spielt und wie *Place-Making* vonstattengeht (Kapitel 5.2). Daran anschließend betrachten wir den *Frankfurter Garten* und den *Hafengarten Offenbach* im Kontext der Neoliberalisierung des Städtischen (Kapitel 5.3), bevor wir unsere Ergebnisse, im Hinblick auf unsere Hauptkategorien, abschließend interpretieren (Kapitel 5.4). Im sechsten Kapitel werden wir die Ergebnisse unserer Arbeit noch einmal zusammenfassen, unsere Thesen überprüfen und einen Ausblick auf weitere, mögliche Forschungsfragen im Zusammenhang mit *Urban Gardening* geben.

2. Theoretische Grundlagen

Im Folgenden stellen wir die theoretischen Konzepte, auf die wir die Analyse unseres empirischen Materials aufbauen, ausführlicher dar. Wir gehen zunächst auf die Entwicklung der *Urban-Gardening*-Bewegung ein und skizzieren den aktuellen wissenschaftlichen Diskurs über dieses Phänomen (Kapitel 2.1). Daran anschließend erörtern wir unser Raumverständnis (Kapitel 2.2), indem wir Lefebvres raumtheoretisches Konzept und die Raumform *Place* mit dem zugehörigen Prozessbegriff *Place-Making* vorstellen. Anschließend gehen wir auf jene Aspekte der Neoliberalisierung des Städtischen ein, welche unser Verständnis von aktueller Stadtentwicklung im Kontext von *Urban-Gardening*-Projekten prägen (Kapitel 2.3).

2.1 Forschungsstand Urban Gardening

Urban Gardening ist in Deutschland in den vergangenen Jahren nicht nur von verschiedenen Medien aufgegriffen worden, das Phänomen wurde auch auf populärwissenschaftlicher beziehungsweise wissenschaftlicher Ebene gewürdigt. Grundsätzlich lässt sich jedoch feststellen, dass die deutschsprachige Forschungsliteratur[12] zu *Urban Gardening* wesentlich weniger umfangreich ist als die englischsprachige. Dies mag zum einen an den grundsätzlichen Unterschieden zwischen international geführten, englischsprachigen Wissenschaftsdiskursen, sowie den in ihrer Reichweite begrenzteren deutschsprachigen liegen und zum anderen an der Entstehungsgeschichte des *Urban Gardenings*. In Deutschland ist dieses Phänomen nämlich noch relativ neu[13], wogegen in den USA,

---

[12]   Im Folgenden wird auch jene Literatur miteinbezogen, die wir im Bezug auf *Urban Gardening* für aussagekräftig und relevant halten, auch wenn die Autor_innen sich auf den Begriff der *Urban Agriculture* oder – undifferenziert – sowohl auf den Begriff des *Urban Gardenings* als auch auf den der *Urban Agriculture* beziehen.

[13]   In Deutschland entstanden in den 1990er Jahren im Kontext der Integration von Geflüchteten aus Bosnien erste Interkulturelle Gärten. Die ‚neuen' *Urban-Gardening*-Projekte entstanden aber erst ab 2009. Als erstes etabliertes neues *Urban-Gardening*-Projekt in Deutschland sind hier die 2009 entstandenen Prinzessinnengärten in Berlin zu nennen, die sich selbst als „nomadisch, sozial, ökologisch und partizipativ" verstehen (Müller 2011a: 37).

Großbritannien, Australien oder Kuba schon in den 1970er und 1980er Jahren verschiedene Formen des *Urban Gardenings* entstanden sind.

Anders als in den industrialisierten Großstädten des Globalen Nordens hat die urbane Landwirtschaft im Globalen Süden ihre Bedeutung für die Nahrungsmittelversorgung der städtischen Bevölkerung nie ganz verloren. Dennoch erfuhren die Städte des Globalen Südens in den 1970er und 1980er Jahren eine Renaissance der urbanen Landwirtschaft. Im wissenschaftlichen Diskurs werden vor allem die Gärten in Kuba hervorgehoben, die auf diesem Gebiet als weltweiter Vorreiter gelten. Der Staat unterstützt die Gärtner_innen dabei, eine nachhaltige Selbstversorgung in den Städten aufzubauen. Dabei stehen Gemeinschaft und Solidarität in den Projekten im Vordergrund. Über die Nahrungsmittelversorgung hinaus hat die Bewegung in Kuba den Anspruch, einen Gegenpol zu neoliberaler Wirtschaftspolitik zu bilden und den Weg in eine postfossile Zukunft zu gehen (Kälber 2011: 289).

Im Globalen Norden führten die Industrialisierung und die Urbanisierung Mitte des 19. Jahrhunderts dazu, dass die urbane Landwirtschaft, die bisher die alltägliche Nahrungsmittelversorgung in den Städten geregelt hatte, weitgehend verdrängt wurde. Der Zugang zu Grünflächen für die Selbstversorgung blieb aber weiterhin wichtig und stadtpolitisch präsent. Ein Überbleibsel dieser Praxis sind die urbanen Kleingärten[14], die es auch heute noch gibt. In den Jahren des Wirtschaftswachstums nach dem Zweiten Weltkrieg verloren Gärten an Bedeutung für die Nahrungsversorgung auf stadtplanerischer Ebene. Die Landwirtschaft wurde zunehmend industrialisiert, sodass Stadtbewohner_innen Lebensmittel im Supermarkt sehr günstig einkaufen konnten und es ökonomisch nicht mehr sinnvoll war, Nahrungsmittel selbst anzubauen. Kleingärten wurden zu Naherholungsräumen für Kleinfamilien. Der Anbau von Obst und Gemüse beziehungsweise der Ertrag stand nicht länger im Vordergrund (Metzger 2014: 245).

---

[14] „Nach Beginn des Ersten Weltkriegs verabschiedete der Bundesrat des Deutschen Reichs eine Verordnung, die den Verwaltungsbehörden das Recht auf Beschlagnahme von Land zusprach. Damit sollten Brachländer zur Intensivierung des Nahrungsmittelanbaus genutzt werden […]: Die Behörde hegte Hoffnung, die gesamte Bevölkerung mittels Selbstversorgerlandwirtschaft in Kleingärten mit Gemüse versorgen zu können" (Meyer-Renschhausen 2011: 323).

Urban Gardening ist heute ein Sammelbegriff für die unterschiedlichen Garten-
formen im Globalen Norden, die sich im historischen Kontext von Selbstversor-
ger_innen-Gärten, über Kleingärten mit unterschiedlicher Funktion bis hin zu
den neuen *Urban-Gardening*-Projekten entwickelt haben. Letztere stehen in
engem Zusammenhang mit aktuellen Urbanisierungsprozessen (Meyer-
Renschhausen 2011: 319), auf die wir in Kapitel 2.3 näher eingehen.
Die Absichten der neuen *Urban-Gardening*-Bewegung lassen sich laut Metzger
drei Themenbereichen zuordnen. Die Gärtner_innen beabsichtigen demnach:
erstens ein anderes Verständnis von Stadt und Ökologie und, damit verbunden,
die Überwindung der Dichotomie von Stadt und Natur zu vermitteln, zweitens
einen Beitrag zur lokalen Ernährungssouveränität zu leisten und drittens eine
Form der Partizipation, der urbanen Demokratie und der Möglichkeit zur Gestaltung öffentlicher Räume zu etablieren (Metzger 2014: 245f.). Wichtige Vorbilder sind dabei die *Community Gardens* in New York, wo sich mehrere zehntau-
send Gemeinschaftsgärtner_innen engagieren (ebd.: 245).
Für die Stadtentwicklung spielt diese partizipative und ökologische Freiraumnut-
zung eine immer größere Rolle. Die *Urban-Gardening*-Projekte passen sich
dabei an die jeweilige Stadtstruktur an:
„in schrumpfenden Städten können Brachflächen durch urbane Gärten wieder in Nutzung genommen werden, in stark verdichteten Städten können so qualitative Verbesserungen der Grünversorgung erreicht werden" (von der Haide 2014: 7).
Wie die Entwicklung der neuen Gärten in der Forschung aufgegriffen und reflektiert wird, wollen wir zunächst in einem Überblick über den Forschungsstand zu
Urban Gardening in der deutschsprachigen Stadtforschung erörtern. Im Anschluss gehen wir dann auf die entsprechenden Beiträge in der englischsprachigen Forschung ein.
Neben dem ‚Standardwerk' *Urban Gardening – Über die Rückkehr der Gärten
in die Stadt* (Müller 2011a) gibt es in der deutschsprachigen Forschung zu *Urban
Gardening* einzelne Arbeiten zu anderen Themenbereichen, als den in Müller
(2011a) aufgegriffenen[15]: *Urban Gardening* und *Do-it-yourself* (Baier 2013),

---
[15] In dem Sammelband *Urban Gardening – Über die Rückkehr der Gärten in die Stadt* (Müller
2011a) werden vier Themenbereiche zu *Urban Gardening* jeweils unter unterschiedlichen Ge-

Urban Gardening und Partizipation (Rosol 2006), *Urban Gardening* und Ernährung beziehungsweise Politik des Essens (Drescher und Gerold 2010; Werner 2011; Lemke 2012), *Urban Gardening* und öffentlicher Raum (Müller 2011b; Rosol 2011; Exner und Schützenberger 2015), *Urban Gardening* und Recht auf Stadt (Mayer 2008), Gärten und Politik (Reimers 2010; Alkon und Mares 2012; Müller 2012), die soziokulturelle Bedeutung urbaner Landwirtschaft im Kontext des Klimawandels (Lemke 2009; Füllner und Templin 2011), Kleingartenwesen und neue Formen des Gärtnerns (Appel et al. 2011). Darüber hinaus existieren bislang hauptsächlich deskriptive Arbeiten beziehungsweise empirische Studien zu spezifischen *Urban-Gardening*-Projekten (Meyer-Renschhausen 2004; von der Haide 2007; Schweizer und Rosol 2012; von der Haide 2014).

Auch in der englischsprachigen Forschung wurde und wird *Urban Gardening* von ganz unterschiedlichen wissenschaftlichen Disziplinen aufgegriffen. In den Agrarwissenschaften, der Geographie, der Raum- und Landschaftsplanung, der Soziologie oder den *Urban Studies* stehen jeweils unterschiedliche Aspekte im Vordergrund: Nachhaltigkeit (Lang 2014), Ernährungssicherheit (Guthman 2008a; Guitart et al. 2012; Angotti 2015), *Environmental Justice* (Holt-Giménez und Wang 2011; Sbicca 2014; Reynolds 2015) oder *Alternative Food Networks* beziehungsweise *Local Food* (Alkon 2013; Pole und Gray 2013; Schnell 2013; Grunderson 2014). Untersucht werden außerdem der Beitrag von *Urban Gardening* zur Umwelterziehung (Bendt et al. 2013; Middle et al. 2014), zur Gesundheit (Wolch et al. 2014), zur Resilienz von Städten (Barthel et al. 2015) oder die verschiedenen Bedeutungen beziehungsweise diskursiven *Framings* von *Urban Gardening* (Drake und Lawson 2014; Ernwein 2014, Kurtz 2001).

Derzeit gibt es keine allgemeingültige Definition für *Urban Gardening*. Es ist zu erwarten, dass dies auch vorerst so bleiben wird, da das Feld sehr innovationsstark ist und auch weiterhin Entwicklungen und neue Ausprägungen zu erwarten sind (von der Haide 2014: 5). Wenn in dieser Arbeit von *Urban Gardening* die

---

sichtspunkten betrachtet: 1.) Zeitdiagnostische Beobachtungen zur Gesellschaft und ihren Gärten, 2.) Urbanität und Gärten sowie deren Verortung, 3.) Lebenswissenschaftliche Plädoyers zur Lebendigkeit des Gartens und 4.) Gärten als Räume von Subsistenz und Politik.

Rede ist, dann meinen wir damit Gemeinschaftsgärten im Sinne Marit Rosols (2006):

„Gemeinschaftsgärten sind gemeinschaftlich und durch freiwilliges Engagement geschaffene und betriebene Gärten, Grünanlagen und Parks mit Ausrichtung auf eine allgemeine Öffentlichkeit" (Rosol 2006: 7). [16]

Der Begriff des Gemeinschaftsgartens bezieht sich auf die *Community Gardens* in New York. „Gemeinschaft" verweist dabei auf „den kollektiven Charakter des Gartenbetriebs" (ebd.). Eine wichtige Rolle in den Gemeinschaftsgärten spielt das bürgerschaftliche Engagement:

„freiwillig, nicht auf materiellen Gewinn gerichtet, gemeinwohlorientiert definiert, es findet im öffentlichen Raum statt und wird in der Regel gemeinschaftlich kollektiv ausgeübt" (ebd.: 8).

Das Gärtnern in Gemeinschaftsgärten ist also gemeinschaftsorientiert und partizipativ. In den meisten Fällen werden die Gärten als Zwischennutzung angelegt und haben oftmals einen unsicheren Existenzstatus. Der bereits erwähnte Gemeinschaftsaspekt sowie der (halb-)öffentliche Zugang sind typisch für Gemeinschaftsgärten. Zudem werden die *Urban-Gardening*-Projekte als Begegnungs- und Lernorte initiiert. Hier soll die Nachbarschaft gezielt bei der Gestaltung des städtischen Sozialraums mitwirken können. Oftmals sollen sogenannte ‚Unorte' wiederentdeckt und zu Orten des Erlebens und des Begegnens werden (Müller 2012: 103). Dabei muss jedoch auch die Nähe zu neoliberalen Stadtentwicklungsstrategien thematisiert werden. Denn oftmals lässt sich die Praxis der Gemeinschaftsgärten – entgegen ihren eigenen Ansprüchen – durch ihre unternehmerische Organisation sowie durch ihre Marketingstrategien und die Privilegierung einzelner Milieus als neoliberal charakterisieren (Metzger 2014: 246). Nachdem wir einen Überblick über den Stand der Forschung zu *Urban Gardening* gegeben und das Phänomen näher charakterisiert haben, gehen wir im Folgenden auf die Kritik an der bisherigen Forschungsperspektive ein.

---

[16] Im weiteren Sinne kann *Urban Gardening* neue und alte Formen von bürgerschaftlichem Gartenbau im Stadtbereich umfassen, etwa „Schul-, Kita-, Therapie-, Klein-, Mieter-, Kraut- und Dachgärten sowie bürgerschaftliche Park-, Baumscheiben-, Straßenbäume- und Biotoppflegeprojekte, öffentliche Streuobstwiesen und andere grüne Allmenden" (von der Haide 2014: 5). Wie bereits erwähnt gehen wir in unserer Arbeit von einem engeren Verständnis von *Urban Gardening* aus.

2.1.1 Kritik an den aktuellen Forschungsperspektiven zu Urban Gardening

Obwohl die englischsprachige Literatur zu *Urban Gardening* umfangreich und von großer thematischer Vielfalt geprägt ist, monieren Wissenschaftler_innen verschiedener Disziplinen, dass die wissenschaftliche Reflexion dieses ‚neuen' urbanen Phänomens bisher auf zu unkritische Weise erfolgt (Classens 2014; McClintock 2014; Tornaghi 2014). Auf die von ihnen geäußerten Kritikpunkte soll im Folgenden ausführlicher eingegangen werden.

Nathan McClintock (2014) und Michael Classens (2014) attestieren der bisherigen Forschung im Bereich *Urban Gardening* einseitiges Schwarz-Weiß-Zeichnen: Auf der einen Seite würden die Autor_innen die positiven Folgen im Bereich der Ernährungssicherheit, der Nachhaltigkeit, der Auswirkungen auf die Gesundheit oder Ähnlichem überbewerten (z.B. Armstrong 2000; Fusco 2001; Kingsley und Townsend 2006; Schmelzkopf 1995); auf der anderen Seite würden sie aber zu einseitig kritisieren, dass *Urban Gardening* genau jene neoliberalen Politiken und Entwicklungen verstärkt, die es eigentlich adressieren möchte (z.B. Allen und Guthman 2006; Rosol 2006; Guthman 2008b; Holt-Giménez und Wang 2011; Alkon und Mares 2012).

Für Classens (2014) fußt diese Zweiteilung auf der irreführenden Grundannahme, Natur und Gesellschaft seien zwei getrennt voneinander zu denkende Sphären der Wirklichkeit. Die Übernahme dieser dualistischen Denkweise verhindere eine „careful consideration of the complicated dynamic continually unfolding between nature and society" (Classens 2014: 230) und somit auch eine fruchtbare Auseinandersetzung mit *Urban Gardening*. Würde das ‚Natürliche' dann noch, wie in manchen Forschungsarbeiten der Fall, idealisiert – urbane Gärten als an sich gut, weil sie ‚die Natur' zurück in die Städte bringen (ebd.: 236) – sei es nicht mehr weit zu einem „perverse kind of antiurbanism" (ebd.: 235), der das Gesellschaftliche beziehungsweise Städtische als defizitär verstehe. Diese Denkweise könne, so Classens, auch in einer Depolitisierung von *Urban Gardening* münden, weil diese Praxis so niemals als „viable, scalable option to counter the capitalist food system" (ebd.: 236) gedacht würde, sondern nur als Rück-

zugsmöglichkeit von einer „too social world" (ebd.) und als ein „antidote to the
debilitating drudgery of urban life" (ebd.: 234).

Classens kritisiert aber auch jene Forscher_innen, die *Urban Gardening* lediglich
in Abhängigkeit von den dominanten Strukturen einer kapitalistischen Gesellschaftsordnung untersuchten und dabei dem Handeln von menschlichen und
nichtmenschlichen Akteur_innen nicht genügend Aufmerksamkeit beimäßen
(ebd.: 35). Diejenigen Forscher_innen, die dem Phänomen *Urban Gardening*
kritisch gegenüberstünden, ignorierten überdies häufig, dass „capital(ism) is
continually stymied by nature" (ebd.: 235).
Classens plädiert deshalb für eine umfassende, differenzierte Analyse von *Urban
Gardening*, ausgehend von der Frage, „who is creating what kinds of socionatu-
ral configurations for whom" (ebd.: 237). Eine solche Herangehensweise könne
einseitige Positionen überwinden und aufzeigen, inwiefern die herrschenden
gesellschaftlichen Verhältnisse durch *Urban-Gardening*-Projekte sowohl in
Frage gestellt, als auch bestätigt beziehungsweise fortgeschrieben werden können (ebd.).
Auch Nathan McClintock (2014) macht sich für einen differenzierteren Blick auf
Urban Gardening stark. Für ihn sind diese neuen städtischen Praxen nicht entweder radikal oder neoliberal, sondern „both a form of actually existing neoliberalism and a simultaneous radical countermovement arising in dialectical tensi-
ons" (McClintock 2014: 2). Diese Widersprüchlichkeit sei eine logische Folge
der herrschenden kapitalistischen Verhältnisse, die *Urban Gardening* ermöglich-
ten und gleichzeitig erschwerten. Um diese widersprüchlichen Prozesse erstens
zu identifizieren und zweitens nachzuvollziehen, ist seiner Meinung nach eine
Analyse von *Urban Gardening* auf verschiedenen räumlichen *Scales*, „individu-
al, organizational, neighborhood, city, regional, national, global" (ebd.: 20), und
auf verschiedenen zeitlichen Ebenen notwendig (ebd.). Nur so könne herausgearbeitet werden, was *Urban Gardening* tatsächlich auf verschiedenen Ebenen
leisten könne und was nicht. Statt *Urban Gardening* mit Erwartungen zu über-
frachten und es als „an end unto itself" (ebd.) anzusehen, sollte diese Praxis als
eines von vielen möglichen Mitteln im Kampf für eine gerechtere und nachhalti-
gere Nahrungsmittelversorgung angesehen werden (ebd.). Durch *Urban Garde-*

ning werde eine Diskussion über die Verbindungen zwischen Ernährung, Stadtplanung und Gesundheitswesen angestoßen, die wiederum zu Veränderungen in den dominanten Organisationsformen der Nahrungsmittelversorgung führen könne (ebd.).

Doch um wirklich jene Strukturen zu verändern, die erst zur Entstehung der urbanen Garten- beziehungsweise Landwirtschaftsbewegung geführt hätten, müsse *Urban Gardening* letztlich in ein „broader framework of justice and structural change" (ebd.) eingebettet werden. Eine andere, gebrauchswertorientierte Wirtschafts- und Gesellschaftsordnung könne nicht allein durch *Urban Gardening* entstehen (ebd.).

Auch Chiara Tornaghi (2014) kritisiert, dass die Praxis von *Urban Gardening* allgemein als „benevolent and unproblematic" (Tornaghi 2014: 552) angesehen wird. Laut Tornaghi würden mit Hilfe von *Urban Gardening* Fragen der Ernährungssicherheit, der Nachhaltigkeit und der Resilienz auf urbaner Ebene behandelt. Dabei fänden die „controversial and potentially unjust dynamics" (ebd.), die mit dieser Praxis einhergehen, bisher kaum Beachtung. *Urban-Gardening*-Projekte böten zwar die Möglichkeit, neue Verbindungen zwischen Urbanität und Nahrungsmittelproduktion herzustellen. Sie dienten aber auch als neue Werkzeuge für Kapitalakkumulation und Wachstumspolitiken, für den Abbau von Sozialleistungen und die Privatisierung von öffentlichem Raum (ebd.: 553). Der Schlüssel zum Verständnis des Phänomens *Urban Gardening* liegt für Tornaghi (2014) deshalb in den gegenwärtigen Formen der Urbanisierung im Globalen Norden. Sie hält eine Neubewertung von *Urban Gardening* – wie sie auch von Classens (2014) und McClintock (2014) gefordert wird – deshalb für eine zentrale Aufgabe der kritischen geographischen Forschung. Diese habe das Phänomen *Urban Gardening* bisher aber kaum in den Blick genommen (Tornaghi 2014: 551). Tornaghi entwickelt deshalb, ausgehend von der bereits existierenden, multidisziplinären Literatur zu *Urban Gardening*, eine erste Forschungsagenda für eine kritische Geographie des *Urban Gardenings*. Deren Ziel solle es sein, *Urban-Gardening*-Initiativen in den Kontext spezifischer soziopolitischer Regimes einzubetten und sie in diesem Kontext zu untersuchen. Dabei solle darauf geachtet werden, welche Rolle sie

„in the reproduction of capitalism, in the transformation of urban metabolic processes, and in the discursive, political and physical production of new socio-environmental conditions" (ebd.: 553) spielten. Kritische Raumforschungsansätze, wie die von Henri Lefebvre, David Harvey oder Peter Marcuse, könnten zur Untersuchung jener Formen von Macht, Ausschluss, Ungerechtigkeit und Ungleichheit dienen, „that frame or that are potentially embedded into these place-making practices" (ebd.). Es wäre durch eine solche Herangehensweise aber auch möglich, Alternativen innerhalb der Praxen von *Urban Gardening* aufzuzeigen und „the spatial opportunities for a radical remaking of the urban" (ebd.) zu erkunden.

2.1.2 Kritische Urban-Gardening-Forschung

Erste Schritte in diese Richtung wurden bereits unternommen: Der Prozess der *Ecological Gentrification*[17] steht zunehmend im Fokus kritischer geographischer Forschung (Dooling 2008, 2009; Quastel 2009; Holm 2011a) und wird auch im Zusammenhang mit *Urban Gardening* diskutiert (McClintock 2014; Wolch et al. 2014). Die Rolle von Partizipation, *Empowerment* und freiwilligem Engagement in *Urban-Gardening*-Projekten wird ebenso kritisch reflektiert (Rosol 2010, 2012; Eizenberg 2012a) wie das Formen von „citizen-subjects" (Pudup 2008: 1228) durch *Urban Gardening* zum Zweck des städtischen Regierens (Pudup 2008; Staeheli 2008) oder *Urban Gardening* als Reaktion auf eine zunehmende Neoliberalisierung von städtischem Raum (Staeheli et al. 2002). Auch Laura B. DeLind (2015) fragt nach den positiven und negativen sozialen Veränderungen, die durch *Urban Gardening* im Kontext neoliberaler gesell-schaftlicher Entwicklungen angestoßen werden. Hierbei wird auch die Verbin-dung zu Lefebvres Gedanken zum „Recht auf die Stadt" (Lefebvre 1968) herge-stellt, explizit wie bei Schmelzkopf (2002) und Iveson (2013) oder implizit wie bei Zukin (2010). Efrat Eizenberg (2012b, 2013) greift Lefebvres (1974) dialek-tische Triade der Raumproduktion auf, um zu untersuchen, inwiefern *Green Urban Commons* alternative Räume und Erfahrungen innerhalb der neoliberalen

---

[17] *Ecological Gentrification* bezeichnet die Verdrängung bestimmter Bevölkerungsgruppen durch Grünraum- beziehungsweise Nachhaltigkeitspolitiken (Holm 2014: 103) (vgl. Kapitel 2.3.8).

Stadt generieren können. Exner und Schützenberger (2015) untersuchen, inwiefern in Gemeinschaftsgärten differentieller Raum im Sinne Lefebvres geschaffen wird.

Dieser Überblick zeigt, wie viele Themenbereiche bereits mit *Urban Gardening* in Verbindung gebracht wurden. Diese Betrachtungsweisen können jedoch nicht auf alle *Urban-Gardening*-Projekte angewendet werden. Deutungsmuster müssen am jeweiligen Beispiel kritisch hinterfragt werden. Denn jedes Projekt wird durch die konkreten Aushandlungsprozesse der involvierten Akteur_innen beeinflusst (Scheve 2014: 8). Auch unsere Fallbeispiele, der *Frankfurter Garten* und der *Hafengarten Offenbach,* sind Orte, an denen Raum stetig neu verhandelt wird. Dabei spielen lokale Entwicklungen genauso eine Rolle wie globale Aspekte. Im Folgenden stellen wir dar, mit welchem theoretischen Fokus wir die Aushandlungsprozesse, die in den Projekten vonstattengehen, fassen wollen. Dazu erläutern wir zunächst die raumtheoretischen Grundlagen unserer Arbeit, um dann näher auf die jeweiligen Konzepte von Henri Lefebvre (vgl.: Kapitel 2.2.1-2.2.3.4) und Doreen Massey (vgl.: Kapitel 2.2.2-2.2.2.6) einzugehen.

2.2 Raumtheoretische Grundlagen

Seit dem *Spatial Turn* in den Sozial-, Geistes- und Kulturwissenschaften ist Raum in diesen Disziplinen zu einem zentralen Element des wissenschaftlichen Diskurses geworden. In den anglo- und frankophonen Diskussionen[18] wurde diese ‚Wiederentdeckung' des Raums entscheidend beeinflusst durch Arbeiten aus der Tradition kritischer Raumforschung (Belina und Michel 2007: 7). An diese Tradition möchten wir anknüpfen und *Urban Gardening* – wie von Tornaghi (2014: 553) vorgeschlagen – aus dieser Forschungsperspektive untersuchen. Kritische Raumforschung begreift Raum als sozial hergestellt, als Produkt einer Gesellschaft zu einer bestimmten Zeit (Belina und Michel 2007: 9) und somit als veränderbar. Sie grenzt sich damit von jenen Raumkonzepten ab, die Raum lediglich als etwas mental Konstruiertes verstehen, das nicht an ir-

---

[18]   Zum Mangel an Beiträgen aus dem Bereich der kritischen Raumforschung in deutschsprachigen Diskussionen vgl. Belina und Michel (2007: 7-34).

gendeine Form von Materialität gebunden ist (Belina 2013: 29-43). Räumliche Prozesse und Praktiken sind für die kritische Raumforschung immer nur im Konkreten, im Kontext sozialer Prozesse relevant (Belina und Michel 2007: 9). Sie sieht dabei aber nicht von der physischen Materialität ab.

Kritische Raumforschung geht außerdem davon aus, dass Gesellschaft im Kapitalismus von sozialen Konflikten und gesellschaftlichen Widersprüchen geprägt ist, von spezifischen Machtverhältnissen und divergierenden Interessen (Belina 2013: 84). Raumproduktionsprozesse sind also keine „harmonische Angelegenheit" (Belina und Michel 2007: 9), sondern von Grund auf konflikthaft (ebd.). Kritische Raumforschung untersucht nicht nur, wie Räume – auf materieller und symbolischer Ebene – hergestellt und angeeignet werden, oder welche Raumkonzepte in Gesellschaften hegemonial werden (ebd. 8f.); sie beschäftigt sich ebenso mit den Möglichkeiten emanzipatorischer Praxis, die in den Produktionsprozessen bereits angelegt sind.

„Die Produktion von Raum kann als Mittel von Ausbeutung, Herrschaft, Kontrolle oder Unterdrückung strategisch eingesetzt werden, räumliche Strategien können aber auch seitens des Widerstands gegen diese Prozesse in Anschlag gebracht werden" (Belina 2013: 85).

Aus diesem Blickwinkel schauen auch wir auf die urbane Praxis des *Urban Gardenings*. Wir loten aus, inwiefern durch sie – im Kontext konflikthafter Aushandlungsprozesse – Räume hergestellt werden.

Als theoretische Bezugspunkte haben wir zum einen die raumtheoretischen Arbeiten Henri Lefebvres gewählt, von denen die kritische Raumforschung entscheidend beeinflusst wurde (Belina und Michel 2007: 7). Der Gedanke, Raum als gesellschaftliches Produkt zu verstehen, geht maßgeblich auf diesen marxistischen Sozialphilosophen zurück. Er formulierte bereits Anfang der 1970er Jahre: „L'espace (social) est un produit (social)" (1974: xxi). In Zusammenhang mit seiner Suche „nach den Momenten und Orten des Konkreten im entfremdeten Leben im Kapitalismus" (Belina 2013: 8) setzte er sich in den 1960er und 1970er Jahren intensiv mit den Zusammenhängen zwischen Alltagsleben, (Stadt-)Raum und Kapitalismus auseinander (Merrifield 1993: 522).

1974 veröffentlichte er *La production de l'espace*, das Merrifield als den Höhepunkt von Lefebvres „life-long intellectual project" (ebd.) bezeichnet. Mit diesem Werk legte Lefebvre eine an die frühen Arbeiten von Marx anknüpfende Gesellschaftstheorie vor (ebd.: 523), mit der er die drei für ihn relevanten Dimensionen des Raums vereinigen wollte (ebd.): die physische, die mentale und die soziale (Lefebvre 1991: 11f.). Diese „conceptual triad" (ebd.: 33) aus wahrgenommenem, konzipiertem und gelebtem Raum (Vogelpohl 2014a: 27) soll es ermöglichen, durch eine Analyse des Raums historisch situierte, gesellschaftliche Praxis zu verstehen (Lefebrve 1991: 38).

Zum anderen beziehen wir uns auf die feministische Geographin Doreen Massey[19], die über 30 Jahre lang an einem relationalen Raumkonzept gearbeitet hat (Strüver 2014: 37). Zentral für sie war dabei der Aspekt der gesellschaftlichen Machtverhältnisse (zwischen sozialen Gruppen), die sie als *Power-Geometries of Space* bezeichnete (Massey 1991, 1993). Sie ging dabei über den „Aphorismus der Siebziger" (Massey 2007: 116) – Raum als soziale Konstruktion – hinaus und betonte die „andere Seite der Medaille" (ebd.): „dass das Soziale und Räumliche untrennbar sind und dass die räumliche Form kausal auf das Soziale einwirkt" (ebd.: 117). Dieses „*Wechselverhältnis* zwischen Raum und Gesellschaftsstrukturen" (Strüver 2014: 37) war für Massey zentral, weil es Möglichkeiten für eine Veränderung räumlicher Strukturen und somit für eine Politisierung von Raum eröffnete (Massey 2007: 117). Massey geht dabei wie Lefebvre davon aus, „dass Raum umkämpfter Effekt gesellschaftlicher Strukturen und Prozesse ist" (Strüver 2014: 37) und zwar „auf allen räumlichen Maßstabsebenen, von der lokalsten bis zur globalsten" (Massey 2007: 127f.).

Dass sie die konkrete soziale Realität an konkreten Orten ernst nehmen, ohne dabei die Ebene des Globalen aus dem Blick zu verlieren, verbindet Lefebvre und Massey. Im Folgenden gehen wir kurz darauf ein, wie die beiden Autor_innen diese Verbindung zwischen dem Globalen und dem Lokalen jeweils herstellen.

---

[19] „Lefebvre's thinking also features centrally in the British tradition of social geography associated with Liz Bond, Stuart Elden and Doreen Massey" (Vermeulen 2015: o.S.).

Mit Masseys Namen ist das Konzept des *Global Sense of Place* verbunden. 1991 formulierte sie, „wie *place*-spezifische subjektive Erfahrungen und Emotionen in globale Vernetzungen verschiedenster Art eingebunden sind und durch diese hervorgebracht werden" (Belina et al. 2013a: 54). Sie entwickelte dieses Konzept in Abgrenzung vom *Place*-Begriff der klassischen regionalen Geographie, der die einzigartige Identität von *Places* und Regionen betonte und diese Einzigartigkeit über den Raum selbst begründete (Strüver 2014: 37). Diese Sicht auf *Places* kritisiert Massey als „self-enclosing and defensive" (Massey 1991: 24). Sie plädiert stattdessen für ein radikal offenes *Place*-Konzept, einen „progressive sense of place" (ebd.: 26), der den veränderten raum-zeitlichen Verhältnissen in einer (ungleich) globalisierten Welt gerecht wird; ein *Place*-Begriff, „which would be useful in what are, after all, political struggles often inevitably based on place" (ebd.). Anstatt sich *Places* als klar abgrenzbare Raumausschnitte vorzustellen, sollte man sie sich, so Massey, vorstellen als

„articulated moments in networks of social relations and understandings, but where a large proportion of those relations, experiences and understandings are constructed on a far larger scale than what we happen to define for that moment as the place itself, whether that be a street, or a region or even a continent" (ebd.: 28).

Diese Sichtweise erlaube es, so Massey, *Places* in ihrer Wechselbeziehung zum Globalen wahrzunehmen beziehungsweise das Lokale und das Globale auf positive Weise zu integrieren (ebd.). Sie betont, dass die Identitäten von *Places* – ebenso wie diejenigen von Individuen – vielfältig und wandelbar seien (ebd.), je nach Kontext der jeweiligen sozialen Praktiken (Belina et al. 2013a: 54). Jeder *Place* stellt für Massey einen einzigartigen Schnittpunkt im komplexen, den Globus umspannenden Geflecht sozialer Beziehungen dar (Massey 1991: 27).

Auch die von Lefebvre in *La production de l'espace* (1974) entwickelte Gesellschaftstheorie ermöglicht es, „Prozesse und Phänomene auf allen Maßstabsebenen, vom Privaten, über die Stadt bis zum Globus, abzubilden, zu erfassen und zu analysieren" (Schmid 2005a: 9). Dabei macht Lefebvre in seiner dialektischen Triade besonders den gelebten Raum stark, also den Raum der Bewohner_innen und Nutzer_innen (Lefebvre 1991: 39)[20], der körperlich erfahren und emotional angeeignet wird. Auch wenn Lefebvres Beschreibung des gelebten Raums an verschiedene Aspekte des *Place*-Begriffs erinnert, kommt das Wort *Place* in Lefebvres Werk nur selten – und dann auf wenig spezifische Weise – vor (Vermeulen 2015). Erst Andrew Merrifield (1993) hat diese Raumform aus Lefebvres Perspektive erschlossen. Er erklärt, *Place* sei im Sinne Lefebvres

„the terrain where basic social practices – consumption, enjoyment, traditions, self-identification, solidarity, social support and social reproduction etc. – are lived out. As a moment of capitalist space, place is where everyday life is situated" (Merrifield 1993: 522).

Als ein Moment im Prozess der kapitalistischen Raumproduktion sei *Place* ein Ort, an dem sich alltägliche Routinen realisierten, weshalb man ihn als *„practiced space"* (ebd.) bezeichnen könne. Merrifield betont, dass Raum und Ort in der Denktradition Lefebvres nicht getrennt voneinander zu betrachten seien, sondern nur als verschiedene, dialektisch aufeinander bezogene Aspekte einer Einheit, als „different ‚moments' of a contradictory and conflicutal process" (ebd.: 527).

Beide, Lefebvre und Massey, betonen, dass es bei der Untersuchung von *Space* und *Place* immer um die Analyse konkreter Sachverhalte gehen müsse, nicht einfach darum, „ritualistic connections to ‚the wider system'" herzustellen. Stattdessen gelte es, sich mit den „real relations with real content – economic, political, cultural – between any local place and the wider world in which it is set" (Massey 1991: 28) zu beschäftigen, oder – wie es Lefebvre formuliert – in jedem einzelnen Fall zu untersuchen, wie soziale Beziehungen sich jeweils konkret durch räumliche Praxis realisieren (Lefebvre 1991: 404).

Die theoretischen Konzepte von Lefebvre und Massey liefern uns also eine sinnvolle Basis für unseren Untersuchungsgegenstand *Urban Gardening*, um konflikthafte Aushandlungsprozesse um urbanen Raum und die Wechselwirkungen

---

[20] „Mit Schmid (2005) gehen wir davon aus, dass auch die zum idealistischen neigenden Formulierungen zum gelebten Raum materialistisch und von der sozialen Praxis her zu denken sind" (Belina et al. 2013a: 54). Diesem Verständnis von Lefebvres gelebtem Raum schließen sich die Autorinnen an.

zwischen lokal verankerten *Places* und globalen Prozessen zu untersuchen. Im Folgenden gehen wir detaillierter auf für uns relevante Aspekte der jeweiligen Konzepte von Lefebvre und Massey ein.

2.2.1 Lefebvre: Die Stadt in der Krise und das Recht auf die Stadt

Lefebvres philosophisches Projekt begann mit der Analyse des städtischen Alltagslebens im Kontext der sogenannten Krise der Stadt der 1960er und 1970er Jahre (Dutkowski 2012: 33). In Frankreich, wie auch in anderen westlichen Industrienationen, etablierte sich nach dem Zweiten Weltkrieg der Fordismus als Wirtschafts- und Gesellschaftsform, während gleichzeitig der Wohlfahrtsstaat keynesianischer Prägung ausgebaut wurde. In Verbindung „mit der Ausbreitung urbaner Gebiete und dem an einer funktionalen Logik orientierten Städtebau der Nachkriegszeit" (Schmid 2005a: 10) veränderte sich die urbane Alltagswelt auf dramatische Weise: Das kleinteilige Gefüge der Stadt wurde aufgebrochen; um der hohen Migration aus ländlichen Gebieten gerecht zu werden, entstanden in den Vorstadtbezirken Trabantenstädte; die Innenstädte verödeten, die urbane Lebendigkeit ging verloren (Dutkowski 2012: 34). In seinem Essay *Le droit à la ville* (1968) analysierte Lefebvre die sozio-ökonomischen Faktoren dieser städtischen Veränderungen aus marxistischer Perspektive und übte Kritik an der Art und Weise, wie sich Urbanisierung vollzog. Die Stadt, die er als *œuvre,* als Werk, begreift, „is no longer lived and is no longer understood practically" (Lefebvre 1996: 148). Die Folgen seien ein monotones, homogenisiertes und normiertes Alltagsleben (ebd.: 127) sowie wachsende Segregation (ebd.: 138-146). Das wichtigste Merkmal des Städtischen, die Eigenschaft der Zentralität als „the regrouping of differences in relation to each other" (ebd.: 19), sei innerhalb der „Ordnung der funktionalisierten und bürokratisierten Städte" (Schmid 2011: 26) verloren gegangen (Lefebvre 1996: 118f.). Die Bewohner_innen der neuen Trabantenstädte würden systematisch von städtischen Prozessen ausgeschlossen und verlören ihre Partizipationsmöglichkeiten.

Diese Krise der Stadt hatte aber auch direkte politische Folgen: Die Protestbewegungen der späten 1960er Jahre richteten sich nicht nur gegen die als imperialistisch wahrgenommene westliche Politik oder den Vietnamkrieg, sondern auch

„gegen den Verlust der städtischen Qualitäten" (Schmid 2011: 26). Als Professor an der Universität von Nanterre[21], von der die Maiunruhen von 1968 ausgingen, konnte Lefebvre beobachten, wie ein „negativ privilegierter Ort" (Lefebvre 1969: 98) zum Ausgangspunkt urbaner Kämpfe für eine andere Gesellschaft wurde (Belina und Michel 2007: 14f.). In diesem Kontext entwickelte er seine berühmt gewordene Forderung nach einem „Recht auf die Stadt" (Lefebvre 1968), also dem Recht aller Stadtbewohner_innen an allen Bereichen des städtischen Lebens teilzuhaben (Lefebvre 1996: 147f.) und „nicht in einen Raum abgedrängt zu werden, der bloß zum Zweck der Diskriminierung produziert wurde" (Schmid 2011: 26):

„the right to the city is like a cry and a demand [...] The right to the city cannot be conceived of as a simple visiting right or as a return to traditional cities. It can only be formulated as a transformed and renewed right to urban life" (Lefebvre 1996: 158).

2.2.2 Lefebvre: Die vollständige Urbanisierung der Gesellschaft

Die tiefergehende Auseinandersetzung mit den Fragen, was der urbane Raum und die urbane Gesellschaft sind und waren, was sie sein sollen und sein können, löste bei Lefebvre einen Perspektivwechsel aus: Im Zentrum der Analyse stand nun nicht mehr der Untersuchungsgegenstand Stadt als gegebenes Objekt, sondern die Urbanisierung, verstanden als Prozess (Schmid 2005a: 11). Das von ihm beobachtete Wuchern des städtischen Gewebes führte ihn in *La révolution urbaine* (1970) zu einer neuen Hypothese: der von der vollständigen Urbanisierung der Gesellschaft.[22] Sie besagt, dass es mit den Kategorien ‚Stadt' und ‚Land' nicht mehr gelingt, die soziale Realität zu fassen (Schmid 2011: 30), da sich diese Kategorien nicht mehr auf eine bestimmte räumliche Morphologie reduzieren oder durch unterschiedliche Produktionsweisen erklären ließen. ‚Stadt' und ‚Land' entsprächen „keinem gesellschaftlichen Objekt mehr" (Lefebvre 1972:

---

[21] Nanterre war zu diesem Zeitpunkt ein Arbeiter_innenquartier am Rand von Paris, in dem zahlreiche Bauprojekte begonnen worden waren, in dem es aber noch keine adäquate Infrastruktur gab (Belina und Michel 2007: 14).

[22] Für Lefebvre stellte die Industriegesellschaft noch nicht die vollständig urbanisierte Gesellschaft dar; für diese ist seiner Ansicht nach eine Revolution nötig. Diese nannte Lefebvre, in Anlehnung an den Begriff der Industriellen Revolution, „révolution urbaine" (Lefebvre 1970).

65). Lefebvre fasst sie stattdessen als historische Konfigurationen auf, die sich durch den fortschreitenden Prozess der Urbanisierung auflösen. Der damit verbundene „epistemologische Wechsel" (Schmid 2011: 30) sei fundamental und habe zu einem „radikalen Bruch mit dem traditionellen westlichen Verständnis der Stadt" (ebd.) geführt, so Schmid. Bis zu Lefebvre sei die Stadt als Einheit angesehen worden, die sich auf einer spezifischen urbanen Lebensweise begründete und durch Merkmale wie Größe, Dichte oder Heterogenität bestimmt war (ebd.).[23] Lefebvre stellte diesen Definitionen von Stadt und Urbanität „eine langfristige Konzeption urbaner Transformation" (ebd.) gegenüber. Für ihn war die Industrialisierung, mit der eine Konzentration von Produktionsmitteln und Arbeitskräften in Städten einhergeht, gleichbedeutend mit einer „Ausdehnung der industriellen Rationalität auf die gesamte Gesellschaft" (ebd.: 31). Daraus folgerte er, dass Industrialisierung und Urbanisierung „eine hochkomplexe und konfliktgeladene Einheit" (ebd.: 32) bilden und sich gegenseitig bedingen und verstärken (ebd.). Für Lefebvre bedeutete Urbanisierung zum einen „die Überformung und Kolonisierung der ländlichen Gebiete durch ein urbanes Gewebe" (ebd.), zum anderen den Wandel der urbanen Form:

> „This urban society cannot take shape conceptually until the end of a process during which the old urban forms, the end result of a series of *discontinuous* transformations, burst apart" (Lefebvre 2003: 2).

Von dieser Feststellung ausgehend entwickelte Lefebvre drei Begriffe, die ausdrücken sollten, was das Städtische jenseits der spezifischen historischen Kategorie Stadt ausmacht (Lefebvre 1968, 1970). Die erste Eigenschaft von Städten war für Lefebvre die Mediation. Die Stadt fungiere als mittlere Ebene zwischen dem Privatem, dem Alltagsleben (Schmid 2011: 31f.) und dem Globalen beziehungsweise „dem Weltmarkt, dem Staat, dem Wissen, den Institutionen und den Ideologien" (ebd.: 31). Als zweite Eigenschaft benannte er die Zentralität, die er nicht geographisch dachte, sondern als Gleichzeitigkeit von Menschen, Gütern

---

[23] Für die klassischen Definitionen von Urbanität wie etwa jene von Georg Simmel (1903) oder Louis Wirth (1938) war die Stadt immer eine klar abgrenzbare Einheit, die sich außerdem durch eine spezifisch urbane Lebensweise auszeichnete (Schmid 2011: 30).

und Tätigkeiten beziehungsweise als Möglichkeit ihres Aufeinandertreffens verstand, eine sowohl gedachte als auch realisierte Möglichkeit (ebd.: 32f.):

„Das Städtische definiert sich als der Ort, an dem die Menschen sich gegenseitig auf die Füße treten, [...] Situationen derart miteinander verwirren, dass unvorhergesehene Situationen entstehen" (Lefebvre 1972: 46).

Die Differenz, also die „gleichzeitige Präsenz von ganz unterschiedlichen Welten und Wertvorstellungen, von ethnischen, kulturellen und sozialen Gruppen, Aktivitäten und Kenntnissen" (ebd.: 33), die aufeinander Bezug nehmen und so produktiv werden, war für Lefebvre die dritte Charakteristik des Städtischen. Diese Begriffe ergänzten als „Recht auf Zentralität" (ebd.: 144) und als „Recht auf Differenz" (ebd.: 77) Lefebvres ältere Forderung nach dem „Recht auf die Stadt", die mit seinem Abschied vom Begriff der Stadt problematisch geworden war (Schmid 2011: 34).

„Das Recht auf Zentralität steht für den Zugang zu den Orten des gesellschaftlichen Reichtums, der städtischen Infrastruktur und des Wissens. Das Recht auf Differenz deutet die Stadt als Ort des Zusammenkommens und der Auseinandersetzung" (Holm 2011b: 90).

2.2.3 Lefebvre: Der Raumproduktionsprozess

Doch Lefebvre stellte fest, dass sich nicht alle Probleme der städtischen beziehungsweise gesellschaftlichen Wirklichkeit auf der Ebene des Urbanen beschreiben lassen. Um die Zusammenhänge zwischen Mediation, Zentralität und Differenz aufzuzeigen, suchte er deshalb nach einem „allgemeineren Begriff, der sie umfasst und auf einer übergeordneten Ebene abbildet" (Schmid 2011: 35). Dies gelang ihm durch die Bezugnahme auf den Raum. Dieser Begriff ermöglichte es ihm, das Urbane auf eine gesamtgesellschaftliche Ebene zu heben, ohne dabei Alltag und Entfremdung – zwei zentrale theoretische Bezugspunkte in seinen früheren Arbeiten – aus den Augen zu verlieren (Belina und Michel 2007: 16). Die Grundannahme von *La production de l'espace* (1974) ist also, wie bereits skizziert (vgl. Kapitel 1.2), die Annahme, dass der (soziale) Raum ein (soziales) Produkt ist (Lefebvre 1991: 26).[24] Lefebvre erweitert diese allgemeine Konzeptualisierung von Raum, indem er den Raumproduktionsprozess anbindet an eine bestimmte Gesellschaft zu einer bestimmten Zeit (Vogelpohl 2014a: 27): „every society [...] produces a space, its own space" (Lefebvre 1991: 31). Über eine Analyse des Raums zu einer Zeit x lassen sich also auch Aussagen über die Gesellschaft y zu dieser Zeit treffen (Vogelpohl 2014a: 27). Gleichzeitig lässt sich Raum nur aus der jeweiligen Gesellschaft heraus erschließen, aus der konkreten sozialen Praxis (Belina 2013: 24). Städte hatten zu Beginn des 20. Jahrhunderts eine andere gesellschaftliche Bedeutung als in den 1960er Jahren, in denen städtischer Raum und städtischer Alltag nach funktionalen Prinzipien gegliedert wurden, oder als heutige Städte unter neoliberalen Bedingungen (Vogelpohl 2014: 27). (Städtischer) Raum ist für Lefebvre also ein gesellschaftliches Produkt, dessen Produktionsprozess sozialhistorisch situiert ist und das „ständig produziert und reproduziert" (Schmid 2011: 39) wird. Raum ist

„the outcome of a sequence and set of operations, and thus cannot be reduced to the rank of a simple object. [...] Itself the outcome of past actions, social space is what permits fresh actions to occur, while suggesting others and prohibiting yet others" (Lefebvre 1991: 73).

Für Lefebvre werden in diesem Raumproduktionsprozess „kulturelle, sprachliche, politische, soziale und ökonomische Aspekte" (Schmid 2005a: 10) relevant. Diese spiegeln sich in den drei räumlichen Dimensionen, aus denen sich die von ihm vorgeschlagene dialektische Triade zusammensetzt (Lefebvre 1991: 38-40): die räumliche Praxis, die Repräsentationen des Raums und die Räume der Repräsentation beziehungsweise der wahrgenommene, der konzipierte und der gelebte Raum (Vogelpohl 2014a: 27).

---

[24] Raum interessierte Lefebvre aber nicht „als solcher, sondern als Mittel und Gegenstand von Akkumulation und Reproduktion", so Belina und Michel (Belina und Michel 2007: 17). Lefebvre stellt in *La survie du capitalisme* (1973) fest, dass es dem Kapitalismus in den vergangenen hundert Jahren gelungen sei, seine inneren Widersprüche zu lösen oder zumindest abzumildern und so zu wachsen: „We cannot calculate at what price, but we do know the means: *by occupying space, by producing a space*" (Lefebvre 1976: 21).

Diese Begriffe sind dialektisch[25] miteinander verbunden und jeweils doppelt bestimmt.[26] Im Folgenden werden die „three moments of social space" (Lefebvre 1991: 40) vorgestellt.

2.2.3.1 Der wahrgenommene Raum oder die räumliche Praxis

Die Dimension des wahrgenommenen Raums fasst sowohl die physisch-materielle Basis des Raums, die gebaute Umwelt, als auch die Art und Weise, wie sie in der sozialen Praxis genutzt wird (Vogelpohl 2014a: 27). Sie steht also auch für das Erleben der sinnlich erfassbaren, materiellen Welt.[27] Über „Praktiken des alltäglichen Lebens" (McCann 2007: 245) werden die einzelnen Elemente, aus denen Raum sich zusammensetzt, zu „einer Ordnung des Gleichzeitigen" (Schmid 2011: 35) verbunden. Im physischen Zusammentreffen von Menschen, Gütern und Tätigkeiten überlagern und verknoten sich räumliche Routinen mit „Produktionsnetzwerken und Kommunikationskanälen" (ebd.: 36). Durch diese Verbindung sozialer Netze des Alltagslebens entstehen „Orte der Begegnung und des Austausches, die offen sind für Überraschungen und Innovationen" (ebd.). Beispiele hierfür sind Plätze oder Straßen, die entweder vorrangig dem Verkehr dienen oder auch als Treffpunkt beziehungsweise Ort für sportliche Betätigungen fungieren können. Die räumliche Praxis und die mit ihr verbundenen konkreten Praktiken bewegen sich dabei

> „innerhalb der Grenzen des erdachten, abstrakten Raums der Planer/innen und Archi-
> tekt/inn/en, während sie gleichzeitig die individuelle Wahrnehmung und den Ge-

---

[25] Lefebvres philosophischer Hintergrund war zwar die „deutsche Dialektik" (Schmid 2005a: 15) von Hegel, Marx und Nietzsche, doch sein Verständnis von Dialektik unterschied sich von diesen Vorbildern. Er entwickelt es eng an der Praxis, denn für ihn dient das dialektische Prinzip nicht zur rationalistisch-systematischen Beweisführung, sondern dazu, mit einer „‚Dialektisierung' der Zugriffe auf das Wirkliche" (Guelf 2010: 189) aufzuzeigen, dass alles Wirkliche in einem offenen Spannungsverhältnis steht. Für ihn bedeutet Dialektik nicht die „Konstruktion eines in sich geschlossenen und rekonstruierbaren Gedankengebäudes, sie ist eine Denkmethode, um der Dynamik einer in sich auf Gegensätzen aufgebauten Entwicklung folgen zu können" (ebd.: 219).

[26] „Diese doppelte Reihe von Begriffen weist auf einen zweifachen Zugang zum Raum hin: einerseits einen phänomenologischen, andererseits einen linguistischen bzw. semiotischen" (Schmid 2011: 35).

[27] Sie entspricht gleichzeitig der Realisierung von Mediation, Zentralität und Differenz, die Lefebvre als Charakteristika des Städtischen herausgearbeitet hat (Schmid 2011: 35).

brauch von Raum formen, wie sie auch von diesem geformt werden" (McCann 2007: 245).

Die räumliche Praxis steht für McCann als Mittlerin zwischen den beiden Dimensionen Repräsentationen von Raum und Räume der Repräsentation (ebd.: 244). Ein *Urban-Gardening*-Projekt ist aus diesem Blickwinkel „ein konkreter Ort mit identifizierbaren physischen Strukturen" (Exner und Schützenberger 2015: 54), die sinnlich erfahrbar sind. Diese physisch wahrnehmbaren Garten-Strukturen sprechen bestimmte Personen als Nutzer_innen an, während sich gleichzeitig andere von der Nutzung eines *Urban-Gardening*-Projekts ausschließt (ebd.).

2.2.3.2 Der konzipierte Raum oder die Repräsentationen des Raums

Der konzipierte Raum entspricht den bewusst erzeugten Darstellungen von Raum und Räumen „durch Worte oder Abbildungen, aus denen auch Interessen ablesbar sind" (Vogelpohl 2014a: 27). Die Wahrnehmung des Raums ist vorgeprägt durch gedankliche Konzepte. Diese bilden die physische Materialität des Raums auf abstrakter Ebene ab. Als Repräsentationen definieren sie Raum – entsprechend der herrschenden gesellschaftlichen Konventionen, „die nicht unabänderlich sind, sondern oft umstritten und umkämpft, und die im diskursiven (politischen) Einsatz ausgehandelt werden" (Schmid 2011: 37). Die Repräsentationen des Raums sind die „dominante Form" (McCann 2007: 245) des sozialen Raums und die Grundlage für die Produktion von abstraktem Raum (ebd.). Fragen der Raumkonzeption sind also immer auch Machtfragen,

„sie sind direkt mit Regeln, Normen und Zwängen verbunden, die festlegen, wer und was im urbanen Raum zugelassen oder verboten ist, eingeschlossen oder ausgeschlossen wird" (ebd.).

Der konzipierte Raum „bleibt immer abstrakt[,] da er *erdacht* statt gelebt ist." (ebd.: 244f.). Beispiele für Repräsentationen des Raums sind Stadt- und Bebauungspläne „oder städtische Leitbilder, die Stadtentwicklungsziele festlegen" (Vogelpohl 2014a: 27). Auch bei der Analyse von *Urban-Gardening*-Projekten ist die Frage ihrer Konzeptualisierung relevant. So lässt sich offenlegen, mit welchen strategischen Zielen Repräsentationen dieser neuen Räume erzeugt werden (Exner und Schützenberger 2015: 54).

2.2.3.3 Der gelebte Raum oder die Räume der Repräsentation

Die dritte von Lefebvre benannte Dimension, der gelebte Raum, ist Ausdruck „für den subjektiv imaginierten oder gefühlten Aspekt des Raumes" (Vogelpohl 2014a: 27). Durch den Prozess der individuellen Bedeutungszuschreibung werden Räume symbolisch aufgeladen, wie es etwa durch Erinnerungen oder Träume geschieht, aber auch durch Kunstwerke oder künstlerische beziehungsweise philosophische Visionen.

> „Das Erlebte, die praktische Erfahrung, lässt sich durch die theoretische Analyse nicht ausschöpfen. Es bleibt immer ein Mehr: ein unaussprechliches und unanalysierbares Residuum, das sich nur mit künstlerischen Mitteln ausdrücken lässt" (Schmid 2011: 38).

Diese Raumdimension ist dem konkreten menschlichen Alltagsleben am nächsten. Lefebvre nennt sie deshalb auch gelebter Raum (ebd.). Was eine Stadt oder auch ein Park oder ein Garten ist, lernen Menschen durch „konkrete, praktische Erfahrung [...] von Kindheit an – und verbinden es auch mit ihren Erinnerung" (ebd.), indem sie Räume nutzen, aneignen und gestalten.

Die Raumform Garten ist dabei symbolisch aufgeladen (Exner und Schützenberger 2015: 57). Gärten sind deshalb „primär Orte der Produktion von Bedeutungen, die in historisch veränderlicher Form ästhetisch kodiert sind" (ebd.). Auch wenn *Urban Gardening* noch ein relativ junges Phänomen ist, ist die Garten-Symbolik auch für *Urban-Gardening*-Projekte bedeutsam, in denen neue Bedeutungen von Stadt, Natur und Urbanität geschaffen werden.[28]

Diese drei Dimensionen stehen in einem dialektischen Verhältnis zueinander und sollten nicht isoliert voneinander betrachtet werden: „Dann ist der Raum weder das Gebäude noch das Leitbild noch die subjektive Erinnerung – sondern die Beziehungen zwischen diesen Dimensionen" (Vogelpohl 2014a: 27). Erst im Zusammenspiel von wahrgenommenem, konzipiertem und gelebtem Raum wird

---

[28]   Doch sobald „die Ertragsfunktion über die Bedeutungsproduktion zu dominieren beginnt, enden Begriff und Raum des Gartens" (Exner und Schützenberger 2015: 57).

Raum produziert. Jede einzelne Dimension steht aber gleichzeitig in einem Wechselspiel mit den jeweils anderen. Lefebvres Raumkonzeption ist somit auf zweifache Weise dynamisch: Sobald es in den ‚Zweierbeziehungen' zu Veränderungen kommen, wandelt sich auch das aus den drei Dimensionen bestehende Gesamtprodukt Raum (ebd.). Lefebvre wollte mit der dialektischen Triade aber kein abstraktes Modell aufstellen, denn dann verlöre es seiner Meinung nach seine Aussagekraft:

> „If it cannot grasp the concrete (as distinct from the ‚immediate'), then its import is severely limited, amounting to no more than that of one ideological mediation among others" (Lefebrvre 1991: 40).

Lefebvres Raumkonzept ist in den vergangenen Jahren vermehrt als Grundlage für empirische Arbeiten entdeckt worden (Vogelpohl 2014a: 29).[29] Denn obwohl *La production de l'espace* (1974) „systematisch unsystematisch" (Belina und Michel 2007: 17) verfasst ist, was die Textarbeit erschwert und verschiedene Lesarten möglich macht (ebd.)[30], bietet Lefebvres Gesellschaftstheorie vielfältige Anknüpfungsmöglichkeiten für empirische Arbeiten. Dadurch, dass Lefebvres triadische Dialektik kein strenges Analysemodell ist, dem man Schritt für Schritt folgen muss, können seine Gedanken als offene Inspirationsquelle dienen für eine Auseinandersetzung mit den Begriffen Raum, Alltag und Staat (Vogelpohl 2014a: 29).

2.2.3.4 Der abstrakte und der differentielle Raum

Lefebvre lieferte in *La production de l'espace* (1974) aber nicht nur „eine theoretisch-begriffliche Konzeption" (Vogelpohl 2014a: 28), um historische und gegenwärtige Raumproduktionsprozesse zu analysieren. Er zeigte auch auf, wie

---

[29] Beispiele sind Schmids Analyse der Schweiz anhand des Begriffs der Urbanisierung (Schmid 2005b) oder die Untersuchung der Alltagspraxis von Bewohner_innen der Stadt Dhaka (Bertuzzo 2009).

[30] Auch für Lefebvre selbst waren seine Hypothesen erst einmal nur eine strategische Arbeitsgrundlage, die er im Verlauf seiner Untersuchungen erst auf ihre Tauglichkeit testete (Schmid 2005a: 15): „we are concerned with nothing that even remotely resembles a system" (Lefebvre 1991: 423). Er versuchte „die Kritik der Begriffe durch die Praxis, und die Kritik der Praxis durch die Begriffe" (Schmid 2005a: 15). Aufgrund dieser minimalen Variationen eines einmal entwickelten Grundthemas verglich Edward Soja Lefebvres Arbeiten mit der musikalischen Form der Fuge (Soja 1996: 58).

sich eine alternative Raumproduktion „in einer nichtkapitalistischen, durchweg kollektiv gestaltbaren und individuell erlebbaren Gesellschaft" (ebd.) vollziehen könnte. Mit dem Begriff der urbanisierten Gesellschaft[31] entwarf er eine „konkrete Utopie" (Schmid 2011: 34), die durch konkrete soziale Praxis hergestellt werden kann und mit der das Recht auf Zentralität und Differenz seine Verwirklichung findet. Sie kann also nicht definiert werden, als „an accomplished reality, situated behind the actual in time, but, on the contrary, as a horizon, an illuminating virtuality" (Lefebvre 2003: 16f.).

Mit dem Begriff der urbanisierten Gesellschaft attackierte Lefebvre die „Produktion des Raumes durch den technokratischen, funktionalistischen Urbanismus der Moderne" (Vogelpohl 2011: 236). Dieser hatte, so Lefebvres Beobachtung im Frankreich seiner Zeit, zu einer starken Standardisierung des Alltagslebens geführt, indem er „die Stadt in funktional spezialisierte Bereiche wie Wohngegenden, Büroviertel, Gewerbegebiete und Vororte zertrennt" (ebd.: 235) habe. Lefebvres Hauptkritikpunkt ist dabei, dass Differenzen durch den Kapitalismus, aber auch durch staatliche Herrschaft und stadtplanerische Entscheidungen ausgelöscht werden (Vogelpohl 2014a: 28), was „mit dem Verlust an Selbstbestimmtheit, intensivem Leben und realen Erfahrungen einhergeht" (ebd.). Lefebvre bezeichnet diesen auf Effektivität ausgerichteten Raum der industrialisierten Gesellschaft deshalb als abstrakten Raum (Vogelpohl 2011: 235). Dieser sei
„homogenisiert entlang der gleichen wachstumsorientierten, betriebsartigen Produktionslogik, die die Produktion von Waren durch Arbeit und deren Konsumtion in Haushalt und Freizeit vorgibt" (ebd.).
Durch die Trennung von Orten, Funktionen und Aktivitäten werde er zudem fragmentiert (ebd.). Die urbanisierte Gesellschaft stehe für eine andere Welt, die nicht mehr der gängigen Logik von Markt und Warentausch folge: „The urban is based on use value" (Lefebvre 1996: 131).

Der abstrakte Raum soll, so das Kalkül der Mächtigen, die Grundlagen für die gesellschaftliche Ordnung schaffen, indem er einen Konsens über die ‚richtige‘

---

[31] Schmid kritisiert die zum Teil irreführenden Übersetzungen der lefebvreschen Begriffe ins Deutsche: die „Revolution der Städte" statt wie im Original die „urbane Revolution" („révolution urbaine") beziehungsweise „Verstädterung" statt wie im Original „Urbanisierung" („urbanisation") (Schmid 2005a: 114).

Nutzung von Räumen herstellt. Dieser Konsens wird dadurch verstärkt, dass Bezug genommen wird auf die Idee vom Eigentum, deren Logik im Raum wirksam wird:

> „,places and things belonging to you do not belong to me'. The fact remains, however, that communal or shared spaces, the possession or consumption of which cannot be entirely privatized, continue to exist. Cafes, squares and monuments are cases in point" (Lefebvre 1991: 56f.).

An diesen nicht vollständig privatisierten Orten liege die Chance für ein Aufbrechen der herrschenden Raumproduktionsprozesse und somit die Möglichkeit für die Realisierung der urbanisierten Gesellschaft, so Lefebvre. Denn sie böten die Chance für ein Aufeinandertreffen von Differenzen; an ihnen könne sich der differentielle Raum, den Lefebvre dem abstrakten entgegenstellt, entfalten:

> „Thus, despite – or rather because of – its negativity, abstract space carries within itself the seeds of a new kind of space. I shall call that new space ‚differential space', because, inasmuch as abstract space tends towards homogeneity, towards the elimination of existing differences or peculiarities, a new space cannot be born (produced) unless it accentuates differences" (ebd.: 52).

Dieser differentielle Raum würde „die soziale Basis eines verwandelten Alltagslebens bilden, das für die verschiedensten Möglichkeiten offen ist – für eine radikal andere Welt" (Schmid 2011: 47). Diese könne, so Lefebvre, aber nur durch einen grundlegenden gesellschaftlichen Wandel, durch eine andere Produktionsweise und eine „revolution of space" (Lefebvre 1991: 419) erreicht werden. Denn für Lefebvre ist klar: Eine soziale Revolution muss einhergehen mit neuen Raumstrukturen. Gelinge es ihr nicht, diese zu schaffen, sei sie als gescheitert anzusehen, „in that it has not changed life itself" (ebd.: 54). Bereits Lefebvres ältere Formulierung vom Recht auf die Stadt bringt dieses Bedürfnis nach einem neuen, differentiellen Raum und einem veränderten Alltagsleben zum Ausdruck (Vogelpohl 2014a: 29); sie ist nicht umsonst zum Slogan zahlreicher urbaner Bewegungen geworden (Holm und Gebhardt 2011), auch wenn die Probleme in Städten heute andere sind als jene, die Lefebvre in den 1960er und 1970er Jahren beschrieben hat (Schmid 2011: 46f.).

Auch *Urban-Gardening*-Projekten wird im Zusammenhang mit dem Recht auf die Stadt emanzipatorisches Potential zugeschrieben (Exner und Schützenberger

2015: 51), sie gelten als „Ansatzpunkte für gesamtgesellschaftliche Veränderungen [...] und eine Neudefinition von öffentlichem Raum, der mehr Inklusion ermöglichen soll" (ebd.). Ob durch sie aber tatsächlich eine Überwindung des abstrakten Raums möglich wird, lässt sich bisher nicht eindeutig beantworten (ebd.: 70).

„Denn der abstrakte Raum ist unter heutigen Bedingungen wesentlich auch ein Raum vielfältiger, viele Sinne ansprechender, atmosphärisch-anregender Repräsentationen geworden, die eine ‚Do-it-yourself'-Ästhetik inkludieren" (ebd.). Statt in der Gestaltung von Raum gängige Marktmechanismen zu überwinden, könnten Urban-Gardening-Projekte auch zu einer „Kulturalisierung der Stadt" (vgl. Reckwitz 2009, 2014) beitragen und sich in das gängige, stadtpolitisch verwertbare Kreativitätsdispositiv einfügen (Reckwitz 2014: 355), so Exner und Schützenberger (2015: 70).

Wir halten Lefebvres Auseinandersetzung mit den Themen Stadt, Gesellschaft und Raum für eine sinnvolle theoretische Basis, um das Phänomen Urban Gardening zu untersuchen. Denn durch seinen Zugriff auf soziale und räumliche Wirklichkeit wird die Frage nach der Veränderbarkeit von Stadt und Gesellschaft wach gehalten (Vogelpohl 2013a: 30). Wir nutzen Lefebvres Konzept der Produktion des Raums (Lefebvre 1974) aber nicht nur dazu, die urbanen Räume zu beschreiben, die in unseren Fallbeispielen Frankfurter Garten und Hafengarten Offenbach hergestellt werden. Wir beschäftigen uns auch damit, welche Veränderungen der herrschenden sozialen Verhältnisse durch die Praxis des Urban Gardenings möglich sind, welche „windows of opportunitiy" (Tornaghi 2014: 564) sich durch die Projekte öffnen und inwiefern in ihnen differentieller Raum im Sinne Lefebvres geschaffen wird.

2.2.4 Place und Place-Making

„Urbanes Gärtnern, zumeist soziales Gärtnern, ist partizipativ und gemeinschaftsorientiert; der Garten wird als Lern- und Begegnungsort inszeniert und die Nachbarschaft in die Gestaltung des städtischen Sozialraums einbezogen. Häufig werden so aus vernachlässigten ‚Nicht-Orten' wieder Gegenden, in denen Menschen sich begegnen und Gemeinsamkeiten entdecken" (Müller 2012: 103).

Im Zusammenhang mit *Urban-Gardening*-Projekte ist oft – wie hier bei Müller – von besonderen Orten die Rede. Um diese Orte auf wissenschaftlicher Ebene zu fassen, hat sich in der Humangeographie das *Place*-Konzept als Raumform etabliert[32], um „emotionale, ästhetische und erfahrungsbezogene Aspekte des Raums stärker zu berücksichtigen" (Vogelpohl 2014b: 61). Diese erste Definition von *Place* wurde in den folgenden Jahren von verschiedenen Geograph_innen weiterentwickelt beziehungsweise kritisiert. Ein trennscharfes Konzept für *Place* gibt es in der Humangeographie bis heute nicht; je nach ihrer inhaltlichen Ausrichtung greifen Wissenschaftler_innen auf jeweils unterschiedliche *Place*-Konzepte zurück.

Im Folgenden erläutern wir kurz die Entwicklung des *Place*-Konzepts in der Humangeographie. Daran anschließend führen wir den Prozessbegriff *Place-Making* ein und beleuchten *Place* und *Place-Making* im Kontext von Globalisierung. Wir stellen das *Place*-Konzept aus einer marxistischen Perspektive vor und erörtern Doreen Masseys Kritik an dieser. Daran anknüpfend liegt unser Augenmerk auf der Arbeit von Massey zum Thema *Place* und *Place-Making*. Hier gehen wir näher ein auf das Verhältnis von *Place* und Identität, sowie auf das Verhältnis zwischen Globalem und Lokalem. Abschließend geben wir einen Ausblick auf die Anwendung des *Place*-Konzepts in der Quartiersforschung, die für unseren Forschungsgegenstand *Urban Gardening* besonders relevant ist.

2.2.4.1 Das Place-Konzept in der Humangeographie

In den 1960er Jahren wurden Räume in der Geographie vorrangig als Containerräume verstanden, als klar voneinander abgrenzbare Gebiete, die als solche erkennbar und messbar sind. Als Kritik an diesem positivistischen Ansatz entstand in den 1970er Jahren in der humanistischen Geographie das *Place*-Konzept (Vogelpohl 2014b: 62). An der Entwicklung des Konzepts waren neben Yi-Fu Tuan (1977) vor allem Edward Relph (1976) sowie Anne Buttimer und David Seamon

---

[32] Die Schwierigkeit, den Begriff zu definieren, beschreibt Friedmann folgendermaßen: „It is difficult to take a word such as place, which is in everyday use and applied in all sorts of ways, and turn it into a concept that has a precise and operational meaning" (Friedmann 2010: 152).

(1980) beteiligt. Sie verstanden *Places* als „konkrete Orte, die durch individuelle Erfahrungen und Emotionen sowie durch ihre Authentizität bestimmt sind" (Belina et al. 2013a: 53). Individuelle Assoziationen und Erfahrungen sowie emotionale und ästhetische Aspekte des Raums rückten in den Vordergrund. Um der Subjektivität als Bestandteil der Wahrnehmung und des Umgangs mit Raum Ausdruck zu verleihen, führte Tuan (1977) den Begriff *Sense of Place* ein – *Place* definierte er als einen für das Individuum bedeutungsvollen Ort (Vogelpohl 2014b: 62). *Urban-Gardening*-Projekte können als *Places* verstanden werden, weil sie für die Akteur_innen solche bedeutungsvollen Orte darstellen (vgl.: Kapitel 5.2).

In den 1980er Jahren wurde das *Place*-Konzept um eine zeitliche Dimension erweitert (Pred 1984; Agnew 1987; Entrikin 1991) „mit [dem] Ziel, das subjektive Erleben eines Orte[s] stärker materiell und sozial zu kontextualisieren" (Vogelpohl 2014b: 62). In den 1990er Jahren standen bei der Betrachtung von Raum soziale Prozesse im Vordergrund, was sich auch auf das *Place*-Konzept auswirkte. Grund dafür war vor allem die Debatte um den Sozialkonstruktivismus, also die Vorstellung, dass Räume sozial konstruiert werden und damit räumliche Veränderungen als gesellschaftlich produziert zu verstehen sind. Räume als Produkt und Ursache sozialer Prozesse sind somit Gegenstand alltäglicher und politischer Auseinandersetzungen. Die rein individuelle Betrachtungsweise von *Place* wurde „um die Berücksichtigung unterschiedlicher Zeiten, physischer Materialität und sozialer wie politischer Praktiken erweitert" (ebd.).

Denn für die Kritiker_innen des humanistischen *Place*-Konzepts stand fest: Über das Individuum hinaus ist es zunächst nicht weiter relevant, welche Bedeutung individuelle Akteur_innen *Places* zuschreiben. „Gesellschaftlich relevant werden *Places* nur, wenn aus ihnen etwas folgt, wenn also Menschen aufgrund ihrer *Place*-Konstruktion tätig werden" (Belina 2013: 109). Dies kann geschehen, wenn ein *Place* für mehrere Menschen eine ähnliche Bedeutung hat und deshalb ihr Handeln strukturiert, so Belina. *Places* könnten dann zur politischen Mobilisierung dienen (ebd.). So kann etwa das Engagement in einem *Urban-Gardening*-Projekt zur politischen Mobilisierung beitragen. Die Projekte werden häufig *bottom-up* organisiert, Entscheidungen werden oft basisdemokratisch getroffen. Das Wohnumfeld wird aktiv mitgestaltet und dabei kann Einfluss auf das politische kommunale System genommen werden (Rosol 2011: 208).

2.2.4.2 Place-Making als Prozessbegriff

An dieses jüngere *Place*-Konzept knüpft die *„production of place*-Literatur der kritischen Geographie" (Belina et al. 2013a: 50) an, auf die wir in unserer Arbeit Bezug nehmen wollen. Sie betont, dass Raum und somit auch *Places* nicht einfach ‚da' sind, sondern dass sie in gesellschaftlichen Prozessen hergestellt werden. Diese *Place*-Produktionsprozesse – „the construction of place by a variety of different actors and means, which may be discursive and political, but also small-scale, spatial, social and cultural" (Lombard 2014: 5) – werden als *Place-Making* bezeichnet.

Um das Verhältnis von *Place* und *Place-Making* auf theoretischer Ebene zu fassen, schlägt Belina (2013) folgende Begrifflichkeiten vor: *Place* ist für ihn eine Raumform. Durch die Bestimmung von Raumformen könne systematisiert werden, wie das Räumliche in der sozialen Praxis jeweils vorkomme und strategisch genutzt werde. Für Belina setzen sich Raumformen aus zwei Komponenten zusammen: einem Raumbegriff und einem Prozessbegriff. Für die Raumform *Place* bedeutet das: Ein *Place* ist das jeweils vorläufige Ergebnis von *Place-Making*-Prozessen, durch die ein konkreter Ort konstruiert wird. Die Identität dieses *Places* wird dabei durch die verschiedenen beteiligten Akteur_innen beständig neu ausgehandelt.

Der Raumbegriff *Place* ist also keine „leere Vorstellung" (Belina 2013: 25): Der dazugehörige Prozessbegriff *Place-Making* benennt konkret die soziale Praxis und die Prozesse, in denen die Raumform *Place* produziert und damit praktisch erfüllt wird (ebd.). Diese Doppelstruktur gelte auch für andere Raumformen wie *Scale*, Territorium oder Netzwerk, so Belina: „Zu jedem dieser Raumbegriffe gehört wesentlich ein Prozessbegriff, der die Raumform in Beziehung zur sozialen Praxis setzt, in der er relevant wird" (ebd.: 86).[33] In dieser Arbeit sprechen wir von *Place* als Raumbegriff und von *Place-Making* als Prozessbegriff.

Im Folgenden wollen wir *Place* im Kontext von Globalisierungsprozessen betrachten. Bevor wir anschließend intensiver auf Doreen Masseys Arbeiten zu *Place* eingehen, möchten wir kurz David Harveys *Place*-Konzept skizzieren, da Massey auf seine marxistische Konzeptualisierung von *Place* Bezug nimmt.

2.2.4.3 Place und Place-Making im Kontext von Globalisierung

Seit den späten 1970er Jahren begannen sich jene Prozesse globaler sozialer und ökonomischer Integration zu intensivieren, die später mit dem Schlagwort „Globalisierung" gefasst wurden (Sparke 2009: 309). Dieses „big buzzword" (ebd.: 308) spielte schnell eine zentrale Rolle in politischen und wissenschaftlichen Debatten (ebd.). Die damit einhergehende Reorganisation weltweiter sozioökonomischer Verhältnisse wurde ab den späten 1980er Jahren von Stadtforscher_innen untersucht. In diesem Zusammenhang prägte der britische Geograph David Harvey den Begriff der *Time-Space Compression* (1989). Dieser beschreibt, „dass Entfernungen und Zeitdifferenzen nicht länger die maßgeblichen Bedingungen sind, die menschliche Aktivitäten oder Beziehungen prägen" (Wildner 2012: 214). Durch neue Informationssysteme, Herstellungsverfahren und Mobilitätsmöglichkeiten bilden sich „über räumliche und zeitliche Distanzen hinweg soziale und ökonomische Netzwerke" (ebd.).

Mit diesem Globalisierungsdiskurs entstand aber auch eine andere Debatte: die um Prozesse der „Deterritorialisierung" und der „Auflösung des Raums" (Steets 2007: 82). Autor_innen wie Manuel Castells (2001) oder Paul Virilio (2006) sprechen davon, dass geographische Dimensionen durch Prozesse der Globalisierung an Bedeutung verlieren. Der Stellenwert von Orten würde zurücktreten

---

[33]   Unterschiedliche Raumformen können in sozialen Praxen und Prozessen gleichzeitig vorkommen. Zum Beispiel gibt es territoriale *Places*. Trotzdem ist laut Belina die Unterscheidung in unterschiedliche Raumformen sinnvoll, da diese Unterschiedliches leisten und den jeweiligen Prozessbegriffen unterschiedliche Strategien zugeordnet werden können (vgl.: Belina 2013: 25, 114).

hinter ihrer Position im netzwerkartigen „Raum der Ströme" (Castells 2001: 431), so Castells. Der Soziologe Helmuth Berking hinterfragt diese Argumentationsweise: Mit den Prozessen der Globalisierung würde sich zwar die Konfiguration sozialräumlicher Maßstäbe verändern; Orte und Räume würden deshalb aber nicht an Signifikanz verlieren (Berking 1998: 390). Denn auch in Zeiten der Globalisierung lebe niemand „in der Welt im Allgemeinen", stellt Berking in Bezug auf Geertz (Geertz 1996: 262) fest. Gleichzeitig macht er deutlich, dass globalisierungsbedingt ein neues Verständnis von Lokalität notwendig ist, eines das einen Ortsbegriff voraussetzt, der nicht davon ausgeht, dass lokale Kulturen „territorial fixiert, kulturell homogen und territorial erdräumlich verwurzelt" (Steets 2007: 87) sind. Er nimmt dabei Bezug auf die britische Geographin Doreen Massey und ihr „radikal plurales und dynamisches Raumkonzept" (ebd.). Massey hinterfragt sowohl das Globalisierungsnarrativ als auch die gängigen, ökonomisch ausgerichteten Erklärungen für Globalisierung:

> „It is capitalism and its developments which are argued to determine our understanding and our experience of space. But surely this is insufficient. Among the many other things which clearly influence that experience, there are, for instance, ‚race' and gender" (Massey 1994: 147).

Time-Space Compression wirke zwar auf die Gesellschaft ein. Doch nicht alle würden dieses Phänomen an allen Orten auf die gleiche Weise erfahren. Deshalb müsse immer gefragt werden, wer aus welchem Grund *Time-Space Compression* erfahre, wer von *Time-Space Compression* profitiere beziehungsweise darunter leide (ebd.). Um Lokalität im Kontext von Globalisierung zu fassen, fragt Massey deshalb:

> „Can't we rethink our sense of place? Is it not possible for a sense of place to be progressive, not self-closing and defensive, but outward-looking? A sense of place which is adequate to this era of time-space compression?" (ebd.).

Um zu verdeutlichen, was Massey an marxistischen Perspektiven auf Globalisierung und *Place* kritisiert, gehen wir kurz auf diese ein.

2.2.4.4 Place aus marxistischer Perspektive und Masseys Kritik

Marxistisch argumentierende Raumtheoretiker_innen wie Harvey stellen den Zusammenhang von Gesellschaftsstruktur und Raumproduktion in den Vordergrund. Laut Harvey verliert das Lokale an Bedeutung, da es die globalen Finanzsysteme sind, die durch kulturelle Implikationen das Handeln an Orten und die Produktion dieser Orte bestimmen (Cresswell 2004: 58). Harvey argumentiert, dass Anforderungen an die lokale, regionale oder nationale Identität – beispielsweise von Seiten der Stadtpolitik – angesichts ökonomischer Globalisierung steigen (Belina 2013: 114). *Place* gewinnt als Triebwerk zur politischen Mobilisierung also an Bedeutung: „It does mean that the meaning of place has changed in social life and in certain respects the effect has been to make place more rather than less important" (Harvey 1996: 297). Grund dafür sei die zunehmende ökonomische Globalisierung, die zu einem Konkurrenzdenken und einem Wettbewerb zwischen Städten führe. Da Investitionen durch Deregulierung von Handel und Finanzmarkt sowie durch neue Transport- und Kommunikationstechnologien flexibel getätigt werden könnten, gewönnen lokale, regionale und nationale Merkmale an Bedeutung, denn bereits kleine räumliche Unterschiede könnten im Wettbewerb entscheidend sein (Belina 2013: 114). Um neoliberale Politiken beispielsweise auf städtischer Ebene umsetzen zu können, werde von Seiten der Stadtpolitik an die individuelle Bindung der Bevölkerung zu ihren *Places* appelliert.

Urban-Gardening-Projekte können in diesem Zusammenhang „zur Schließung von Lücken im Sozialsystem instrumentalisiert werden und damit lediglich eine Selbstverwaltung in der Prekarität bedeuten" (Rosol 2011: 208). Denn durch die Identifikation mit dem jeweiligen *Place* seien Menschen eher bereit, auch schwere finanzielle Einschnitte zugunsten ihres *Places* zu akzeptieren (Belina 2013: 115). *Place-Making* finde daher, so Harvey, vor allem im Rahmen ökonomischer Globalisierung statt, mit dem Ziel, im weltweiten Wettbewerb zu bestehen. Für ihn ist *Place-Making* deshalb in erster Linie eine Konkurrenz- und Exklusionsstrategie:

> „People in place therefore try to differentiate their place from other places and become more competitive (and perhaps antagonistic and exclusionary with respect to

each other) in order to capture or retain capital investment. Within this process, the selling of place, using all the artifices of advertising and image construction that can be mustered has become of considerable importance" (Harvey 1996: 298). Harvey warnt in diesem Zusammenhang davor, sich von stadtpolitischen *Place-Making*-Strategien instrumentalisieren zu lassen (Belina 2013: 116). Gruppierungen, die sich auf solche zu politischen Zwecken konstruierten *Places* gründeten, grenzten meist andere Gruppen aus: diejenigen, die nicht als zum *Place* gehörend angesehen werden, würden exkludiert. Gleichzeitig werden innerhalb des *Places* diejenigen ausgeschlossen, die beim *Place-Making* nicht der Standortpolitik entsprechen wollen (ebd.). Auch *Urban-Gardening*-Projekte als *Places* können exkludierend wirken und andere Nutzer_innen verdrängen (Rosol 2011: 208).

Massey kritisiert in ihrem Werk *A Global Sense of Place* (1991) „Harveys Fixierung auf die ökonomische Funktion des *Place-Making*" (Belina 2013: 116). Sie wirft Harvey vor, er beurteile *Places* nur als Strategie und verlöre dabei aus den Augen, dass beim *Place-Making* auch individuelle Empfindungen eine wichtige Rolle spielen. Grundsätzlich bestimmen Harvey und Massey *Place* aber ähnlich. Sie haben ein relationales Raumverständnis, das „*Place* als Mittel, Resultat und Voraussetzung sozialer Praxis begreift und vor Exklusion durch und Instrumentalisierung abgegrenzter *Places* warnt" (ebd.: 120). Harvey betont dabei die Dauerhaftigkeit von *Place*. Massey stellt dagegen die Prozesshaftigkeit von *Place* in den Vordergrund (ebd.). Im Gegensatz zu Harvey weist Massey auf die Bedeutung des Lokalen hin. Sie geht davon aus, dass sich das Globale und das Lokale gegenseitig konstituieren. Eine wichtige Rolle spielt für sie dabei die Analyse der Verflechtungszusammenhänge (Steets 2007: 97). Im Folgenden greifen wir diesen Punkt auf und gehen auf die wichtigsten Aspekte des *Place*-Konzepts nach Massey ein.

2.2.4.5 Place und Place-Making nach Massey

Für ein relationales Raumverständnis ist die Offenheit und Wechselbeziehung der Raumproduktion essentiell. In der Humangeographie hat Massey dieses

Raumverständnis entscheidend geprägt, denn sie hebt die Verflechtung von
Raum, *Place* und Zeit hervor (Scheve 2014: 15). Für Massey gilt: „Raum ist
weder statisch noch ist Zeit raumlos" (Massey 2007: 127), da Raum als ein Moment der Verknüpfung unterschiedlicher sozialer Beziehungen zu begreifen ist
und nicht als absolute Dimension. Im Fokus des Denkens müsse deshalb das
Ineinandergreifen von Zeit und von dynamischen, sozialen Beziehungen stehen
(ebd.: 128). Diese Vorstellung von Raum und Zeit wirkt sich auch auf das Verständnis von *Place* aus, denn Raum, Zeit und *Place* müssen dann immer zusam-
mengedacht werden. Die ausschließenden Vorstellungen „von Raum als abstrakt,
modern und global, und Ort als gelebt, traditionell und lokal" (Scheve 2014: 15)
müssen überwunden werden. *Places* sind für Massey Produkte sozialer Beziehungen im Kontext von Geschichte. Diese befänden sich in ständigem Wandel,
besäßen keine kollektive Identität und keine statischen Grenzen. Stattdessen
stellt Massey fest:

> „Place can be seen as a particular, unique, point of intersection [...] instead then of
> thinking of places as areas with boundaries around they can be imagined as articulated
> moments in networks of social relations and understandings" (Massey 1994: 154).

Ein *Place* steht dabei mit anderen *Places* im Verhältnis und beinhaltet vielfältige
Bedeutungen. Denn unterschiedliche soziale Gruppen können in einem *Place*
unterschiedliche Positionen im Sinne der räumlichen Organisation ihrer sozialen
Beziehungen einnehmen und offene Netzwerke bilden: „This is place as open,
porous, hybrid – this is place as meeting place" (Massey 1999: 22). Aus sozialen
Beziehungen entstanden, ist *Place* in diesem Sinne immer mit Macht und Sym-
bolen gefüllt: „class, gender and race have so often been treated as if they hap-
pened on the head of a pin. Well they don't – they happen in space and place"
(Cresswell 2004: 27).

Raum ist also ein komplexes Netz aus Herrschaftsverhältnissen und Unterwer-
fungen sowie aus Solidarität und Kooperation. Die entstehende Ungleichheit, die
mit zunehmender Globalisierung auf lokaler und globaler Ebene einhergeht,
nennt Massey *Power-Geometry* (Massey 2007: 128). Diese *Power-Geometry* ist
auch Ausdruck – und damit zugleich Ursache – dafür, wie Gruppen und Individuen sich in den offenen Netzwerken positionieren. Hierbei geht es vor allem um

Macht im Verhältnis zu Mobilitätsmöglichkeiten. Einige sind von dieser *Power-Geometry* stärker beeinflusst als andere, manche sind sogar davon eingeschlossen (Massey 1993: 61). Durch diese *Power-Geometries* kann das Empfinden von *Places* für Menschen, auch wenn sie sich am selben *Place* befinden, sehr unterschiedlich sein. Dabei kann ein *Place* für manche Gruppen auf Grund der *Power-Geometries* viel durchlässiger sein als für andere (Moores 2006: 195).

2.2.4.5.1 Massey: Das Globale und das Lokale

Lokalität ist für Massey nicht ohne das Globale zu denken:

> „Wenn wir das so oft zitierte Mantra ernst nehmen, dass sich das Lokale und das Globale ,gegenseitig konstituieren', dann sind lokale Orte *nicht* einfach ,Opfer' und nicht einmal nur Produkte des Globalen. Im Gegenteil: sie sind auch die Momente, durch die das Globale konstituiert wird, das heißt, es gibt nicht nur globale Konstruktionen des ,Lokalen' sondern auch lokale Konstruktionen des ,Globalen'" (Massey 2006: 29).

Places umfassen im Sinne Masseys deshalb nicht nur lokale Prozesse, sondern stehen in Relation zu globalen und politischen Kräfteverhältnissen. Massey nennt dieses Beziehungsgeflecht *Global Sense of Place* (Massey 1991): Bei vielen Gruppen, die sich mit einem *Place* verbunden fühlten, wirke eine Fülle von Einflüssen, welche die jeweiligen Interaktionen vor Ort präge. Diese Interaktionen unterschieden sich außerdem in ihrer räumlichen und zeitlichen Herkunft und Reichweite stark voneinander. In *Urban-Gardening*-Projekten werden beispielsweise sowohl Ideen des *Community Gardenings* in New York und Berlin, aktuelle Stadtentwicklungen im Viertel und Quartier, sowie globale Nachhaltigkeitsthemen diskutiert. All diese räumlich und zeitlich ungleichen Entwicklungen wirken sich dabei auf den *Place* aus (Scheve 2014: 23).

Aus Masseys Sicht ist jeder *Place* einzigartig. Was die Einzigartigkeit eines *Places* ausmache, sei die Mischung von Vergangenheit und Istzustand und das Globale als Teil dessen, was das Lokale ausmache (Massey 1994: 59). Dabei betont Massey die Bedeutung der Offenheit von *Places* in der globalisierten Welt, also das Nebeneinander von unterschiedlichen sozialen Beziehungen:

„And this in turn allows a sense of place which is extroverted, which includes a con-
sciousness of its links with the wider world, which integrates in a positive way the
global and the local" (Massey 1991: 28).

Allerdings sei diese Offenheit genauso wenig als neues Phänomen zu betrachten
wie die Globalisierung selbst: Vielmehr seien es die Geschwindigkeit und die
Intensität der Globalisierung, die in den letzten Jahren gravierend zugenommen
hätten (ebd.: 46). Massey plädiert für einen progressiven, globalen *Sense of
Place*, der miteinschließt, dass beispielsweise *Communities* weder immer an
einem *Place* sind, noch alle Mitglieder einer *Community* denselben *Sense of
Place* haben (Belina 2013: 117).

Raum und Heterogenität bedingen sich gegenseitig. Aus diesem immerwähren-
den Prozess folgt, dass *Place* kein abgeschlossener, in sich zusammenhängender
Raum ist, sondern ein System mit offenen Enden, das Widersprüche beinhaltet.
Wie es auch Lefebvre in seinem Konzept des differentiellen Raums beschreibt
(Lefebvre 1991), geht auch Massey davon aus, dass echte Differenz die Voraus-
setzung für die Untersuchung und Diskussion von Raum ist. Massey macht das
an einem Beispiel fest: Man könne nicht sinnvoll über Länder des Globalen
Südens sprechen, so lange räumliche Unterschiede als zeitliche Differenz in der
Entwicklung interpretiert würden. Denn wenn Länder des Globalen Südens lediglich als frühere ‚Versionen' von Ländern des Globalen Nordens beschrieben
würden, sei ihre Zukunft und ihr Ziel vorgezeichnet: an die Länder des Globalen
Nordens aufzuschließen. Massey macht in diesem Zusammenhang aus postkolo-
nialistischer Sichtweise darauf aufmerksam, dass das, was wir über die Welt
wissen, vor allem lokal spezifisches Wissen ist, das kulturell begründet ist (Berking 2010: 390).

„Die wahre Anerkennung von Räumlichkeit erfordert es, die wirkliche Koexistenz
von Vielfältigkeit zu akzeptieren – die eine andere Art von Differenz darstellt als eine,
die in vorkonstruierte zeitliche Sequenzen komprimiert werden kann" (Massey 2003:
33).

Um der ethnozentristischen Sichtweise der europäischen Moderne zu entgehen,
plädiert Massey für ein Raumkonzept, das wirkliche Differenz und Pluralität
zulässt und somit alternative und unterschiedliche Möglichkeiten zur Ge-

schichtsschreibung zulässt (ebd.). [34] Denn nur wenn es eine offene Zukunft gebe, wenn Länder des Globalen Südens auch eine andere Entwicklungsrichtung nehmen könnten als Länder des Globalen Nordens, sei politische Einflussnahme und politisches Handeln tatsächlich möglich (Steets 2007: 402). Vor dem Hintergrund postkolonialer Theorien und in Bezug auf Massey argumentiert Berking (1998), dass Differenz und die Bedeutung lokaler Wissensbestände zentral für die Produktion von *Places* sind. Laut Berking bilden lokale Kontexte einen *Local Frame*, einen Filter, mit dessen Hilfe globale Prozesse und global zirkulierende Bilder beziehungsweise Symbole angeeignet werden können und eine gewisse Bedeutung erlangen (Steets 2007: 402). Berking plädiert deshalb dafür, in empirischen Studien zu untersuchen, wie sich das Globale in einem konkreten *Place* wiederfindet. Eine solche Betrachtungsweise setze aber voraus, Globales und Lokales nicht als Gegensätze zu betrachten. Dabei helfe es, wenn man soziale Phänomene auf unterschiedlichen Ebenen betrachte, die wiederum Gegenstand ständiger Aushandlungsprozesse seien (ebd.: 403).

2.2.4.5.2 Massey: Place und Identität

Massey plädiert nicht nur, wie bereits erörtert, für eine offene Sicht auf *Place*, sondern auch auf Identität (Massey und Jess 1995: 117). Im vorherigen Kapitel haben wir verdeutlicht, dass soziale Beziehungen, die den *Place* konstituieren, nach Massey nicht statisch sind, sondern sich ständig verändern. Deshalb sind für Massey auch *Place*-Identitäten nicht statisch, sondern dynamisch (Massey 1994: 169). Es gibt nicht die eine *Place*-Identität, stattdessen spricht Massey von mehreren Identitäten, die untereinander in Konflikt stehen können (ebd.: 155). *Senses of Place,* also die Verbundenheit mit einem *Place*, müssen im Kontext sozialer Beziehungen betrachtet werden: Auch wenn sie sehr persönlich konnotiert sind, darf nicht außer Acht gelassen werden, dass alle individuellen Gefühle und Bedeutungen von den sozialen, kulturellen und ökonomischen Umständen

---

[34] Eine solche Forschungsperspektive deckt nicht nur die europäische Moderne „als ethnozentristisch auf, gleichzeitig wird deutlich, dass die Gegenüberstellung eines fortschrittlichen ‚Raum der Ströme' mit einem veralteten ‚Raum der Orte' [...] einen Ethnozentrismus auf einer neuen Ebene" (Steets 2007: 402) darstellt.

beeinflusst werden, in denen sich die Individuen befinden (Massey und Jess 1995: 89). Ein bestimmter *Sense of Place* kann von einer Gruppe Menschen geteilt werden. Das unterstreicht noch einmal, dass Gefühle, die eine Person mit einem *Place* verbindet, nicht nur individuell, sondern vor allem gesellschaftlich begründet sind: *Places* werden aus einer bestimmten gesellschaftlichen Position heraus auf entsprechend unterschiedliche Weise betrachtet (ebd.). Man identifiziert sich mit einem *Place*, wenn man sich dort wohl oder zuhause fühlt. Durch die empfundene Verbundenheit wird der *Place* zu etwas Besonderem (ebd.). Die Idee, dass Identität und *Place* miteinander zu tun haben, weil Menschen sich zu einem *Place* zugehörig fühlen, ist aber nicht die einzige Verbindung zwischen *Place* und Identität. Gleichzeitig konstruieren Menschen ihre Identität über *Places*. Sie grenzen sich mit ihrem *Sense of Place* auch von den Menschen ab, die sich nicht zugehörig fühlen (ebd.: 92). Dabei kann ein und derselbe *Place* unterschiedliche *Senses of Place* beinhalten und damit unterschiedliche Identitäten konstruieren. Denn in ihm kreuzen sich die Routinen ganz unterschiedlicher Menschen, die wiederum ganz verschiedene Verbindungen von diesem *Place* zum Rest der Welt herstellen (Massey 1994: 153). Massey verdeutlicht dies an ihrem Wohnquartier in London, der Kilburn High Road. Dort würden beispielsweise Zeitungen auf unterschiedlichen Sprachen verkauft, an den Litfaßsäulen stünden Slogans der IRA neben der Ankündigung für ein indisches Konzert (ebd.: 152). Derselbe Ort kann also durch einen unterschiedlichen *Sense of Place* in verschiedener Weise wichtig für Menschen werden (Massey und Jess 1995: 97):

> „While Kilburn may have a character of its own, it is absolutely not a seamless, coherent identity, a single sense of place which everyone shares (...). If it is now recognized that people have multiple identities, then the same point can be made in relation to places. Moreover, such multiple identities can be either, or both, a source of richness or a source of conflict" (Massey 1993: 65).

Massey argumentiert, dass ein *Sense of Place* auch Ausdruck sozialer Unterschiede und *Power-Geometries* ist, die zu Exklusion führen können (ebd.). Auch Harvey argumentiert, dass alle *Senses of Place* untrennbar mit sozialen Machtverhältnissen verknüpft sind. Das offensichtlichste Beispiel hierfür sind Strukturen, die dazu führen, dass einzelne *Senses of Place* andere *Senses of Place* am selben Ort überlagern (ebd.). Diese Tendenz lässt sich beispielsweise an heutigen Gentrifizierungsprozessen beobachten: Die alteingesessenen Anwohner_innen haben andere Prioritäten und andere Erwartungen an einen *Place* als die neu Zugezogenen (Massey und Jess 1995: 102).

Wenn man *Sense of Place* jedoch nur in Bezug auf kapitalistische Machtkonstellationen betrachtet, so Massey, übersieht man, dass ein *Sense of Place* – wie auch ein *Place* selbst – sehr persönlich konnotiert sein kann (ebd.: 103). *Places* zeichnen sich also durch Hybridität aus, die durch eine Vielzahl individueller Konnotationen und Bedeutungszuschreibungen entsteht. In Bezug auf eine interne Politik von *Place* heißt das, dass die Identität jeder Lokalität als „an unintended collective achievement" (Massey 2006: 26) gedacht werden kann, an der bewusst oder unbewusst fortlaufend gearbeitet werden muss. Lokalität oder *Place* bedeutet in diesem Zusammenhang: *Meeting Place*, also ein Ort der Begegnung oder des Verhandelns (ebd.).

Die Argumentation von Massey aufgreifend, entwickelte die Geographin Deborah Martin (2003) für die diskursive Seite des *Place-Makings* den Begriff *Place-Frame*. *Place-Frames* beschreiben

„common experiences among people in a place, as well as imagining an ideal of how the neighbourhood ought to be. Place-frames thus define the scope and scale of the shared neighbourhood of collective concern" (Martin 2003: 733).

Solche auf gemeinsamen Erfahrungen basierenden Vorstellungen gelten aber nicht nur für *Places* auf Ebene der Nachbarschaft, sondern auch auf anderen *Scales* (Pierce et al. 2011: 60). Individuelle Vorstellungen davon, was einen *Place* ausmacht, also individuelle *Place-Frames*, werden wie *Places* durch soziale Aushandlungen, die Konflikte und Differenzen mit sich bringen, konstruiert und kommuniziert. Diese geteilten Vorstellungen von *Place* sind relevant, da sie die soziale Praxis anleiten. Gleichzeitig wird *Place* als ein bestimmter Ort mit spezifisch geteilten Vorstellungen produziert, indem die Vorstellungen in Aushandlungsprozessen und Konflikten kommuniziert und praktiziert werden. *Place-Frames* können unter Umständen durch diese Aushandlungsprozesse und Konflikte als Strategie eingesetzt werden und werden so wiederum sozial relevant (Belina 2013: 111): „Place-making is an inherently networked process, constituted by the socio-spatial relationship that link individuals together through a common place-frame" (Pierce et al. 2011: 54).

2.2.4.6 Place und Place-Making in der Quartiersforschung

Place als Konzept für komplexe räumliche Beziehungen und Quartier als Betrachtungsebene sozialer Prozesse sind zentrale Begriffe der sozialwissenschaftlichen Stadtforschung. Das Quartier ist, ebenso wie die Stadt und die Region, spätestens seit den 1980er Jahren zum Bezugsrahmen für Politik geworden (Kamleithner 2009: 29). Doch der Quartiersbegriff ist nicht einheitlich, sondern eingebettet in „ein weites, interdisziplinäres, heterogenes und zersplittertes Forschungsfeld rund um Stadtteile, Nachbarschaften [und] Kieze" (Schnur 2014: 22). Olaf Schnur schlägt folgende Definition für Quartiere vor:

> „Ein Quartier ist ein kontextuell eingebetteter, durch externe und interne Handlungen sozial konstruierter, jedoch unscharf konturierter Mittelpunkt-Ort alltäglicher Lebenswelten und individueller sozialer Sphären, deren Schnittmengen sich im räumlich-identifikatorischen Zusammenhang eines überschaubaren Wohnumfelds abbilden" (ebd.: 43).

Vielfältige Globalisierungsprozesse spielen eine Rolle für den Status des Quartiers, das „obsolet und unverzichtbar zugleich" wird (ebd.: 33). „Zwischen lokaler Entankerung und räumlichen Andockstellen können die Quartiere für die Bewohner ein Raumpotenzial, aber auch eine Raumfalle darstellen" (ebd.). Das heißt, das Quartier kann als Anker für Menschen fungieren, die zum Beispiel in ihrem beruflichen Alltag sehr mobil sind, es kann aber auch jener Aktionsraum sein, „in dem die notwendigsten, oft eingeschränkten Ressourcen genutzt werden" (ebd.). Aus diesen Gründen haben sich in den letzten Jahren *Urban-Gardening*-Projekte als beliebtes Mittel zur Quartiersentwicklung etabliert. Denn die Stadtpolitik setzt auf dezentrale Programme zur Quartiersentwicklung, die Fluktuation reduzieren und Quartiere konkurrenzfähig machen sollen (Vogelpohl 2014b: 60). Ein Kritikpunkt an Quartierspolitiken ist, dass sie nicht die Ursachen von Armut oder Benachteiligung beheben würden, sondern höchstens deren Symptome (Widmer 2009: 50). Obwohl die Maßnahmen als sozialpolitisch de-

klariert würden, seien sie in erster Linie wettbewerbsorientiert:
„Sie begegnen Problemen also weder ursächlich noch gesamtstädtisch – wie dies zum
Beispiel mit einer gesamtstädtischen Wohnungs- oder Beschäftigungspolitik möglich
wäre" (ebd.).
Urban Gardening wird in diesem Zusammenhang auf städtischer Ebene teilweise als Strategie eingesetzt. Denn obwohl die meisten *Urban-Gardening*-Projekte
zeitlich begrenzt initiiert werden, führen sie doch sehr stark zur Identifikation
mit den *Places*. Anne Vogelpohl (2014b) beschäftigt sich in diesem Zusammenhang mit der Frage, warum empirische Forschung auf Quartiersebene für die
Stadtforschung eine Rolle spielt und wie Stadtentwicklung mit Hilfe des *Place*-
Konzepts untersucht werden kann.

Laut Vogelpohl eignet sich das *Place*-Konzept gut zur kritischen Betrachtungsweise von Quartieren, da es die vielfältigen, komplexen und ungleichen Zusammenhänge zwischen sozialen Netzwerken, individuell geltenden Bedeutungen
und materiellen sowie politischen Praktiken betrachtet (Vogelpohl 2014b: 73).
Stadtplanerische Vorbilder wie die „Stadt der kurzen Wege" oder Ideale wie die
„Europäische Stadt" fördern den Bedeutungsgewinn von *Places*. Funktionale
Nutzungsmischung gepaart mit individuellem, urbanem Flair soll das Erscheinungsbild der Quartiere prägen. Beim *Place*-Konzept liegt der Fokus gleichzeitig
auf lokaler Integration und auf sozialer Vielfalt sowie auf sozialer Ungleichheit.
Darüber hinaus berücksichtigt es auch konfliktreiche Beziehungen zwischen
Quartieren (ebd.: 74). Quartiere sind oft durch eine Kombination von funktionaler Dichte und sozialer Vielfalt geprägt. Diese Vielfalt führt dazu, dass sich unterschiedliche gesellschaftliche Gruppen zum Beispiel durch ästhetische Merkmale voneinander abgrenzen. Zum einen entstehen so höhere Interaktionsdichten
innerhalb einer Gruppe, zum anderen kommt es aber auch zur Exklusion der
übrigen Gruppen. Diese Abgrenzung findet meist ebenfalls aufgrund ästhetischer
Merkmale statt. Diese Merkmale kennzeichnen *Places* als *Meeting-Places* für
einzelne Gruppen (ebd.). Wie bereits erläutert, werden Räume nicht von allen
Akteur_innen auf dieselbe Art und Weise wahrgenommen. Mit dem *Place*-
Konzept als analytischem Rahmen können diese Unterschiede untersucht werden, es kann also als theoretischer Hintergrund für empirische Studien dienen.

Massey schlägt vor, in Studien zu *Place* bestehende *Power-Geometries* und Zugänglichkeiten zu hinterfragen, um mögliche politische Vorgehensweisen zu skizzieren (Massey 1994: 137). In diesem Zusammenhang stellen *Urban-Gardening*-Projekte interessante und vielschichtige Untersuchungsgegenstände dar.

Wie bereits erläutert, betonen poststrukturalistische Theoretiker_innen wie Massey die soziale Konstruktion von Raum und somit auch von Quartieren. Dieser Forschungsperspektive geht es also weniger um eine Analyse der Eigenschaften von Raum beziehungsweise von räumlichen Einheiten, sondern um „Deutungsmuster, Symbolisierungen, Diskurse und die Konstruktion von ‚Raum' (hier des Quartiers)" (Schnur 2014: 36). Auch „das kategoriale Denken von planungspolitischen Entscheidern" (ebd.) als Teil eines Diskurses kann so kritisch hinterfragt werden. Die Politiken der Quartiersaufwertung werden gleichermaßen kritisiert. In der Auseinandersetzung mit den „der Quartieraufwertungspolitik inhärenten Deutungsmustern, Diskursen und der Konstruktion des Quartiers als Raum" (Widmer 2009: 50) kommen Autor_innen zu dem Ergebnis, dass Programme wie etwa „Soziale Stadt"[35] in erste Linie dazu dienen würden, neoliberale Stadtpolitik zu rechtfertigen beziehungsweise durchzusetzen (ebd.). In diesem Zusammenhang werden auch die mit Politiken der Quartiersaufwertung einhergehenden Partizipations- und Aktivierungsstrategien thematisiert, durch die versucht wird, „einzelne Akteure zu vernetzen, Kommunikation und Kooperation zu fördern, Identität zu stiften und zu innovativem Handeln anzuleiten" (Kamleithner 2009: 36). Indem das Quartier im Diskurs als Bezugsgröße etabliert wird und die Bewohner eines Quartiers als Gemeinschaft adressiert werden, wird – wie von Harvey beschrieben (Belina 2013: 114-116) – zum Zweck des Regierens strategisch auf einen *Place* Bezug genommen. Diesen Aspekt gilt es auch bei der Untersuchung von *Urban-Gardening*-Projekten und *Places* zu beachten.

---

[35]   Für eine Kritik am Programm „Soziale Stadt" vgl. z.B. Walther und Güntner (2007: 355).

2.3 Neoliberalisierung des Städtischen

Das Phänomen *Urban Gardening* ist im Globalen Norden eng verbunden mit aktuellen Formen der Urbanisierung (Tornaghi 2014). Für eine kritische Analyse von *Urban Gardening* ist es also nötig, aktuelle Stadtentwicklungsprozesse zu untersuchen. Diese sind als „historisch gewordene und politisch veränderbare" (Belina et al. 2014a: 11) zu begreifen und stellen für Harvey „a dynamic moment in overall processes of social differentiation and social change" (Harvey 1996: 53) dar. Somit käme auch dem städtischen Phänomen des *Urban Gardenings* ein über konkrete Projekte und ihre jeweiligen räumlichen Kontexte hinausgehendes gesellschaftsveränderndes Potential zu – eine Annahme, auf der die vorliegende Arbeit basiert.

Für die Analyse aktueller Stadtentwicklungsprozesse im 21. Jahrhundert ist der Begriff der Neoliberalisierung in der kritischen Stadtforschung zentral. In einer sehr allgemeinen Definition steht er für die „politically guided intensification of market rule and commodification" (Brenner et al. 2010: 184). Das politische Projekt des Neoliberalismus wurde ursprünglich als Kampfansage „gegen Strategien des Staatsinterventionismus, des Keynesianismus und des Sozialismus" (Belina et al. 2013b: 126) entwickelt, mit denen Politiker_innen auf die Weltwirtschaftskrise der 1930er Jahre und den Zweiten Weltkrieg reagiert hatten (ebd.). Den Kern neoliberaler Ideen bilden

> „die Annahmen zur gesellschaftlichen Vorteilhaftigkeit des freien Marktes, der auf einem tendenziell unreglementierten Wettbewerb aufbaut sowie eine weitgehende staatliche Deregulierung voraussetzt und so auf die Freiheit des Individuums setzt" (ebd.).

Als der Fordismus als Wirtschafts- und Gesellschaftsform in den 1960er Jahren zunehmend unter Druck geriet, gewannen diese neoliberalen Grundsätze an Bedeutung. Sie beeinflussten in der Folge den Umbau der Gesellschaft nach marktwirtschaftlichen Idealen, der sich ab den 1970er Jahren vollzog (Mayer 2013a: 157). Dieser Umbau wirkte sich auch auf die Sphäre des Städtischen aus. Dort entwickelte sich, basierend auf neoliberalen Idealvorstellungen, eine „hegemonial gewordene Form städtischer Politik bzw. Regierung" (Schipper und Belina 2009: 39), die in der kritischen Stadtforschung mit verschiedenen Begriffen gefasst wurde: Harvey prägte den Begriff der unternehmerischen Stadt (Harvey 1989), andere Autor_innen sprechen von der postfordistischen (Mayer 1994), der neoliberalen (Heeg und Rosol 2007) oder der neoliberalisierenden (Mayer 2013a) Stadt. Auch die Begriffe der post-politischen (Swyngedouw 2013) und der post-demokratischen Stadt (Mullis und Schipper 2013) gewinnen an Bedeutung. Sie fragen aus der Perspektive kritischer Stadtforschung nach der Beschaffenheit von Politik im Kontext von

> „Ökonomisierung, Finanzialisierung, Prekarisierung und schwindender demokratischer Aushandlungsmöglichkeiten sowie d[er] Refeudalisierung von Entscheidungsprozessen" (ebd.: 79).

Gemeinsam ist diesen Perspektiven, dass sie die grundlegenden Veränderungsprozesse in der Gesellschaft in den Blick nehmen, die sich seit den 1980er Jahren in Städten des Globalen Nordens vollzogen haben (Heeg und Rosol 2007: 491). Zentral ist in der theoretischen Debatte um Neoliberalismus auch das Konzept von Brenner et al. (2010), die zwischen Neoliberalismus („neoliberalism") als Ideologie und Neoliberalisierung („neoliberalization") als praktischer Umsetzung dieser Ideologie unterscheiden (vgl. auch Peck und Tickell 2012). So wollen sie deutlich machen, dass sich Neoliberalisierungsprozesse in konkreten Fallbeispielen alles andere als einheitlich vollziehen, aber dass es gleichzeitig „Gemeinsamkeiten der zahlreichen Neoliberalisierungen über diverse Kontexte hinweg" (Belina et al. 2013b: 127) gibt.[36]

Eine ähnliche Absicht verfolgen Belina et al., wenn sie von „Neuordnungen des Städtischen im neoliberalen Zeitalter" (Belina et al. 2013b: 125) sprechen. Auch sie betonen den prozesshaften Charakter von Neoliberalisierung, die sie – „trotz starker Infragestellung und konkreter Widerstände gerade im Gefolge der globalen Finanzkrise" (ebd.: 128) – im Bezug auf Stadtpolitik für prägend halten. Für die Autor_innen gilt sowohl, dass sich ein Umbau der Gesellschaft nach neoliberalem Vorbild vollzieht, als auch, dass dieser Umbauprozess unvollständig und instabil ist. Daraus folge, dass auch die sich vollziehenden Neuordnungen „weder ausschließlich neoliberal noch abgeschlossen" (ebd.) sind, sondern eine vor-

---

[36]   Diese Erweiterung des Neoliberalisierungsbegriffs lässt sich auch als Reaktion auf die poststrukturalistische Kritik an den frühen Konzepten verstehen (Belina et al. 2013b: 127).

läufige Kombination „aus bestehenden, modifizierten und neuen politischen Strategien und Maßnahmen" (ebd.) darstellen. Den Rückgriff auf den Begriff des „neoliberalen Zeitalters" rechtfertigen sie dadurch, dass sich die Neuordnungen innerhalb zweier „Großtrends" (ebd.) vollzögen.

Diese Großtrends sind zum einen das Trimmen staatlicher Aufgaben „auf wettbewerbsfördernde Schaltmechanismen für unternehmerische Tätigkeit" (ebd.) – eine Entwicklung, die zulasten einer fördernden Sozialpolitik und demokratischer Mitbestimmung geht; zum anderen eine weitreichende Individualisierung,

„die bis hin zur Selbstverantwortung jedes und jeder Einzelnen für die Integration in die bzw. den Ausschluss aus der vor allem ökonomisch definierten sozialen Welt reicht" (ebd.).

Kemper und Vogelpohl (2013) ergänzen diese Perspektive, indem sie stärker die Widersprüchlichkeit und Nicht-Planbarkeit neoliberaler Entwicklungen thematisieren. Sie kritisieren, dass der Begriff „neoliberal" seine Aussagekraft verliere, wenn durch seine Verwendung „eine Hegemonie neoliberaler Programmatiken und Praktiken" (Kemper und Vogelpohl 2013: 220) nur bestätigt und nicht hinterfragt werde. Sie schlagen deshalb den Begriff der Paradoxie vor, mit dem sie aufzeigen wollen, dass der gleiche Prozess zu zwei einander gegenläufigen Ergebnissen führen kann (ebd.: 223).[37] Gesellschaftliche Veränderungen könnten dann analysiert werden, ohne von einem „zentralen, die gesellschaftliche Dynamik bestimmenden sozialen Antagonismus" (ebd.) auszugehen. Dadurch werde es möglich, auch die Systemgrenzen neoliberaler Prozesse auszuloten (ebd.: 220).

In Anlehnung an diese Debatte um die „Neoliberalisierung des Städtischen" (Mayer 2013a)[38] skizzieren wir im Folgenden die unserer Meinung nach zentralen Veränderungen, die mit diesen Restrukturierungsprozessen einhergehen. Unser Fokus liegt dabei auf den spezifischen gesellschaftlichen Bedingungen in deutschen Städten, die zwar alles andere als einheitlich sind, aber von denselben

---

[37] Dabei knüpfen sie an ein Forschungsprogramm an, das im Umfeld des Frankfurter Instituts für Sozialforschung die „Paradoxien des gegenwärtigen Kapitalismus" (Honneth 2002) erforscht (Kemper und Vogelpohl 2013: 222.)

[38] Mayer bezieht sich auf Brenner et al. (2010), wenn sie von einer „Neoliberalisierung des Städtischen" (Mayer 2013a) spricht.

beziehungsweise ähnlichen gesetzlichen und regulatorischen Rahmenbedingungen geprägt sind. Wir sind uns aber gleichzeitig bewusst, dass sich Neoliberalisierungsprozesse auch in deutschen Städten auf jeweils unterschiedliche Weise ausprägen, je nach den dort vorherrschenden kontextspezifischen Bedingungen und Pfadabhängigkeiten. Über ein vertieftes Verständnis des Urbanisierungsprozesses in deutschen Städten möchten wir Rückschlüsse auf das von uns untersuchte Phänomen *Urban Gardening* gewinnen. Daran anschließend benennen wir verschiedene Aspekte, die wir im Zusammenhang mit der Neoliberalisierung des Städtischen und *Urban Gardening* für relevant werden.

Wir wollen aber auch aufzeigen, inwiefern diese Restrukturierungsprozesse Möglichkeiten für emanzipatorische Praxis bieten. Dabei gilt, dass wir Neoliberalisierung nicht affirmativ verstehen, sondern dieses Konzept als analytischen Rahmen ansehen, der es erlaubt, das Phänomen *Urban Gardening* kritisch zu untersuchen. Wir folgen deshalb bei unserer Analyse nicht streng einem bestimmten theoretischen Ansatz, sondern greifen jeweils die Aspekte der Neoliberalisierungsdebatte auf, die uns im Hinblick auf *Urban Gardening* relevant erscheinen.

2.3.1 Die Entwicklung deutscher Städte vom Fordismus zum Postfordismus

Nach dem Zweiten Weltkrieg kam den deutschen Städten eine besondere Bedeutung zu: Sie waren die einzige politisch-administrative Ebene, auf der die öffentliche Verwaltung noch funktionsfähig war.[39] Aus dieser Position heraus wurden Städte in der Nachkriegszeit – im Kontext von Wirtschaftswachstum, Wohlstandssteigerung und Ausbau des Wohlfahrtsstaats – zu gesellschaftlich und wirtschaftlich prosperierenden Akteurinnen (Heinz 2015: 15; Heeg 2016: 13). Raumordnungspolitisch als Oberzentren definiert, sollten Städte für die Bewohner_innen der Stadtregion und des Umlands wichtige Einrichtungen vorhalten (Heeg 2008: 42). Als „Transmissionsriemen" (Heeg 2016: 13) war kommunale Politik in der fordistischen Bundesrepublik dafür zuständig, die nationalstaatliche Politik keynesianischer Prägung auf lokaler Ebene umzusetzen und zu ver-

---

[39]   Diese Bedeutung spiegelt sich in der Verankerung des kommunalen Selbstverwaltungsrechts im neu geschaffenen Grundgesetz 1949.

walten (ebd.). In den 1970er Jahren veränderte sich diese Situation, zum einen durch politische und ökonomische Prozesse der Globalisierung und Neoliberalisierung, zum anderen durch den „Legitimitätsverlust des keynesianisch-wohlfahrtsstaatlichen Staatstypus" (ebd.). Mit dieser Krise des Fordismus geriet auch die „paternalistische Stadtpolitik" (ebd.) der Nachkriegszeit unter Druck. Arbeitslosigkeit und Strukturwandel machten Städte „zu Orten des ökonomischen Niedergangs" (ebd.). Denn während die Steuereinnahmen, eine Haupteinnahmequelle für kommunale Haushalte, durch die Deindustrialisierung schrumpften, mussten Städte eine immer größere Zahl sozialpolitischer Aufgaben erfüllen (ebd.). Gleichzeitig wurde zunehmend daran gezweifelt, dass Städte tatsächlich in der Lage sind, Aufgaben der Steuerung und „der systematischen und sozial verantwortungsvollen Umverteilung von Ressourcen" (ebd.) wahrzunehmen. Das lag vor allem daran, dass Städte in Folge der Krise nicht mehr über die dafür notwendigen finanziellen Mittel verfügten. Die den Diskurs bestimmenden Lösungsvorschläge für diese Krise setzten auf den Abbau von Staatlichkeit (ebd.). So vollzog sich nach und nach der „Übergang von einer verwaltenden und distributiv orientierten zu einer ‚unternehmerischen' Stadt" (Heeg 1998: 5), zu einer Stadtpolitik, die vor allem dafür zuständig ist, die infrastrukturellen und institutionellen Voraussetzungen für die erfolgreiche Entwicklung von Stadt und Wirtschaft zu schaffen, ohne selbst steuernd einzugreifen (Heeg 2016: 14).

2.3.2 Deutsche Städte im interkommunalen Wettbewerb

Bedingt durch politische und ökonomische Prozesse der Globalisierung, wie etwa der Liberalisierung des Außenhandels, der Deregulierung der Finanzmärkte und der Transformation des deutschen nationalstaatlichen Selbstverständnisses hin zum Wettbewerbsstaat (Hirsch 1998), kam es zu einer Verlagerung nationalstaatlicher, politischer Kompetenzen in zwei Richtungen: auf die supranationale Ebene, etwa durch den Prozess der europäischen Integration (Heinz 2015: 19) oder den Einfluss internationaler Regimes (Sack 2012: 317), sowie auf die subnationale Ebene. Städte waren nun verstärkt verantwortlich für die Steigerung des lokalen Wirtschaftswachstums und die Gestaltung der jeweiligen lokalen Bedingungen (Schipper 2014: 100).

Dieser Zuwachs an Kompetenzen hatte aber eine Kehrseite: zum einen erhielten die Städte keine zusätzlichen finanziellen Mittel zugeteilt, um diese Aufgaben adäquat bewältigen zu können (Heeg 2016: 14)[40], zum anderen wurden die neuen Spielräume mit „der Notwendigkeit erkauft, am zerstörerischen interkommunalen Wettbewerb teilzunehmen" (Schipper und Belina 2009: 38).[41] Dieser Wettbewerb wurde, im Kontext eines neoliberalen Umbaus der Gesellschaft, als Reaktion auf die Krise des Fordismus von den herrschenden Eliten bewusst hergestellt (Schipper 2014: 100). Jede einzelne Stadt sollte ihre Potentiale optimal ausschöpfen und ihre Standortfaktoren verbessern, um die lokale Wirtschaft zu stimulieren (ebd.: 98). Dieses Argumentationsmuster forderte von den deutschen Städten eine Anpassungsleistung, um im interkommunalen Wettbewerb um „global agierendes Kapital, Fördermittel, einkommensstarke Haushalte, Konsument_innen und Tourist_innen" (Schipper und Belina 2009: 39) zu bestehen.

Mit der wachsenden Popularität des *Creative-Class*-Ansatzes von Richard Florida (2002) gerieten zunehmend Kreative und Hochqualifizierte in den Fokus unternehmerischer Stadtpolitik (Schipper 2014: 99). Doch der „Imperativ der Standortoptimierung" (ebd.) reichte noch weiter: Auch Projekte im Bereich der „Kultur-, Sport- Bildungs-, Sicherheits-, Umwelt- sowie Migrations- und Sozialpolitik [werden] danach bewertet, was sie zur Verbesserung der Wettbewerbsfähigkeit der Stadt beitragen können" (ebd.).

Die Aufgeschlossenheit städtischer Verwaltungen gegenüber *Urban-Gardening*-Projekten liegt ebenfalls in dieser Logik begründet. *Urban Gardening* passt sowohl zum Leitbild der Kreativen Stadt als auch zum neuen Image-Faktor Nachhaltigkeit (Lüders 2014: 96). Um stadtpolitisches Regieren nach dem Leit-

---

[40] So gerieten viele Kommunen ab den 1990er Jahren in finanzielle Schieflagen und verschuldeten sich (Schipper 2014: 100).

[41] Dieser Wettbewerb hat, so beschreiben es Heeg und Rosol im Rückgriff auf Harvey (1989), mehrere Dimensionen: „Konkurriert wird um: die Position als Produktionsort in der internationalen Arbeitsteilung, die Position als Konsumzentrum, (finanzielle, administrative und informationelle) Kontroll- und Befehlsfunktionen sowie nationalstaatliche Fördermittel, die nur noch selektiv verteilt und nicht mehr breit gestreut werden" (Heeg und Rosol 2007: 493). Die Konkurrenz der unternehmerischen Städte untereinander wird in den letzten Jahren durch Städterankings weiter vorangetrieben (vgl.: McCann 2010 zitiert nach Schipper 2014: 101).

bild der unternehmerischen Stadt zu legitimieren, werden „Widersprüche, Konflikte und Interessensgegensätze in der scheinbaren Harmonie einer lokalen Schicksals- und Standortgemeinschaft" (Schipper 2014: 98) aufgelöst: Zum Wohle aller Stadtbewohner_innen müssten Stadtpolitiker_innen auf genau diese Weise handeln (ebd.).[42] Solche Argumentationsweisen und die in diesem Sinne hergestellten gesellschaftlichen Verhältnisse werden von der Mehrheit der deutschen Verwaltungs- und Politikelite nicht hinterfragt, sondern als das zwingende und natürliche Ergebnis „einer übermächtigen Globalisierung" (ebd.: 100) angesehen.[43]

Dabei wird verschleiert, dass sich die Stadtpolitik zunehmend an den Bedürfnissen der Mittel- und Oberschicht orientiert (Schipper 2014: 99) und eine „staatliche Umverteilungspolitik ‚von unten nach oben'" (Heeg und Rosol 2007: 492) stattfindet. Auch der real existierende Dissens über die Art und Weise, wie städtisches Leben aussehen soll, wird so ausgeblendet (Schipper 2014: 98).

Nachdem wir einen Überblick über die Auswirkungen von Neoliberalisierungs- und Globalisierungsprozessen auf die Urbanisierung in der Bundesrepublik vorgenommen haben, möchten wir nun konkreter auf einzelne Aspekte eingehen, die durch die Neoliberalisierung des Städtischen bedingt beziehungsweise beeinflusst worden sind.

2.3.3 Wandel der Planungsparadigmen und -methoden

Die neudefinierte Rolle der Stadt als „Wettbewerbseinheit in einem globalen Raum der Konkurrenz" (Schipper 2014: 98) hatte Folgen für die Stadtverwaltung und -planung. Das Ideal eines schlanken Staats wurde auf die öffentliche Verwaltung übertragen: Kommunale Aufgaben sollten ab sofort nach betriebswirt-

---

[42]   Diese Argumentationslogik bezeichnet Marcuse als pervers, da sie suggeriere: „what is good for the dominant sectors of the city is good for the people of the city as a whole" (Marcuse 2005: 252).

[43]   Die globale Wirtschafts- und Finanzkrise, die ab 2007 in vielen Staaten zu Rezession und abgeschwächtem Wirtschaftswachstum führte, nährte kurzfristig die Hoffnung, das neoliberale Reformprojekt könne nachhaltig infrage gestellt werden (Schipper und Belina 2009: 39). Neoliberalisierungen prägen aber weiterhin zentrale Felder der Stadtpolitik (Schipper und Belina 2009: 48f.; Belina et al. 2013b: 128).

schaftlichen Steuerungsmodellen ausgerichtet werden (ebd.: 99). Durch die Privatisierung von städtischem Eigentum und öffentlichen Leistungen wurde eine Verbesserung der eigenen Wettbewerbsfähigkeit angestrebt (Heeg 2016: 15). Auch im Bereich der Grünflächenversorgung kam es zu einem Rückzug der Stadtverwaltungen (Rosol 2006: 34). Um Kosten zu sparen, wurden Kooperationen zwischen staatlichen und privatwirtschaftlichen Akteur_innen zum neuen Mittel der Wahl (Sack 2012: 325), zum Beispiel durch *Public-Private-Partnerships* bei Bauvorhaben (Heeg 2016: 15) oder durch private Dienstleister_innen im Bereich der Stadterneuerung (Mössner 2016: 138).

Doch ein Rückzug der Kommunen fand nicht auf allen Ebenen statt: Teilbereiche des städtischen Lebens wurden weiterhin subventioniert, vor allem wirtschaftsfördernde Maßnahmen und die Bildung von Wohneigentum – zugunsten der Besserverdienenden und zulasten sozialpolitischer Maßnahmen, für die immer kleinere Budgets zur Verfügung standen (Heeg 1998: 16-19; Heeg und Rosol 2007: 494). Die damit einhergehende soziale Polarisierung wird von der Stadtplanung nicht mehr vorrangig adressiert; auch bedingt dadurch, dass sozialräumliche Differenzen zwischen Städten und Regionen zunehmend als Wettbewerbsinstrumente gedeutet werden (Schipper 2014: 100). Über eine „exklusive, differenzorientierte Planung" (Faix 2011: 28) wird versucht, die Attraktivität und Erreichbarkeit des eigenen Standorts zu sichern und zu verbessern.

Das Image und die Atmosphäre einer Stadt, ihre städtebauliche Gestaltung, ihre Wohnungs-, Bildungs- und Freizeitangebote, die kulturelle Vielfalt und auch die „Umwelt- und Lebensqualität" (Heinz 2015: 111) werden als wichtige Faktoren für ihren Erfolg angesehen, denen die Stadtplanung Rechnung tragen muss. Für Planer_innen unter „Innovations- und Akkumulationsdruck" (Klopotek 2004: 220) sind Projekte und Netzwerke als Organisationsformen für Planungsprozesse attraktiv geworden (Kamleithner 2009: 33), um Kreativität und Innovation zu stimulieren und externe Ressourcen zu nutzen. Stadtplanung versucht, die Bevölkerung zu aktivieren, „einzelne Akteure zu vernetzen, Kommunikation und Kooperation zu fördern, Identität zu stiften und zu innovativem Handeln anzuleiten" (ebd.). Das Planen in Projekten und Netzwerken, häufig unter Beteiligung privater Unternehmen (Faix 2011: 29), ist aber nicht nur auf die beschränkten finanziellen Mittel im Zusammenhang mit kommunalen Finanznöten zurückzuführen. Es dient auch dem Erreichen bestimmter Ziele: Auf die jeweiligen Vorhaben soll gezielt diskursive Aufmerksamkeit gelenkt werden, um die Bekanntheit des Standorts zu steigern und weitere Stadtentwicklungsprozesse anzuregen (ebd.).

In diesem Kontext ist auch die Popularität des Instruments Zwischennutzung, etwa durch Kunst- oder *Urban-Gardening*-Projekte, einzuordnen. Auf dieses Instrument und seine Bedeutung für die Stadtentwicklung gehen wir später ausführlicher ein (vgl. Kapitel 2.3.9).

2.3.4 Governing through Community

Die Anrufung von lokalen (Überzeugungs-)Gemeinschaften (Rose 2000) ist zentraler Bestandteil dieser neuen Planungsstrategien. Bürger_innen sollen ermächtigt werden, „sich um örtliche Belange selbst zu kümmern" (Faix 2011: 23)[44]. Indem sie als moralische Subjekte konstruiert werden, die sich in der Verantwortung stehenden Gemeinschaften zugehörig fühlen (vgl. Rose 1996, 2000a, 200b), werden sie geführt und gleichzeitig zur Selbstführung angeleitet, „gemäß einer moralischen Definition von angemessenem individuellen und gemeinschaftlichen Verhalten" (Heeg und Rosol 2007: 497).[45]
Rose nennt diese Strategie „governing through community" (Rose 2000b: 85f.). Für ihn wird dabei ein neoliberales „Ethos von Selbst-Verantwortung mit dem neokommunitaristischem [sic] Ideal von aktiver Bürgerschaft und Gemeinsinn" (Heeg und Rosol 2007: 497) verbunden. So können vormals staatliche Aufgaben ‚nach unten' durchgereicht und „kaskadenförmig vom Staat über die Länder auf die Kommunen und die zur individuellen und kollektiven Selbstsorge angehaltenen BürgerInnen verteilt werden" (Faix 2011: 23). Gleichzeitig werden fortwährend neue Formen von Exklusion produziert, wenn Bürger_innenrechte zuneh-

---

[44] Für eine ausführliche Erläuterung von neoliberalen Formen der Stadtplanung und der Strategie des *Governing through Community* vgl. Kamleithner (2009).
[45] „This transformation from citizenship as possession to citizenship as capacity is embodied in the image of the active entrepreneurial citizen who seeks to maximize his or her lifestyle through acts of choice, linked not so much into a homogeneous social field as into overlapping but incommensurate communities of allegiance and moral obligation" (Rose 2000a: 99).

mend an die Bereitschaft geknüpft werden, sich in die Gemeinschaft einzubringen und sich auf eine bestimmte Weise zu verhalten: „Citizenship has to be earned by certain types of conduct" (Rose 2000a: 98).

Auch Harvey hat diesen strategischen Einsatz lokaler Gemeinschaften analysiert: *Communities* seien schon immer eine der „key sites of social control and surveillance, bordering on overt social repression" (Harvey 1997: o.S.) gewesen. Familien, soziale Netzwerke, Interessengruppen oder lokale Gemeinschaften, die sich durch freundschaftliche Verbindungen oder gemeinsame Interessen verbunden fühlen (Kamleithner 2009: 34), werden als ‚natürliche' Träger_innen sozialer Verantwortung adressiert (ebd.).[46] So werden Stadtbewohner_innen etwa dazu angehalten, selbst für die Verschönerung ihres Quartiers zu sorgen – und somit ihre Benachteiligung selbst zu verwalten (Selle 1997: 43). Dadurch kommt es zu einer Fragmentierung des sozialen Raums (Kamleithner 2009: 34).

Denn in Zeiten beschränkter staatlicher und kommunaler Ressourcen entsteht eine Konkurrenzsituation zwischen den zunehmend vereinzelten sozialen Einheiten (ebd.). Um ihre Alleinstellungsmerkmale zu definieren und ihre Position innerhalb des sozialen Gefüges zu stärken, müssen sich *Communities* nach außen abgrenzen (Harvey 1997: o.S.). Während sich also die Mitglieder einer *Community* zueinander solidarisch verhalten, sind die Mitglieder anderer *Communities* potentielle Konkurrent_innen[47], da sie sich im Wettbewerb um staatliche Fördergelder ebenfalls um eine günstige Positionierung bemühen (Rosol und Dzudzek 2014: 214).

---

[46] Diese Aktivierung von Bürger_innen ist für Vertreter_innen des Kommunitarismus, wie Putnam (1993) oder Etzioni (1995) positiv besetzt. Für sie wird durch *Communities* auf kleinräumlicher Ebene Sozialkapital und Vertrauen geschaffen. Ihre *Community*-Konzepte zielen „auf aktive und verantwortliche Individuen, die sich um Familie und Nachbarschaft sorgen und die im Vergleich zu wohlfahrtsstaatlichen Einrichtungen in der Lage sein sollen, ein reiches und erfülltes Sozialleben herzustellen" (Kamleithner 2009: 35). Diese Positionen werden als „Idealisierung von Zivilgesellschaft" (Rosol 2006: 8 Anhang) kritisiert.
[47] Diese Konkurrent_innen können ganz verschiedene zivilgesellschaftliche Gruppen sein: neben Angehörigen der freien Kunst- und Kulturszene, z.B. auch Vereine, soziale Projekte oder *Urban-Gardening*-Initiativen.

2.3.5 Wandel des öffentlichen Raums

Im Zusammenhang mit *Urban-Gardening*-Projekten ist häufig von einer Rückeroberung des öffentlichen Raums die Rede. Auf den ersten Blick erscheint diese Aussage zutreffend und unproblematisch, da im Diskurs ein geteiltes Verständnis von „öffentlichem Raum" vorausgesetzt werden kann. Doch auf den zweiten Blick entpuppt sich der Begriff als komplex und ambivalent. Als zentrale Kriterien für öffentlichen Raum werden nämlich häufig zwei Aspekte angeführt: dass die Flächen öffentliches Eigentum sind und dass sie unbeschränkt für alle und zu jeder Zeit zugänglich sind (Selle 2008: 1). Doch zahlreiche Flächen, die öffentlich zugänglich sind, wie zum Beispiel die Vorplätze von Kaufhäusern oder Einkaufspassagen, sind nicht im öffentlichen Eigentum. Zahlreiche öffentliche Flächen, wie zum Beispiel Straßen, Plätze oder Parks, sind bestimmten Nutzer_innengruppen mit bestimmten Verhaltensweisen vorbehalten (ebd.: 2). *Urban-Gardening*-Projekte können in beide Kategorien fallen. Um diesen Schwachpunkten in der Definition öffentlicher Räume zu entkommen, geht Selle „vom Verhalten der Stadtnutzer" (ebd.) aus: Es handele sich dann um öffentliche Räume, wenn sie „für alle Menschen in den Städten (die ‚Öffentlichkeit') – ohne besondere Befugnisse oder wesentliche Beschränkungen" (ebd.) zugänglich und nutzbar seien.[48] Auch Klamt (Klamt 2012: 778) betont die Perspektive der Nutzer_innen: „sie machen einen Raum zu einem ‚öffentlichen Raum' – oder eben nicht" (ebd.) Er verweist aber gleichzeitig darauf, dass es den_die Nutzer_in nicht gebe, da die Wahrnehmung von öffentlichen Räumen von Individuum zu Individuum unterschiedlich sei (ebd.).

Öffentlich nutzbare Räume bieten Chancen zu Begegnung und Austausch, verpflichten aber nicht dazu: „Nähe und Distanz sind frei wählbar, jeder Akteur kann zwischen Beobachtung und Teilhabe entscheiden" (Pesch 2008: 33). Pesch sieht diese Räume durch veränderte gesellschaftliche Bedingungen, wie etwa die wachsende Bedeutung virtueller Räume, aber in Gefahr. Sie seien immer weniger Orte der Begegnung, sondern würden zunehmend banalisiert und ökonomi-

---

[48] Trotzdem empfehle es sich, so Selle, zu klären „welche Räume man jeweils meint, wenn von ‚öffentlichen Räumen' die Rede ist" (Selle 2008: 4).

siert: durch die Überpräsenz von Konsumangeboten und Werbung, durch „anti-
urbane Handelsformen" (ebd.: 34) wie *Indoor Shopping Malls* und die Privatisierung von Flächen durch die Immobilienprojekte privater Investor_innen (ebd.:
35).[49] Auch die Überwachung des öffentlichen Raums hat in den vergangenen
Jahren im Zuge von Kriminalitäts- und Terrorbekämpfung stetig zugenommen
(ebd.: 35f.). Ökonomisierung, Privatisierung und Kontrolle stehen heute scheinbar „[a]usgelassener Aneignung und intensivster Nutzung des städtischen
Raums" (ebd.: 36) gegenüber, wie etwa durch Stadt- und Kultur-Strände, Zwi-
schennutzungen, *Public-Viewing*-Veranstaltungen oder *Urban-Gardening*-
Projekte. Häufig haben diese Nutzungen aber einen kommerziellen und event-
haften Charakter (ebd.: 34), was eine dauerhafte Aneignung des öffentlichen
Raums durch vielfältige Nutzer_innengruppen verhindert (ebd.: 36).
Mit der fortschreitenden Kommodifizierung des Urbanen (Kipfer et al. 2008;
Schmid 2011: 43) wird das Leben in der Stadt zunehmend auf einen ‚urbanen
Lifestyle' reduziert. Die Präferenzen der Stadt-Konsument_innen und ihr
Wunsch nach authentischer Urbanität werden zu einer Form der Machtausübung,
da sich Stadtpolitik an diesen Stadt-Konsument_innen ausrichtet und Stadt nach
ihren Wünschen umgestaltet (Zukin 2010: 28). Dieser ‚urbane Lifestyle' kann
zum entscheidenden Faktor für städtische Aufwertungsprozesse werden, was
dazu führt,

> „dass die urbanen Qualitäten, Differenz, Begegnung, Kreativität, Teil werden von
> ökonomischen Dispositiven und systematischer Ausschöpfung von Produktivitätsge-
> winnen" (Schmid 2011: 43).

Wirtschaftliche Prinzipien dominieren bereits zahlreiche Bereiche des städtischen Lebens und die „wenig kontrollierten und kommerzialisierten Zwischen-
räume und Ritzen innerhalb der metropolitanen Kerne drohen, zusehends zu
verschwinden" (Schmid 2011: 44f.).
Diese Veränderung des öffentlichen Raums ist außerdem gekennzeichnet von
der verstärkten Anwendung territorialer Kontrollstrategien, etwa durch erhöhte

---

[49] Klamt hält es aber für verkürzt, „die tatsächlichen Effekte von Privatisierung, Regulierung,
Ökonomisierung und Ästhetisierung" (Klamt 2012: 796) auf das öffentliche Leben und die Entwicklung von Städten nur negativ zu bewerten, da diese Prozesse auch positive Folgen hätten.

Polizeipräsenz oder den Einsatz privater Sicherheitskräfte. Diese werden einge-setzt, um städtische Räume als Erlebnis- und Konsumwelten zu generieren und abzusichern. Im Vordergrund stehen dabei die innenstadtnahen Räume, die als „Visitenkarten der Stadt" (Heeg und Rosol 2007: 495) gelten. Aus ihnen werden all jene vertrieben, die „nicht mit Vorstellungen einer aufgewerteten Einkaufs-, Erholungs- und Bürozone zusammen passen" (ebd.).

Über *Place-Branding*-Strategien, eine Form unternehmerischer Stadtpolitik, versuchen Städte, sich über die Betonung ihrer urbanen Qualitäten von ihren Konkurrentinnen im internationalen Städtewettbewerb abzusetzen: „One such strength is quality urban green space which has been shown to make cities more attractive and liveable places, drawing people and investments to urban centres" (Gulsrud et al. 2013: 330).

In einer Linie mit dem gesellschaftlichen Trend der Nachhaltigkeit versuchen Städte des Globalen Nordens überdies, sich als *Green City* zu inszenieren (ebd.: 331). Damit können sowohl umweltpolitische Visionen verbunden sein, als auch das Ziel, die Lebensqualität einer Stadt zu verbessern – oder im Städtewettbe-werb um „investemt, talent, and tourism" (ebd.) einen kompetitiven Vorteil zu erzielen.

2.3.6 Grünflächenversorgung in der neoliberalisierten Stadt

Auch öffentliche Freiräume sind immer stärker betroffen
> „von den aktuellen Tendenzen von Privatisierung und Kommodifizierung (z.B. durch die Erhebung von Eintrittsgeldern für Parks), von Vernachlässigung und Ausgrenzung sowie dem Rückzug der Kommune aus Organisation und Betrieb des öffentlichen Grüns" (Rosol 2011: 99).

Die Bedeutung städtischer Grün- und Freiflächen ist heute zwar allgemein aner-kannt (ebd.: 98), ebenso wie deren positive Effekte für das Stadtklima, für die Aufenthaltsqualität von Quartieren beziehungsweise die dortigen Miet- und Grundstückspreise (Gulsrud et al. 2013: 336), für die Lebensqualität und nicht zuletzt das Image einer Stadt (ebd.: 331f.). Doch auch in diesem Bereich städtischer Planung und Verwaltung wird mit Sachzwängen argumentiert, die aus den kommunalen Finanznöten abgeleitet werden. Die schlechte finanzielle Ausstattung der Grünflächenämter mache das Nachdenken über neue Bewirtschaftungsmodelle notwendig (Rosol 2011: 98), Ziel sei schließlich eine möglichst erfolgreiche „Inwertsetzung städtischer Räume von und durch Grünflächen" (ebd.). Grün- und Freiflächen werden also nicht mehr über ihre soziale Funktion legitimiert, wie etwa die Möglichkeit zur Reproduktion der Arbeitskraft beziehungsweise zur Erholung, sondern über ihren Wert als Standortfaktor, als Kapital, das sich verwerten lässt. Damit wird auch hingenommen, dass der Zugang zu diesen Flächen nicht allen gleichermaßen offensteht. Je besser das Einkommen eines Haushalts, desto leichter ist der Zugang zu „Wohnlagen mit einem hohen Anteil an privatem und öffentlichem Grün [...], andere müssen sich mit unterversorgten Vierteln begnügen" (ebd.). Diese sozialräumliche Ungleichheit wird in Bezug auf Grünflächen „von Politik und Planung z.T. gar befürwortet und aktiv vorangetrieben" (Rosol 2011: 98).

Mit neueren Freiraumkonzepten, wie etwa *Urban-Gardening*-Projekten, ist die Hoffnung verbunden, dass sie die strukturellen Defizite der kommunalen Freiraumplanung ausgleichen können (ebd.: 105). Rosol hat diese Hoffnung zum Ausgangspunkt ihrer Forschung gemacht und anhand verschiedener *Urban-Gardening*-Projekte in Berlin untersucht, ob diese neuen Freiraumformen tatsächlich Gegenentwürfe sein können. Sie kommt zu einem zwiespältigen Ergebnis: Indem die Projekte den Zugang zu Gärten auch für Personen mit niedrigem Einkommen öffnen würden, erweiterten sie „im Einzelfall die Chancen und Reproduktionsbedingungen gerade auch für benachteiligte Bevölkerungsgruppen in unterversorgten Quartieren" (ebd.: 110). Diesen positiven Effekten stehen jedoch andere gegenüber, die bestehende Ungleichheiten eher verstärken: Ein *Urban-Gardening*-Projekt verlange den Beteiligten viel ab an Zeit, Arbeit und Sozialkompetenz. Diese „insgesamt anspruchsvolle Form der Freiraumbereitstellung" (ebd.: 109) könnten nicht alle Personen leisten; gerade für politisch und ökonomisch bereits Benachteiligte stelle sie eine große Herausforderung dar. Überdies neigten ehrenamtliche Strukturen dazu, „exklusive Tendenzen" zu entwickeln (ebd.: 110).

Aus der Makroperspektive betrachtet können *Urban-Gardening*-Projekte „die allgemeinen Trends steigender Mieten, Gentrification, sozialer Polarisierung, wachsender materieller Ungleichheit, zunehmender Verarmung etc." (ebd.) nicht ausgleichen; auch weil sie quantitativ kaum ins Gewicht fielen. Die oben bereits skizzierte Konkurrenzsituation zwischen verschiedenen Quartieren und Projekten (vgl. Kapitel 2.3.4) könne dazu führen, dass „das wenige Geld, das die öffentliche Hand bereitstellen will" aus anderen Quartieren abgezogen wird, aus Quartieren „in denen solches Engagement noch viel schwieriger zu verwirklichen ist" (ebd.). *Urban-Gardening*-Projekte seien deshalb zwar an sich begrüßenswert, könnten ein Umdenken in der Freiraumplanung zugunsten eines Abbaus der Freiraum-Ungleichheiten aber schwerlich ersetzen (ebd.).

Als Projekte von Bürger_innen für Bürger_innen passen *Urban-Gardening*-Projekte perfekt in das Konzept des aktivierenden, auf Partizipation ausgelegten Staats, der die „Verantwortung für die öffentliche Infrastruktur an die ‚Bürgerschaft'" (ebd.: 111) abgibt. Ähnlich wie die Herstellung gleichwertiger Lebensverhältnisse nicht mehr das vorrangige Ziel staatlicher Politik darstelle (vgl. Kapitel 2.3.3), sei auch der Abbau „von Ungleichheit in der Freiraumverfügbarkeit" (ebd.) aufgegeben worden, so Rosol.

Hinzu komme eine veränderte Auffassung von Erholung, die nicht mehr dazu diene, soziale Belastungen auszugleichen, sondern „Ausdruck Lebensstilabhängiger Freizeitbedürfnisse" (Schöbel-Rutschmann 2003: 91) sei. Als solche verstanden sei sie keine staatliche Aufgabe mehr, sondern eine individuelle, „die Inanspruchnahme von Steuergeldern sei mithin nicht mehr legitimiert" (Rosol 2011: 112). In dieser Logik scheint es kein Problem darzustellen, wenn sich „diejenigen, die nicht über die ökonomischen Mittel zur Befriedigung ihrer Freiraumbedürfnisse verfügen" (ebd.) ihre Freiräume selbst schaffen und ihren Mangel selbst verwalten (Selle 1997: 43).

2.3.7 Aufwertungs- und Gentrifizierungsprozesse

Die Tendenz zur Ökonomisierung des Stadtraums (vgl. Kapitel 2.3.5) spielt auch im Zusammenhang mit Aufwertungs- und Gentrifizierungsprozessen[50] eine entscheidende Rolle. Als „Universalmetapher kollektiver Abstiegsängste" (HBS 2015) ist der Begriff der Gentrifizierung heute zentral in den Wohnraumdebatten von Aktivist_innen, Politiker_innen und Journalist_innen.[51] Dabei wird er häufig mit allen Veränderungs- oder Aufwertungsprozessen gleichgesetzt, die in Stadtvierteln und Quartieren ablaufen. Tatsächlich hängen Aufwertung und Gentrifizierung eng miteinander zusammen, was auch die Kategorien andeuten, die Krajewski (2004) zur Definition von Gentrifizierung vorschlägt: erstens die bauliche Aufwertung, also Verbesserungen von Wohnumfeld und Infrastruktur, zweitens die soziale Aufwertung durch den Zuzug von statushöherer Bevölkerung[52], drittens die funktionale Aufwertung durch neue Konsum- und Dienstleistungsangebote und eine sinkende Leerstandsquote sowie viertens die symbolische Aufwertung mittels positiver Diskurse über die entsprechenden Quartiere und Stadtteile (Krajewski 2004: 103).

Trotzdem sind die Begriffe Aufwertung und Gentrifizierung inhaltlich nicht identisch. Das definitorische Merkmal der Gentrifizierung ist der Aspekt der Verdrängung ärmerer Bevölkerungsgruppen, ein Prozess, der aus der Perspektive kritischer Stadtforscher_innen kein ungeplanter Kollateralschaden ist (Holm 2011a: 45). Eine einheitliche und allgemein anerkannte Definition des Begriffs liegt bis heute jedoch weder in der internationalen noch in der deutschsprachigen Forschung vor (ebd.). Dieser Mangel ist der Komplexität von Gentrifizierungs-

---

[50] In der deutschsprachigen Forschung wird häufig auch der englische Begriff *Gentrification* verwendet (vgl. Holm 2012, 2014). Wir verwenden die eingedeutschte Variante.
[51] Erstmals verwendet wurde der Begriff Gentrifizierung 1964 von der britischen Soziologin Ruth Glass, die im Londoner Stadtviertel Islington beobachtete, dass die ökonomische und bauliche Aufwertung in Quartieren häufig einen Bevölkerungsaustausch und einen Wandel im „Charakter der Nachbarschaft" (Holm 2011: 45) auslöst. Gentrifizierung wurde zunächst vor allem in der angloamerikanischen Stadtforschung analysiert, seit dem Ende der 1980er Jahre wird das Phänomen aber auch in Deutschland untersucht. Seitdem wurden unzählige theoretische und empirische Forschungs- und Qualifikationsarbeiten zum Thema Gentrifizierung veröffentlicht (z.B. Dangschat 1988; Blasius und Dangschat 1990; Glatter 2007; Krajewski 2006; Blasius 2008).
[52] Problematisch ist hierbei jedoch die Klassifizierung von Bevölkerungsgruppen nach ihrer ‚Wertigkeit'.

prozessen geschuldet. In ihnen kreuzen sich sowohl bauliche als auch infrastrukturelle Veränderungen auf Quartiersebene

"mit immobilienwirtschaftlichen Wertschöpfungen, veränderten Bewohnerstrukturen, neuen Formen der Stadtpolitik und symbolischen Umbewertungen der Wohnquartiere" (Holm 2012: 662).

Je nach Fachrichtung und Forschungsperspektive gehen Wissenschaftler_innen deshalb von unterschiedlichen "Ursache-Wirkungs-Beziehungen" (ebd.) für Gentrifizierungsprozesse aus. Als "Minimalkonsens" (ebd.) bezeichnet Holm die Definition von Kennedy und Leonard (2001): "the process by which higher income households displace lower income residents of a neighborhood, changing the essential character and flavor of that neighborhood" (Kennedy und Leonard 2001: 6).

Der "flavor" (ebd.) eines Quartiers verändert sich aber oft schon vor dem Zuzug wohlhabenderer Haushalte: über die symbolische Aufwertung von Quartieren und die Konstruktion "besonderer Orte" (Holm 2010: 67). Diese werden häufig mit den Schlagworten "pulsierend" (Schlegel 2014: 69), "lebendig" (ebd.) oder "urban" (ebd.: 80) charakterisiert. So wird ein vermarktbares Image geschaffen, häufig "im Rückgriff auf eine Kreativszene beziehungsweise Subkultur" (Schlegel 2014: 69). Dabei werden Kreative, Künstler_innen und Angehörige von Subkulturen, zu denen auch *Urban-Gardening*-Aktivist_innen gehören, "als Indikatoren einer beginnenden Aufwertung gesehen, da sie ein 'noch unentdecktes' Stadtviertel experimentell nutzen und attraktivieren" (Schlegel 2014: 69). In einigen Gentrifizierungsmodellen (z.B. Clay 1979; Dangschat 1988) werden diese Raumnutzer_innen als Pionier_innen "mit kulturellem und sozialem Kapital" (Holm 2012: 672) bezeichnet, die als Erste in bis dahin wenig attraktive Quartiere ziehen. Während diese Pionier_innen in den ersten Phasen der Gentrifizierung laut Modell selbst dazu beitragen, alteingesessene Bewohner_innen zu verdrängen, werden sie später ebenfalls verdrängt (ebd.). Diese Entwicklung wird als "Pionierdilemma" (Schlegel 2014: 70) bezeichnet.

Auch bei der Anwendung des *Neighbourhood Brandings*, eines in den Niederlanden entwickelten Konzepts (vgl. Fasselt und Zimmer-Hegmann 2014), wird von städtischen Akteur_innen versucht "benachteiligte Quartiere unter Einbeziehung der Bewohner als Marke zu entwickeln, ihnen ein Profil zu geben, um das bisherige Negativimage zu überwinden" (Schnur 2014: 15). Dabei ist es wichtiger, ein Image von Lebendigkeit und Urbanität zu erzeugen, als für die Stadtbewohner_innen tatsächlich gleichwertige Lebensmöglichkeiten zu gewährleisten (Vogelpohl 2014a: 27).

Der „Kampf um ‚Szeneviertel' als ‚a hip place to go and live' gehört inzwischen fast zum Markenzeichen prosperierender bundesdeutscher Großstädte" (Karow-Kluge und Schmitt 2014: 2). Zwei Großtrends haben die Relevanz des Phänomens für deutsche Städte in den vergangenen Jahren noch gesteigert: die Reurbanisierung (Brake 2011)[53] und das wachsende Interesse an Investitionen in den Immobilienmarkt, ausgelöst durch die Geldmarktkrise ab 2007 (Schipper und Wiegand 2015). Doch mit der wachsenden Popularität des Begriffs der Gentrifizierung geht auch eine „zunehmende Unübersichtlichkeit in der Debatte zwischen Gegnern und Befürwortern, negativen und positiven Effekten, Profiteuren und Verdrängten" (Karow-Kluge und Schmitt 2014: 1f.) einher.

Besonders heftig kritisiert werden Aufwertungs- und Gentrifizierungsprozesse von urbanen Protestbewegungen, die dabei häufig auf den von Lefebvre inspirierten Slogan „Recht auf Stadt" Bezug nehmen. Sie wenden sich gegen eine neoliberale Stadtpolitik, welche die Verschärfung sozial-räumlicher Disparitäten zugunsten der lokalen Wirtschaft in Kauf nimmt. Verantwortlich für diese Entwicklung sind in ihren Augen „die immobilienwirtschaftlichen Strategien in der Koalition von Investoren, Bauträgern, Banken und unternehmerischer Stadtpolitik" (Karow-Kluge und Schmitt 2014: 2). An Gentrifizierungsprozessen sind aber nicht nur lokale Akteur_innen beteiligt. Durch die zunehmende Globalisierung des Finanzsektors und internationale Investitionen in Immobilien sind auch urbane Restrukturierungsprozesse global geworden. Was als sporadisch auftretende Anomalie auf den Wohnungsmärkten bestimmter Städte begann, „is now

---

[53] Harvey sieht die (Re-)Urbanisierung in Zusammenhang mit der Suche (globaler Investor_innen) nach Anlage-Möglichkeiten für überschüssiges Kapital (Harvey 2013): „Urbanisierung ist ein Kanal, durch den überschüssiges Kapital fließt, um die Städte für die Oberschicht neu zu bauen. Ein machtvoller Prozess, der neu definiert, worum es in Städten geht, wer dort leben darf und wer nicht. Und er definiert die Lebensqualität in Städten nach den Maßgaben des Kapitals, nicht nach denen der Menschen" (Twickel 2013, Interview mit David Harvey).

thoroughly generalized as an urban strategy, its incidence is global, and it is densely connected into the circuits of global capital and cultural circulation" (Smith 2002: 427).

2.3.8 Ecological Gentrification

Die Reurbanisierung und die damit einhergehende Aufwertung der Innenstädte wurden begleitet von einer Debatte um ökologische Nachhaltigkeit (Holm 2011a: 46) und von „new forms of urban environmental governance" (Quastel 2009: 702). Die Abkehr von der Zersiedelung, aber auch das Ideal der „Stadt der kurzen Wege" und der „Übergang zu einer schadstofffreien Wissensökonomie" (Holm 2011a: 46) galten zunehmend als wegweisend für die Zukunft der Städte. So entwickelte sich der Nährboden für eine neue Erscheinungsform der Gentrifizierung: die *Ecological Gentrification*. Von Dooling (2008, 2009) ursprünglich geprägt, um die Verdrängung von Obdachlosen durch urbane Politiken der Nachhaltigkeit theoretisch zu fassen, wurde der Begriff von Quastel (2009) noch einmal erweitert: In urbanen Revitalisierungs- und Gentrifizierungsprozessen würden sowohl Stadtregierungen als auch Immobilienentwickler_innen und Immobilienkäufer_innen auf Umwelt- und Nachhaltigkeitsdiskurse Bezug nehmen und dadurch urbane Räume verändern (Quastel 2009: 719).

Tatsächlich sind die neuen ‚grünen' Lebensstile ein Distinktionsmerkmal der Besserverdienenden. Die zunächst nur individuell getroffenen Entscheidungen für bewusste Ernährung oder ökologische Baustoffe „entfalten ein hohes Maß an Raumwirksamkeit" (Holm 2011a: 50). Denn die Infrastruktur in den jeweiligen Quartieren richtet sich nach diesen Besserverdienenden aus, während traditionelle Angebotsstrukturen verdrängt werden (ebd.).

Unter dem Leitbild der ökologischen Aufwertung und der nachhaltigen Planung werden ökonomisch und sozial Benachteiligte aus bestimmten städtischen Räumen ausgeschlossen (Jonas und While 2007: 145; Dooling 2008, 2009), wenn Nachhaltigkeitsdiskurse auf die Prinzipien der unternehmerischen Stadt treffen (Quastel 2009: 702). Dabei würden, so Holm, „die klassenspezifischen Kosten einer ökologischen Nachhaltigkeit" (Holm 2011a: 46) systematisch ausgeblendet. Denn solange die Orientierung an Nachhaltigkeitszielen sich im Kontext der

„kapitalistischen Logik des Immobilienmarkts" (ebd.) vollzöge, würden soziale Ungleichheiten in Städten verstärkt.

In diesen Aufwertungs- und Verdrängungsprozessen nehmen *Urban-Gardening*-Projekte eine doppelte Rolle ein: Als Zwischennutzer_innen und Kreative lassen sie sich unter dem Pionier-Begriff fassen und stellen „auf Basis ihres kulturellen Kapitals eine wesentliche Grundlage für Gentrificationprozesse" (Huber 2011: 174) dar. *Urban Gardening* kann dazu dienen, einen zuvor wenig beachteten Stadtteil oder ein verrufenes Quartier symbolisch aufzuwerten (ebd.). Indem sich die Aktiven Räume aneignen, sie produzieren und nutzen, „steigt die Attraktivität eines Wohnquartiers für statushöhere Gruppen" (ebd.). Diese symbolische Aufwertung bewirkt aber in letzter Konsequenz häufig eine Verdrängung der Projekte. Denn zum Zeitpunkt ihrer Entstehung verwerten *Urban-Gardening*-Projekte „städtebauliche[n] ‚Restflächen‘" (Rosol 2011: 101), die anderweitig nicht verwertbar und für Investor_innen uninteressant sind. Diese stehen den Projekten aber nur solange zur Verfügung „wie nicht andere Ansprüche durch kommerzielle Nutzungen bzw. Infrastrukturbauten wie Verkehrsanlagen angemeldet werden" (ebd.).

2.3.9 Zwischennutzung in der neoliberalisierten Stadt

Urban-Gardening-Projekte sind neben Kunstprojekten, Event-Gastronomie, Stadtstränden oder Clubs typische Beispiele für Zwischennutzungen (Lossau und Winter 2011: 337). Der Begriff steht dabei für die „Nutzung zwischen zwei Hauptnutzungen, um eine zeitlich begrenzte Funktionslosigkeit" (Rellensmann 2010: 11) von urbanen Orten zu überwinden. Zwischennutzungen sind außerdem gekennzeichnet durch ihre begrenzte Dauer und ihren provisorischen Charakter (Kalberer 2007: 4) – Eigenschaften, die Zwischennutzungen für künstlerische Projekte besonders attraktiv machen.[54]

---

[54]   Eine detailliertere Definition schlägt Teder vor: „Being a bottom-up initiative that gains formal acceptance (without being included in formal planning documents). Having a clearly defined time frame with a stated beginning and end. Transforming a site into a public space (if not public already). Clearly aiming at exploring and presenting different possibilities for a future use of a site. Consciously building a transitional bridge to the future by opening up for a variety of actors and experimental land uses" (Teder 2011: o.S.). Neben Zwischennutzungen aus den Bereichen

Zunächst waren Zwischennutzungen nur ein subkulturelles Phänomen, das als illegale Aneignung von Flächen oder Gebäuden bekämpft wurde (Perret und Rutschmann 2011: 3). Doch innerhalb des letzten Jahrzehnts fand es Eingang in die Wissenschaft und vor allem, als Planungsinstrument, in die Stadtentwicklung (Rellensmann 2010: 5f.) und die Immobilienwirtschaft (Perret und Rutschmann 2011: 3). Die Akteur_innen haben erkannt, „dass Zwischennutzungen, insbesondere jene mit sozialen und kulturellen Qualitäten, eine Aufwertung der Liegenschaften und ganzer Stadtviertel zur Folge haben können" (Perret und Rutschmann 2011: 3). Mit der Popularität des Topos von der „Stadt als Ort der Kreativität" (Bommas 2010: 69)[55] wurde das Innovationspotential kreativer Zwischennutzer_innen für Städte zu einem „Pfund zum Wuchern" (ebd.: 73). Gerade im Kontext von Deindustrialisierung und demographischem Wandel sind Zwischennutzungen vielversprechend, schließen sie doch die Lücken, die ein marktförmig organisierter Immobilienmarkt entstehen lässt.

Grundsätzlich bieten Zwischennutzungen den Stadtbewohner_innen die Chance, „to more directly translate their ideas into physical structures and thereby generate diverse and dynamic urban spaces" (Teder 2011: o.S.). Formale Planungsprozesse können aufgebrochen und für mehr Partizipation geöffnet werden. In Zwischennutzungsprojekten gestalten Bürger_innen den Stadtraum aktiv mit und schaffen sich Räume, die ihren Wünschen und Bedürfnissen entsprechen. Die Phase der Zwischennutzung könnte also ein öffentliches Brainstorming über die Zukunft eines urbanen Orts sein – ein Brainstorming mit offenem Ausgang (ebd.). Doch nicht nur die Zwischennutzer_innen selbst sind an dieser Form der Raumnutzung beteiligt: auch Anwohner_innen, Stadtentwickler_innen und Immobilieneigentümer_innen sind Teil des Phänomens.

Kunst und Kultur gibt es auch zahlreiche soziokulturelle Projekte „welche nicht primär unternehmerischen Zielen dienen, sondern der Wohlfahrt von Individuen, Gruppen und Vereinen oder auch allgemein ausgedrückt der Gesellschaft" (Kalberer 2007: 7). *Urban-Gardening*-Projekte sind je nach ihrer Ausrichtung mehr dem Bereich Kunst und Kultur oder dem der Soziokultur zuzuordnen.

[55] Die Popularität dieses Topos wurde in jüngerer Zeit maßgeblich beeinflusst durch Richard Floridas *Creative-Class*-Ansatz (2002). Doch die Beschreibung von Stadt „*als Ort der Kreativität*" durchzieht fast die gesamte stadtsoziologische Forschungsliteratur" (Merkel 2012: 699).

Dabei verfügt die verschiedenen Akteur_innen über sehr unterschiedliche Ressourcen, „in economic terms and in their power in the decision-making process" (Lossau und Winter 2011: 337). Die Zwischennutzer_innen erhalten günstige Mietkonditionen, zum Teil werden ihnen Immobilien auch unentgeltlich überlassen. Doch nicht nur sie profitieren: Auch Stadtverwaltungen und Immobilieneigentümer_innen ziehen Vorteile aus dieser „Vermietung zweiter Klasse" (Girgert 2013: o.S.): „areas are improved by the voluntary commitment of the users, but mostly without monetary investment by the urban institutions or the owners" (Lossau und Winter 2011: 339). Die alternativen Nutzer_innen sorgen außerdem dafür, dass die Bausubstanz und somit der Wert von Immobilien erhalten bleibt (Girgert 2013: o.S.). Auch im Bereich Leerstand und Flächenmanagement bieten Zwischennutzungen Chancen für Stadtverwaltungen und Immobilieneigentümer_innen: So können leer stehende Gewerbeflächen, z.B. über sogenannte Zwischennutzungsagenturen, an Nutzer_innen vermittelt werden. Die Leerstandsquote sinkt und das Stadtbild wird belebt, was gut ist für das Stadt- und Standortmarketing und die dahinter liegenden ökonomischen Interessen (ebd.).

Die Förderung von Zwischennutzungen durch Politik und Immobilienwirtschaft ist somit eine bewusste Entscheidung, die nicht zuletzt mit jenen Aufwertungseffekten kalkuliert, „die für gewöhnlich in Gang gesetzt werden, wenn Künstler und Kreative sich auf Brachflächen, in einzelnen Immobilien oder Stadtvierteln niederlassen" (ebd.). Über das Instrument Zwischennutzung wird außerdem versucht, aus Immobilien oder Entwicklungsgebieten eine Marke zu machen (*Branding*), die Aufwertung beschleunigen soll (Bader 2007: o.S.).

Die oben skizzierten Prinzipien der unternehmerischen Stadt und der Neoliberalisierung des Städtischen greifen also auch im Bereich der Zwischennutzungen. Die Frage, ob Zwischennutzer_innen

> „dort, wo die Politik die Transformation städtischer Räume immer ungenierter den Gesetzen des Marktes überlässt, zu einer treibenden Kraft der Stadtentwicklung werden" (Girgert 2013: o.S.)

können, lässt sich deshalb auf unterschiedliche Weise beantworten. Zum einen helfen Zwischennutzer_innen dabei – mehr oder weniger freiwillig – neoliberale Stadtpolitik auszugestalten (ebd.). Obwohl die Zusammenarbeit von Zwischennutzer_innen und Immobilienwirtschaft häufig als *Win-Win*-Situation dargestellt wird (Bader 2007: o.S.), sind die Zwischennutzer_innen eindeutig in einer weniger machtvollen Position: Sobald die Renditeerwartungen für eine vorher ungeliebte Restfläche wieder steigen, erscheint eine Verstetigung der Zwischennutzung nicht mehr opportun. Die Auseinandersetzung um eine mögliche Verstetigung birgt häufig Konfliktpotential, „besonders wenn es einen geeigneten Gebäudebestand gibt und die Raumpioniere bereits eine Szene mit hoher öffentlicher Anziehungskraft ausgebildet haben" (Spars und Overmeyer 2014: 163).

Um ein Zwischennutzungsprojekt tatsächlich zu verstetigen, sind deshalb sowohl günstige stadtpolitische Umstände erforderlich als auch eine erfolgreiche Kommunikationsstrategie der Aktiven (Perret und Rutschmann 2011: 47). Die Vermarktung des eigenen Projekts spielt für Zwischennutzer_innen deshalb eine entscheidende Rolle (ebd.: 24). Schlüsselakteur_innen, die in besonderem Maß Verantwortung für die Zukunft eines Projekts übernehmen, können dabei ebenso hilfreich sein, wie die Entscheidung für eine bestimmte Organisationsform, zum Beispiel für einen Verein (ebd.: 47).

Doch auch wenn Zwischennutzungen sich nicht etablieren und durch sie „die Gesetze des Marktes nicht außer Kraft" (Girgert 2013: o.S.) gesetzt werden – was zum Teil auch gar nicht das Ziel der Zwischennutzer_innen ist – haben sie dennoch positive Auswirkungen auf Quartiere und Akteur_innen: „Zwischennutzungen verleihen ihren Standorten neue Identitäten und etablieren an ihnen neue Formen von Nutzungen" (Perret und Rutschmann 2011: 47). Die dort erprobten Ideen werden möglicherweise an anderen Standorten wieder aufgegriffen (ebd.: 48).

Außerdem produzieren die in Zwischennutzungsprojekten Aktiven Raum nach ihren Bedürfnissen, sie erwerben neue Kenntnisse, vernetzen sich mit anderen und leben ihre Persönlichkeit aus. Die Projekte ermöglichen

> „durch ihr Raumangebot für Beteiligte eine beachtliche Entwicklungsmöglichkeit auf der individuellen Ebene wie auch die Möglichkeit zum Engagement auf der gesellschaftlichen Ebene" (ebd.).

2.3.10 Möglichkeitsräume in der neoliberalisierten Stadt

Der Slogan „Eine andere Welt ist pflanzbar" (Haidle o.J.) steht exemplarisch für die emanzipatorische Idee hinter *Urban-Gardening*-Projekten. In ihnen wird neu verhandelt über das Verhältnis zwischen Stadt und Ökologie, über Ernährungssouveränität, aber auch über Partizipation und die Gestaltung öffentlicher Räume (Metzger 2014: 245). Doch gleichzeitig sind viele dieser Projekte durch ihre „Kreativästhetik" (Exner und Schützenberger 2015: 68) anschlussfähig für eine Vereinnahmung durch andere Akteur_innen. Das „Grünzeug für Hipster" (Blinda 2013: o.S.) passt in das Denken unternehmerisch handelnder Städte, die ihren Standort als Marke etablieren wollen (Stöber 2007).

Das Phänomen *Urban Gardening* zeigt also anschaulich, was Kemper und Vogelpohl unter „Paradoxien der neoliberale Stadt" (Kemper und Vogelpohl 2013: 218) verstehen: „durch ein und denselben Prozess erzeugte, zueinander widersinnig anmutende Sachverhalte, die allgemein akzeptiertes Wissen irritieren" (ebd.). So können die in *Urban-Gardening*-Projekten Aktiven als Pionier_innen (Dangschat 1988) Aufwertungs- und Gentrifizierungsprozesse beschleunigen. Sie können diese Prozesse aber auch unterlaufen, indem sie Begegnungsorte in der neoliberalen Stadt schaffen, an denen Vernetzung, Austausch und unter Umständen auch Formen von Protest gegen die dominante Stadtpolitik möglich sind. In dieser Widersprüchlichkeit liegt Potential, denn sie wirft die Frage auf „nach den Unsicherheiten, Gegenläufigkeiten und Blockaden" (Kemper und Vogelpohl 2013: 218) die mit der Neoliberalisierung des Städtischen einhergehen. Gleichzeitig müssen diese Potentiale aber aktiv ausgeschöpft werden, denn gerade die „‚weichen' Strategien" (Heeg und Rosol 2007: 496f.) der Neoliberalisierung fordern die bisherigen Protestformen heraus (ebd.: 505): Indem sie ursprünglich progressive soziale Begriffe und Konzepte, freiwilliges Engagement und auch Protestbewegungen selbst für ihre Zwecke ‚in Dienst' nehmen (Mayer 2013a), verkehren sie diese in ihr Gegenteil.

Daraus, so Heeg und Rosol sollte aber nicht die Verweigerung von Engagement oder die Ablehnung von Verantwortung resultieren. Stattdessen sollten neue Formen der Kritik und neue Formen des Widerstands entstehen (Heeg und Rosol

2007: 506). Denn „[w]arum sollten nur Kapitalismus und Neoliberalisierung in der Lage sein, sich beständig neu zu erfinden und Kritik zu inkorporieren?", wie Bertram (Bertram 2013: 172) in Bezugnahme auf Crouch (2011) fragt. Gerade dadurch, dass *Urban-Gardening*-Projekte sich bisher als in hohem Maß konsensfähig erwiesen haben (Sondermann 2011), können sie viele Menschen mit ihren Anliegen (vgl. Metzger 2014: 245) erreichen und so „windows of opportunity" (Tornaghi 2014: 564) darstellen für neue Formen der Aneignung städtischer Räume.

2.4 Zwischenfazit

Mit diesem Überblick über den Forschungsstand haben wir gezeigt, aus welcher Perspektive wir unser empirisches Material analysieren wollen. Wir betrachten Raum, und konkrete *Places,* als vorläufige Ergebnisse konflikthafter Aushandlungsprozesse zwischen Akteur_innen mit unterschiedlichen Interessen und unterschiedlichem Einfluss. Aushandlungsprozesse um urbanen Raum sind heute beeinflusst von vielfältigen, pfadabhängigen Neoliberalisierungsprozessen, die zum Teil – wie durch *Urban-Gardening*-Projekte – Spielräume für städtische Akteur_innen eröffnen, die aber auch neue Exklusionsmechanismen produzieren. Dabei können *Places* auf Quartiersebene eine wichtige Rolle spielen, gerade dadurch, dass diese Ebene in Städten „im neoliberalen Zeitalter" (Belina et al. 2013b: 125) einen Bedeutungsgewinn erfahren hat. Bevor wir, basierend auf den in diesem Kapitel gewonnenen theoretischen Erkenntnissen, unsere Fallanalyse vornehmen, konkretisieren wir im Folgenden unsere Fragestellung (Kapitel 3).

3. Konkretisierung der Fragestellung

In der Einleitung haben wir herausgearbeitet, welche Fragestellung dieser Arbeit zugrunde liegt. Wir gehen demnach der Frage nach, wie sich in Frankfurt und Offenbach in den *Urban-Gardening*-Projekten *Frankfurter Garten* und *Hafengarten Offenbach,* verstanden als *Places*, die konfliktreiche Produktion von Raum im Kontext neoliberaler Stadtentwicklung gestaltet. Diese Fragestellung ergibt sich aus der Schnittmenge zwischen dem untersuchten Phänomen des *Urban Gardening* und den theoretischen Bezügen, die wir zu diesem hergestellt haben: dem Raumproduktionsprozess nach Lefebvre, dem *Place*-Konzept nach Massey und den aktuellen Stadtentwicklungsprozessen, gefasst unter dem Schlagwort der Neoliberalisierung.

Wie sich im Überblick über den Forschungsstand zu *Urban Gardening* gezeigt hat, erfolgt die wissenschaftliche Analyse dieses Phänomens bisher selten auf kritische Weise (vgl. Classens 2014; McClintock 2014; Tornaghi 2014). Die vorliegende Arbeit soll einen Beitrag dazu leisten, die Forschungslücke in diesem Bereich zu verkleinern, indem *Urban Gardening* beziehungsweise die beiden von uns untersuchten Projekte *Frankfurter Garten* und *Hafengarten Offenbach* aus dem Blickwinkel kritischer Stadtgeographie untersucht und mit den relevanten theoretischen Aspekten verknüpft werden.

Die beiden *Urban-Gardening*-Projekte werden also

- anhand der triadischen Dialektik Lefebvres analysiert und auf ihr Potential abgeklopft, differentielle Räume zu schaffen.
- mit dem *Place*-Konzept verbunden, um herauszufinden, inwiefern bedeutungsvolle Orte geschaffen werden, und um aufzuzeigen, inwiefern *Urban-Gardening*-Projekte auf städtischer Ebene als Strategie relevant werden.
- eingeordnet in aktuelle Stadtentwicklungsprozesse im „neoliberalen Zeitalter" (Belina et al. 2013b). Dabei liegt der Schwerpunkt auf folgenden Entwicklungen: dem Wandel des öffentlichen Raums, den neuen Formen der Bürger_innenaktivierung, den Aufwertungs- und Gentri-

fizierungsprozessen, der Grünflächenversorgung sowie der zeitlich begrenzten Raumnutzung durch Zwischennutzungen.

Auf der Basis der theoretischen Grundlagen wird außerdem analysiert, inwiefern sich in den Projekten konflikthafte Aushandlungsprozesse um Raum vollziehen, welche stadtpolitische Relevanz das Phänomen *Urban Gardening* hat und inwiefern es sowohl Kontrapunkt als auch Verstärkung neoliberaler Stadtpolitik ist. Diese inhaltliche Auswahl haben wir zu Beginn unserer Arbeit in drei zentrale Thesen übersetzt:

* In *Urban-Gardening*-Projekten finden konfliktreiche Aushandlungsprozesse um Raum statt.
* *Urban-Gardening*-Projekte sind stadtpolitisch[56] relevant.
* *Urban-Gardening*-Projekte stellen zugleich einen Kontrapunkt und eine Verstärkung von Prozessen der Neoliberalisierung des Städtischen dar.

In Kapitel 2 haben wir einen Überblick über die von uns herangezogenen Forschungsansätze gegeben und diese auf die von uns untersuchte *Scale* – die Stadt – übertragen. Nun möchten wir den oben genannten Thesen weitere hinzufügen:

* Die beiden *Urban-Gardening*-Projekte sind *Places*.
* *Urban-Gardening*-Projekte können räumlich und sozial Grenzen aufbrechen beziehungsweise Begegnungsorte darstellen.
* *Urban Gardening* spricht bestimmte soziale Gruppen an und schließt andere aus.
* *Urban-Gardening*-Projekte als *Places* sind Symptome der Urbanisierung im Globalen Norden.
* *Urban Gardening* bietet die Möglichkeit, Räume selbst mitzugestalten.
* *Urban-Gardening*-Projekte sind Instrument der Stadtentwicklung für städtische Akteur_innen.

---

[56] „P. [Politik; *Anmerkung der Autorinnen*] bezeichnet jegliche Art der Einflussnahme und Gestaltung sowie die Durchsetzung von Forderungen und Zielen, sei es in privaten oder öffentlichen Bereichen" (Schubert und Klein: 2011). In dieser Arbeit verwenden wir das Adjektiv „stadtpolitisch" aber in einem engeren Sinn, und zwar nur für jenen Bereich, der in den Städten Frankfurt und Offenbach durch Funktionsträger_innen der Kommunalverwaltung beziehungsweise der Kommunalpolitik sowie von Personen, die für kommunale Unternehmen arbeiten, gestaltet wird.

- *Urban-Gardening*-Projekte kompensieren sozial produzierte, räumliche Defizite im Quartier (sozialer und kultureller Art sowie im Hinblick auf Freizeit, Freiflächen und den öffentlichen Raum).
- *Urban-Gardening*-Projekte tragen bei zur Aufwertung und zur Umgestaltung von Quartieren.
- *Urban-Gardening*-Projekte verändern den städtischen Diskurs über Stadtplanung, Gestaltung öffentlicher Räume beziehungsweise Grünflächen und Partizipation auf stadtpolitischer Ebene.
- *Urban-Gardening*-Projekte als Zwischennutzungsprojekte stellen für städtische Akteur_innen ein kostengünstiges Instrument zur Aufwertung von ungenutzten Flächen dar, um diese für eine mögliche, höherwertige Nutzung vorzubereiten.
- *Urban-Gardening*-Projekte sind nur beziehungsweise vor allem auf unattraktiven Flächen möglich, die gerade nicht anders genutzt werden.

Diese Thesen sollen unsere weitere Analyse zu den *Urban-Gardening*-Projekten *Frankfurter Garten* und *Hafengarten Offenbach* anleiten. Im Folgenden werden wir sie deshalb an den Ergebnissen unserer Fallstudie überprüfen, um das Phänomen *Urban Gardening* möglichst differenziert darzustellen. Dabei sollen auch Widersprüche transparent gemacht werden. Im folgenden Abschnitt werden wir aber zunächst unser methodisches Vorgehen für den empirischen Teil dieser Arbeit darlegen.

4. Methodisches Vorgehen

Im Folgenden erläutern wir unser methodisches Vorgehen. Schwerpunkt unserer empirischen Fallanalyse sind leitfadengestützte Interviews mit stadtpolitischen Akteur_innen aus dem Umfeld der *Urban-Gardening-Projekte* in Offenbach und Frankfurt, Akteur_innen aus Stadtpolitik beziehungsweise Stadtverwaltung, Aktiven in den jeweiligen *Urban-Gardening*-Projekten sowie Unterstützer_innen und Berater_innen im weitesten Sinne. Die Interviews wurden aufgezeichnet und im Anschluss transkribiert. Ergänzt wurden die qualitativen Interviews durch teilnehmende Beobachtungen, zu denen jeweils Protokolle angefertigt wurden, sowie die Analyse von bereits bestehenden Texten, wie etwa Zeitungsartikeln über die Projekte oder den Selbstdarstellungen der Projekte.

Das so gewonnene Material wurde mit Hilfe der qualitativen Inhaltsanalyse (Mayring 1997) reduziert und im Anschluss interpretiert. Dabei dienten die deduktiven, aus dem Forschungsstand gewonnenen Kategorien als maßgebliche Orientierung. Gleichzeitig blieb die Analyse offen für induktive, also aus dem Material selbst gewonnene Kategorien. Dabei ging es nicht um einen einfachen Vergleich der beiden Projekte, sondern vielmehr um eine Untersuchung verschiedener relevanter Aspekte in beiden Städten beziehungsweise um das Aufzeigen von Entwicklungen, Tendenzen und Prozessen im Kontext von *Urban-Gardening*-Projekten. Bevor wir unsere Datenerhebungsmethoden näher erläutern, begründen wir zunächst die Wahl unseres Untersuchungsgegenstands und stellen diesen sowie die von uns gewählten Interviewpartner_innen vor.

4.1 Begründung des Untersuchungsgegenstands

Zwei *Urban-Gardening*-Projekte dienten uns als Grundlage für unsere Untersuchung: der *Frankfurter Garten* und der *Hafengarten Offenbach*. Beide Gärten liegen in Stadtteilen, die sich in einem Prozess der Aufwertung befinden: dem Frankfurter Ostend und dem Offenbacher Nordend. In beiden Stadtteilen werden beziehungsweise wurden in den vergangenen Jahren große Immobilienprojekte realisiert, nämlich der Neubau der EZB inklusive der städtebaulichen Sanierung

des Ostends und die Bebauung des Offenbacher Hafenareals.[57] Die beiden Beispiele decken zudem zwei gegensätzliche Organisationsformen von *Urban-
Gardening*-Projekten ab: Der *Frankfurter Garten* ist ein *Bottom-up*-Projekt, der
Hafengarten Offenbach wurde *top-down* von der OPG realisiert. Bei den Gärten
in Offenbach und Frankfurt handelt es sich außerdem um die jeweils größten
Urban-Gardening-Projekte in diesen Städten. Sie haben beide eine breite Medi-
enresonanz erfahren, sind derzeit aktiv und durch die Zwischennutzungssituation
in Entwicklungs- beziehungsweise Umwandlungsprozessen begriffen.

Durch das Seminar „Politik und Steuerung: Urban Gardening und Postwachstumskultur" (Sommersemester 2014, Leitung: Prof. Dr. Antje Schlottmann)
hatten wir bereits erste Kontakte zu den *Urban-Gardening*-Projekten *Frankfurter
Garten* und *Hafengarten Offenbach* und somit einen guten Feldzugang für unsere Fallstudie.

4.2 Vorstellung des Untersuchungsgegenstands

Im Folgenden stellen wir unseren Untersuchungsgegenstand, die *Urban-
Gardening*-Projekte *Frankfurter Garten* und *Hafengarten Offenbach*, kurz vor.
Hierbei handelt es sich um grundlegende Informationen zu den Gärten. Beide
werden später, im Kontext der empirischen Fallanalyse anhand von Lefebvres
Modell der Raumproduktionsprozesse, ausführlich vorgestellt (Kapitel 5.1).

4.2.1 Der Frankfurter Garten

Der *Frankfurter Garten* befindet sich auf dem Danziger Platz im Frankfurter
Ostend, gegenüber dem Ostbahnhof. Das Areal des Gemeinschaftsgartens umfasst rund 2 500 Quadratmeter. Gegärtnert wird in selbstgebauten Hochbeeten
und *Upcycling*-Behältern, wie zum Beispiel Säcken oder in vom Grünflächenamt

---

[57]   Das Frankfurter Ostend und das Offenbacher Nordend grenzen geographisch aneinander. Auf
       Grund der städtebaulichen Entwicklungen in diesen Vierteln gehen die interviewten Ex-
       pert_innen davon aus, dass die beiden Städte in den nächsten Jahren zunehmend eine Einheit
       bilden werden. Der Projektentwickler Ardi Goldman schrieb dazu im E-Mail-Interview: „Durch
       das vor allem verkehrstechnische Zusammenwachsen rücken beide Städte sinnlich und bildlich
       noch näher zusammen und die Stadtgrenzen verschwimmen" (Goldman: 17f.). Im Laufe unserer
       Fallstudie haben wir uns entschieden, diesen Aspekt nicht weiter zu vertiefen, da dies den Rah-
       men unserer Arbeit gesprengt hätte.

zur Verfügung gestellten ehemaligen Straßenbegrenzungskübeln (Anstiftung Gartenliste). Initiiert wurde das Projekt von Daniela Cappelluti nach Vorbild der Prinzessinnengärten in Berlin (Heilig: 113). Die Eventmanagerin gründete einen gemeinnützigen Verein und kümmerte sich um Unterstützer_innen und Sponsor_innen. Ziel des Projektes war es, den Danziger Platz wieder als wertvollen Lebensraum zu entdecken und im Ostend einen grünen Freiraum zu entwickeln, der den ‚grünen Gedanken' auch in andere Stadtteile tragen sollte (Rudolph 2013). Finanziert wurde und wird das Projekt durch Sponsor_innen-Gelder und Einkünfte aus Veranstaltungen, Workshops und dem sogenannten Gartenkiosk, einem Imbissstand, der im *Frankfurter Garten* betrieben wird. Die Stadt Frankfurt ist nur als Vermittlerin und Unterstützerin an dem Projekt beteiligt. Sie übernimmt keine finanzielle Verantwortung, überlässt dem Projekt den Danziger Platz aber mietfrei (Cappelluti: 71-73, 265-268, 269-273).

Der Garten besteht seit Mai 2013 (Anstiftung Gartenliste). Zu Beginn der Saison 2015 gab die Initiatorin Daniela Cappelluti[58] den Vereinsvorstand ab und zog sich aus dem Garten zurück. Seitdem ist Ilona Lohmann-Thomas, die 2013 zunächst als Gärtnerin, dann als Kassenwartin im *Frankfurter Garten* engagiert war, Vorständin des Vereins (Lohmann-Thomas: 133). Derzeit sind etwa 60 Menschen im Garten aktiv, von denen 40 in der Gärtner_innen-Gruppe verortet werden können. Die Nutzung des Danziger Platzes ist derzeit bis Ende 2016 begrenzt, mit einer Option auf eine Verlängerung bis 2018 (Cappelluti: 472f.). Die Verlängerung der Nutzung ist vom Baubeginn der Nordmainischen S-Bahn abhängig, die unter dem Danziger Platz entlang geführt werden soll (ebd.).

4.2.2 Der Hafengarten Offenbach

Der *Hafengarten Offenbach* liegt im Baugebiet Hafen Offenbach, in unmittelbarer Nähe zum Offenbacher Nordend. Das Areal des Gemeinschaftsgartens umfasst rund 10 600 Quadratmeter. Gegärtnert wird in Kisten, Säcken und anderen *Upcycling*-Behältern (Anstiftung Gartenliste). Der *Hafengarten Offenbach* wur-

---

[58] Daniela Cappelluti initiierte den *Frankfurter Garten*. Unterstützt wurde sie dabei von Petra Manahl, die sich vor allem um die Bereiche PR und Marketing kümmerte. Sowohl Cappelluti als auch Manahl engagieren sich mittlerweile nicht mehr aktiv im *Frankfurter Garten*.

de im Frühjahr 2013 als Zwischennutzungsprojekt in Kooperation mit der OPG aus dem Geschäftsfeld Immobilien der Stadtwerke Offenbach, die mit der Realisierung des Projekts Hafen Offenbach betraut ist, mit dem Projekt „Besser leben in Offenbach" ins Leben gerufen (OPG: o.J.). Initiiert wurde der Garten von Daniela Matha, der Geschäftsführerin der OPG. Sie erhoffte sich durch den Garten eine Identifizierung der Offenbacher_innen mit dem Hafenareal, wollte aber auch einen Treffpunkt speziell für die Bewohner_innen des Nordends schaffen (Reichel: 30). Schnittstelle zwischen den sogenannten Hafengärtner_innen und der OPG ist derzeit die ehemalige Hafengärtnerin Alexandra Walker. 2013, im ersten *Hafengarten*-Jahr, hat Sabine Süßmann vom Projekt „Besser leben in Offenbach" diese Aufgabe wahrgenommen (Schenk: 475f.). Seit 2014 ist Walker für die Koordination und Kommunikation des *Hafengartens* zuständig (ebd.). Vorbild für das Projekt war das Tempelhofer Feld in Berlin (Graubner: 247f.). Die OPG stellt dem *Hafengarten* Grundstück, Infrastruktur und Werkzeug zur Verfügung. Auch die Betreuung des Projekts wird von der OPG getragen. Veranstaltungen werden durch die Hafengärtner_innen in Eigeninitiative organisiert und finanziert. Der Garten besteht seit Mai 2013 (Anstiftung Gartenliste). Im ersten Gartenjahr hatten sich circa 130 Gärtner_innen angemeldet. Momentan sind rund 100 Gärtner_innen aktiv, die zum Teil gemeinsam, zum Teil allein eine Parzelle bewirtschaften (Löw 2013). Das Projekt wurde als Zwischennutzungsprojekt initiiert und ist bis zum dritten Quartal 2015 befristet (ebd.). Danach ist ein Umzug auf eine kleinere Fläche im Hafenareal geplant[59]. Auch dort soll die Nutzung zeitlich begrenzt sein (HO Offenbach: 2015b).

4.3 Vorstellung der Interviewpartner_innen

Die von uns ausgewählten Interviewpartner_innen waren für uns „weniger als Person" (Mattissek 2013: 175) interessant, sondern vor allem

---

[59] Während unserer Interviewphase im Sommer 2015 war die Zukunft des *Hafengartens* zunächst noch unsicher. Auf der Veranstaltung „Offenbach informiert" am 15.07.2015 gab Daniela Matha schließlich bekannt, dass ein Umzug des *Hafengartens* innerhalb des Hafenareals bevorsteht. Demnach sollte der *Hafengarten* etwa 100 Meter in Richtung Westen verschoben werden und dort in komprimierter Form sowie zeitlich begrenzt fortbestehen (HO Offenbach: 2015a).

„durch ihre Kenntnis in einem bestimmten Handlungsfeld, durch ihre berufliche Erfahrungen, als Repräsentanten einer Gruppe, als Mitarbeiter einer Organisation in einer spezifischen Funktion" (ebd.).

Die Auswahl der Expert_innen erfolgte zum einen auf der Basis einer Internet-
recherche, zum anderen wurden uns von bereits befragten Inter-
viewpartner_innen weitere Gesprächspartner_innen empfohlen. Unser Ziel war
es, wichtige Akteur_innen aus den Bereichen Gartenorganisation, Planung und
Stadtverwaltung zu interviewen, weil wir uns davon erhofften, Aussagen über
die städtische Relevanz von *Urban Gardening*, über die konflikthaften Aushandlungsprozesse in den Projekten, aber auch über die Rolle, die *Urban Gardening*
in einer neoliberal geprägten Stadt spielt, treffen zu können. Da der *Frankfurter
Garten* und der *Hafengarten Offenbach* unterschiedlich initiiert wurden und
organisiert sind, befragten wir die jeweils ausschlaggebenden Akteur_innen. Das
waren in beiden *Urban-Gardening-Projekten* nicht unbedingt immer die gleichen Funktionsträger_innen. Die Suche nach weiteren Interviewpartner_innen
schlossen wir ab, als wir von den bereits Interviewten immer wieder auf Ak-
teur_innen hingewiesen wurden, die wir schon befragt hatten oder mit denen wir
bereits einen Interviewtermin vereinbart hatten.

Die erste Kontaktaufnahme erfolgte immer per Telefon. Wenn wir mit den Ex-
pert_innen persönlich sprechen konnten, war es einfach, einen Termin zu verein-
baren. Oft war aber nur ein Gespräch mit den jeweiligen Assistent_innen möglich. Doch auch diese waren in den meisten Fällen bemüht, einen Interviewtermin für uns zu arrangieren. Als Alternative wurden uns in diesen Fällen E-Mail-
Interviews angeboten. Im Anschluss an das einleitende Telefonat sendeten wir
den potentiellen Interviewpartner_innen beziehungsweise ihren Assistent_innen
eine E-Mail, in der wir unser Forschungsvorhaben kurz erläuterten. Nach der
Zustimmung zu einem Treffen einigten wir uns mit den Expert_innen auf den
Ort des Interviews. Die meisten Interviews fanden am Arbeitsort der jeweiligen
Person statt, wie etwa in (Stadtteil-)Büros oder den *Urban-Gardening*-Projekten.
Mit einigen Expert_innen trafen wir uns aber auch in verschiedenen Frankfurter
Cafés.

Im Folgenden listen wir die interviewten Expert_innen und deren für unsere Fragestellung relevante Funktion auf. Zudem werden Interviewzeitpunkt und -ort genannt:

Interviewpartner_innen zum Projekt *Frankfurter Garten*:

*   Ilona Lohmann-Thomas, Vorständin des *Frankfurter Gartens*
    (17.06.2015/*Frankfurter Garten*, Frankfurt)
*   Barbara Schön, Praktikantin im *Frankfurter Garten*
    (17.06.2015 /*Frankfurter Garten*, Frankfurt)
*   Jann S. Wienekamp, Ortsbeirat (SPD) für Bornheim/Ostend
    (07.07.2015/Kaffeehaus am Zoo, Frankfurt)
*   Christiane Jünemann, Inhaberin der Firma „Jünemanns junges Gemüse"
    und Dienstleisterin für den *Frankfurter Garten*
    (08.07.2015/*Frankfurter Garten*, Frankfurt)
*   Daniela Cappelluti, Initiatorin und Gründerin des *Frankfurter Gartens*
    (17.07.2015/Café Kante, Frankfurt)
*   Anja Ohliger, Architektin bei osa (office for subversive architecture)
    und Planerin des *Frankfurter Gartens*
    (22.07.2015/*Frankfurter Garten*, Frankfurt)
*   Simone Jacob, Ansprechpartnerin für *Urban-Gardening*-Projekte im
    Grünflächenamt Frankfurt
    (22.07.2015/Grünflächenamt, Frankfurt)
*   Rosemarie Heilig, Frankfurter Umweltdezernentin (Bündnis 90/Die
    Grünen) und Schirmherrin des *Frankfurter Gartens*
    (12.08.2015/Büro der Umweltdezernentin, Frankfurt)
*   Ardi Goldman, Immobilienentwickler und Schirmherr des *Frankfurter
    Gartens*
    (E-Mail-Interview, zurückgesendet am 14.07.2015)
*   Olaf Cunitz, Frankfurter Bürgermeister (Bündnis 90/Die Grünen) und
    Schirmherr des *Frankfurter Gartens*
    (E-Mail-Interview, zurückgesendet am 14.09.2015)

- Befragung von Gärtner_innen
  (05.08.2015/*Frankfurter Garten*, Frankfurt)

Interviewpartner_innen zum Projekt *Hafengarten Offenbach*:

- Alexandra Walker, Koordinatorin des *Hafengarten Offenbach*
  (10.06. 2015/*Hafengarten Offenbach*, Offenbach)
- Barbara Levi-Wach, Aktivistin Lokale Agenda Offenbach und Gärtnerin im *Hafengarten Offenbach*
  (10.06.2015/*Hafengarten Offenbach*, Offenbach)
- Marcus Schenk, Quartiersmanager des Stadtteilbüros im Offenbacher Nordend
  (07.07.2015/Stadtteilbüro Nordend, Offenbach)
- Hanne Reichel, verantwortlich für Marketing und Veranstaltungen im Bereich Projektentwicklung der OPG, auch zuständig für den *Hafengarten Offenbach*
  (09.07.2015/Verhandlungssaal der OPG, Offenbach)
- Sabine Süßmann, ehemalige Koordinatorin des *Hafengartens Offenbach*
  (24.07.2015/Büro der Gemeinnützigen Baugesellschaft Offenbach mbH (GBO), Offenbach)
- Daniela Matha, Geschäftsführerin der OPG und der Mainviertel Offenbach GmbH & Co. KG und Initiatorin des *Offenbacher Hafengartens*
  (E-Mail-Interview, zurückgesendet am 14.09.2015)
- Befragung von Gärtner_innen
  (14.08.2015/*Hafengarten Offenbach*, Offenbach)

Interview zu beiden Projekten beziehungsweise *Urban Gardening* im Allgemeinen:

- Sonja Graubner, Verantwortliche für die Homepage *Frankfurter Beete* und das Magazin *Frankfurt gärtnert* im Auftrag der Stadt Frankfurt
  (16.07.2015/Café im Günthersburgpark, Frankfurt)

4.4 Datenerhebungsverfahren

Die Datenerhebung zu unserer Fallstudie setzte sich aus den drei Quellen zusammen, aus denen in der empirischen Sozialforschung qualitative Daten gewonnen werden: „teilnehmende Beobachtungen, qualitative Interviews sowie Suche und Auswahl von bereits bestehenden Texten" (Mattissek et al.: 2013: 142). Dabei lief die erste empirische Phase zeitgleich zu der Einarbeitung in den theoretischen Diskurs ab.

Um unseren Untersuchungsgegenstand unvoreingenommen kennenzulernen, wollten wir eigene Erfahrungen vor Ort machen und besuchten Sonderveranstaltungen in beiden *Urban-Gardening*-Projekten sowie für unser Thema relevante Veranstaltungen und Workshops, die von verschiedenen Akteur_innen initiiert wurden. Im Rahmen dieser teilnehmenden Beobachtungen hatten wir auch die Möglichkeit, mit in den Projekten aktiven Gärtner_innen zu sprechen. Im Anschluss an diese Veranstaltungen fertigten wir Protokolle an, in denen wir Kernaussagen und Auffälligkeiten der jeweiligen Veranstaltung festhielten.

Folgende Veranstaltungen haben wir besucht:

- Vortrag „Interkulturelle Gärten" von Christa Müller (28.05.2015/Interkultureller Garten Rüsselsheim, Rüsselsheim)
- Gartenrundgang mit Boris (03.06.2015/*Frankfurter Garten*, Frankfurt)
- Mädchenflohmarkt (09.07.2015/*Frankfurter Garten*, Frankfurt)
- Gärtner_innen-Treff (01.07.2015/*Frankfurter Garten,* Frankfurt)
- Veranstaltung „Offenbach informiert" (15.07.2015/ Hafen 2, Offenbach)
- Podiumsdiskussion „Gemeinsame Stadt – Gemeinsame Stadtplanung?" (20.07.2015/Stadtplanungsamt Frankfurt, Frankfurt)
- Veranstaltung im Rahmen der Route der Industriekultur „Es ist nicht alles Gold, was glänzt" (23.07.2015/*Frankfurter Garten*, Frankfurt)
- Veranstaltung „Mehr Stadt! Mehr Grün? Grün- und Stadtentwicklung in Offenbach" (24.06.2015/Museum für Kommunikation, Frankfurt)
- *Hafengarten* Sommerfest (26.07.2015/*Hafengarten Offenbach*, Offenbach)

- Gärtner_innen-Treff (05.08.2015/*Frankfurter Garten,* Frankfurt)

Die wichtigste Rolle spielten in unserer empirischen Phase aber die Interviews mit den Expert_innen. Von Juni bis August 2015 führten wir ein narratives Interview sowie elf problemzentrierte Leitfadeninterviews mit 14[60] Expert_innen. In der Auseinandersetzung mit den Interviews konkretisierten wir unsere Fragestellung[61]. Die Interviews wurden von uns zeitnah transkribiert[62] und dabei an die Schriftsprache angepasst. Zusätzlich führten wir mit drei Expert_innen E-Mail-Interviews durch, da diese sich keine Zeit für ein *Face-to-Face*-Interview[63] nehmen konnten. Ergänzend zu den Interviews und den teilnehmenden Beobachtungen analysierten wir ausgewählte Texte zu den beiden *Urban-Gardening-*Projekten. Als Grundlage dienten Zeitungsartikel, Artikel in Magazinen, Blogeinträge, Internetseiten, Fernsehberichte, Radiobeiträge sowie Planungsdokumente. Auch die Eigendarstellung der Projekte auf deren Homepages beziehungsweise Facebookseiten war Gegenstand unserer Untersuchung. Im Folgenden gehen wir näher auf alle Einzelschritte unserer Datenerhebung ein.

---

[60] Bei zwei Interviews war ungeplant noch jeweils eine weitere Person am Gespräch beteiligt. In beiden Fällen lassen sich diese Personen ebenfalls als Expertinnen bezeichnen: Alexandra Walker hatte zusätzlich Barbara Levi-Wach zum Interviewtermin dazu gebeten. Barbara Schön setzte sich beim Interview mit Ilona Lohmann-Thomas spontan einige Minuten zu uns und äußerte sich in dieser Zeit ebenfalls zu unseren Fragen.

[61] Die wichtigste Rolle bei unserer Datenerhebung spielten die leitfadengestützten Expert_innen-Interviews. Die anderen Erhebungsmethoden stellten eine Vorbereitung und Ergänzung der Interviews dar.

[62] Die Fragestellung der Untersuchung bestimmt, welche Art der Transkription jeweils sinnvoll ist. Da für uns vor allem Themen und Inhalte im Vordergrund standen, entschieden wir uns aus Gründen der Lesbarkeit für eine Übertragung in Schriftdeutsch. „Bei dieser Übertragung in normales Schriftdeutsch bleibt die Charakteristik der gesprochenen Sprache erhalten, die Lesbarkeit ist jedoch erheblich verbessert" (Mattissek et al.: 2013: 193).

[63] Gläser und Laudel empfehlen „face-to-face Interviews, wann immer diese Form möglich ist. Sie bieten enorme methodische Vorteile in der Kontrolle des Gesprächsverlaufs und im Reichtum der erhaltenen Informationen" (Gläser und Laudel: 2009: 154). Problematisch bei E-Mail-Interviews ist, dass der Gesprächsverlauf nicht gesteuert werden kann. Außerdem kommt es zu Informationsverlusten, da weder visuelle noch akustische Informationen zur Verfügung stehen. Das größte Problem beim E-Mail-Interview ist aber, dass die Interviewpartner_innen ihre Antwort aufschreiben müssen und sich somit wahrscheinlich kurz halten werden (ebd.). Im Fall unserer per E-Mail befragten Interviewpartner_innen, Herrn Goldman, Herrn Cunitz und Frau Matha, macht diese Form aber durchaus Sinn, da sich alle in Führungspositionen befinden und sich keine Zeit für ein *Face-to-Face*-Interview nehmen konnten. Uns ist bewusst, dass wir ihre Antworten unter den oben genannten Einschränkungen betrachten müssen.

4.4.1 Die teilnehmende Beobachtung

Die teilnehmende Beobachtung ist die offenste Methode in der empirischen Sozialforschung. Gerade in komplexen Forschungsdesigns kann es sinnvoll sein, sie als Basis für andere Methoden anzuwenden (Mattissek et al. 2013: 148). Im Folgenden wird die Methode der teilnehmenden Beobachtung näher erläutert.

4.4.1.1 Die Methode der teilnehmenden Beobachtung

Unter teilnehmender Beobachtung versteht man jeden professionellen Kontakt mit Vertreter_innen der zu untersuchenden ‚Kulturen'[64]. Teilnahme bedeutet dabei mehr als bloße Anwesenheit: „Es bedeutet Dabeisein, Mitmachen, Beteiligtsein, Teilnehmen am täglichen Leben der Untersuchten […] Man ist eben mittendrin und nicht nur dabei" (Mattissek et al. 2013: 149).

Ziel der teilnehmenden Beobachtung ist es, das Handeln in unterschiedlichen soziokulturellen Kontexten zu verstehen. In den meisten Fällen erfolgt die teilnehmende Beobachtung nicht standardisiert, im Gegensatz zu Alltagsbeobachtungen läuft sie aber immer systematisch ab, nicht willkürlich. Meistens wissen die Beobachteten, dass sie an einer wissenschaftlichen Studie teilnehmen. In einigen Studien werden die Beobachteten jedoch nicht über die Beobachtung informiert. Häufig wird eine Mischform aus diesen beiden Varianten angewendet. Das heißt, die Beobachteten wissen zwar, dass eine wissenschaftliche Studie stattfindet, jedoch nicht, was der genaue Hintergrund der Studie ist (ebd.: 150f.).

4.4.1.2 Konkrete Umsetzung der teilnehmenden Beobachtung in der Fallstudie

Als Basis beziehungsweise Ergänzung zu anderen Methoden führten wir im Rahmen unserer Fallstudie teilnehmende Beobachtungen durch. Hier gaben wir uns immer als Forscherinnen zu erkennen. Obwohl teilnehmende Beobachtungen zu den nicht-reaktiven Verfahren gezählt werden, müssen wir davon ausgehen, dass die Menschen auf unsere Anwesenheit reagiert haben. Laut Mattissek et al.

---

[64]   Die teilnehmende Beobachtung geht auf die heute als eurozentristisch geltende Beobachtung „fremder Kulturen" (Mattissek et al. 2013: 149) in Ländern des Globalen Südens zurück (ebd.).

stellt das aber kein Problem dar, denn „es wird erfasst, was Menschen wirklich tun, nicht nur das wovon sie erzählen, dass sie es tun würden" (ebd.: 151). Die teilnehmende Beobachtung nahm nur einen kleinen Teil unserer Forschungsarbeit ein. Wir nutzten sie vor allem, um uns ein Bild von den jeweiligen *Urban-Gardening*-Projekten zu machen, aber auch, um mit Gärtner_innen ins Gespräch zu kommen.

4.4.2 Das narrative Interview

Mit der offenen und wenig strukturierten Interviewtechnik des narrativen Interviews wird „die Erzählform gewählt, um erfahrungsnahe, subjektive Aussagen über Ereignisse" (Diekmann 2007: 540) zu gewinnen. Im Folgenden wird die Methode des narrativen Interviews näher erläutert.

4.4.2.1 Die Methode des narrativen Interviews

Narrative Interviews folgen nicht dem üblichen Frage-und-Antwort-Schema. Sie sind offen und wenig strukturiert. Ziel von narrativen Interviews ist das „Verstehen, das Aufdecken von Sichtweisen und Handlungen von Personen sowie deren Erklärungen aus eigenen sozialen Bedingungen" (Mattissek et al. 2013: 174). Die Entwicklung der Untersuchung orientiert sich an der Erzählung der Interviewpartner_innen. Deshalb hängt der Erfolg des Interviews auch viel stärker von der Auswahl des Themas und der Erzählfreude der Interviewpartner_innen ab. „Als Erzählthema eignen sich weniger die Beschreibungen von Situationen als vielmehr Handlungsabläufe und Veränderungsprozesse" (ebd.: 174). Im Zentrum des narrativen Interviews sollte also immer ein „zusammenhängendes Geschehen, die Abfolge von Ereignissen" (Flick et al. 1995: 183) stehen.
Im Idealfall läuft ein narratives Interview nach Flick et al. (1995) folgendermaßen ab: Zunächst wird der_die Interviewpartner_in über die Methode des narrativen Interviews aufgeklärt. Dabei muss klar werden, was ‚Erzählung' oder ‚Geschichte' heißt, und dass es kein klassisches Frage-Antwort-Schema geben wird, sondern dass alles, was für den_die Interviewte_n wichtig ist, auch für den_die Interviewende_n eine Rolle spielt. Danach wird die Einstiegsfrage gestellt, die

folgende drei Schritte beinhalten sollte: „wie alles anfing", „wie sich die Dinge entwickelten" und „was daraus geworden ist" (Flick 2011: 229).

Im Anschluss an die Einstiegsfrage beginnt die Erzählphase, der_die Interviewende nimmt während dieser Phase die Rolle des_der Zuhörenden ein. Das heißt, er_sie unterbricht den Redefluss nicht, sondern hört aktiv zu, ohne zu werten. Sobald der_die Interviewte mit Sätzen wie „das war erst mal alles" signalisiert, dass seine_ihre Erzählung zu Ende ist, beginnt die Nachfragephase. Der_die Interviewte wird gebeten, unklar gebliebene Erzählabschnitte genauer zu erklären. In der Bilanzierungsphase, die das Interview abschließt, kann der_die Interviewende Fragen stellen, die „auf theoretische Erklärungen für das Geschehen abzielen und auf die Bilanz aus der Geschichte mit der der Sinn des Ganzen auf den Nenner gebracht wird" (Flick et al. 1995: 184).

4.4.2.2 Konkrete Umsetzung des narrativen Interviews in der Fallstudie

Da wir die Geschichte des *Hafengartens Offenbach* aus Sicht der Koordinatorin Alexandra Walker kennenlernen wollten, schien uns ein narratives Interview eine geeignete Methode zu sein. Doch bei unserem Interview mit Walker traten zwei schwerwiegende Probleme auf, die uns dazu veranlassten, im Rahmen unserer Masterarbeit keine weiteren narrativen Interviews durchzuführen. Das erste Problem bei der Durchführung des narrativen Interviews ist laut Flick „die systematische Verletzung der Rollenerwartung an beide Beteiligten" (Flick 2011: 237). Zum einen werden beim narrativen Interview keine Fragen im klassischen Sinn gestellt, zum anderen kommt es aber auch zu keinem Dialog wie in einer Alltagssituation. Da Walker als Koordinatorin des *Hafengartens* oft interviewt wird, war es für sie nicht einfach, sich auf diese Situation einzulassen. Erschwerend kam hinzu, dass sie auf Grund einer negativen Erfahrung mit Studierenden der Goethe-Universität Frankfurt am Main eine Gärtnerin ‚zur Verstärkung' zum Interview dazu gebeten hatte[65]. Da wir keinen Leitfaden vorberei-

---

[65] Im Rahmen des Seminars „Politik und Steuerung: Urban Gardening und Postwachstumskultur" (Sommersemester 2014, Leitung: Prof. Dr. Antje Schlottmann) besuchten wir zusammen mit der Seminargruppe den *Hafengarten Offenbach*. Alexandra Walker wurde im Laufe des gemeinsamen Gesprächs von einigen Seminarteilnehmer_innen scharf kritisiert. Grund für diese Kritik

tet hatten, blieben wir jedoch bei der ursprünglich geplanten Methode und stellten den beiden unsere Einstiegsfrage. Es entwickelte sich ein Dialog zwischen den beiden Frauen, dem wir aktiv zuhörten. Da wir aus dem Material trotzdem die Geschichte des *Hafengartens* rekonstruieren konnten, beschlossen wir, das Interview ebenfalls auszuwerten, auch wenn es nicht der beschriebenen und beabsichtigten Methode entsprach. Außerdem gelang es uns während des Interviews, das Vertrauen von Walker zurückzugewinnen, so dass sie uns während der weiteren empirischen Phase half, Kontakte zu weiteren Akteur_innen herzustellen.

4.4.3 Das problemzentrierte Interview mit Expert_innen

Der Begriff Expert_in beschreibt die spezifische Rolle des_der Interviewpartner_in als Informant_in zu speziellen forschungsrelevanten Sachverhalten. Expert_inneninterviews sind eine Methode, diese Informationen, die der Klärung der Problemstellung dienen, zu erhalten (Gläser und Laudel 2009: 12). Im Folgenden wird die Methode des problemzentrierten Interviews mit Expert_innen näher erläutert.

4.4.3.1 Die Methode des problemzentrierten Interviews mit Expert_innen

Das problemzentrierte Interview mit Expert_innen wird zu den Leitfadeninterviews gezählt. Das heißt, die Interviewer_innen entwickeln im Vorfeld einen Leitfaden, der das Interview strukturieren soll, an den sie sich aber nicht strikt halten müssen. „Der Leitfaden spiegelt die Überlegungen des Forschers zu einer spezifischen Problemstellung wider und stellt damit eine Vorab-Konstruktion dar" (Mattissek et al. 2013: 167). Voraussetzung für diese Methode ist die Erarbeitung einer Problem- oder Fragestellung bereits vor der empirischen Phase, also schon vor der Interviewführung, damit die wesentlichen Aspekte im Leitfaden aufgegriffen werden können (ebd.: 167).

---

war der von den Teilnehmer_innen hergestellte Zusammenhang zwischen Gentrifizierungsprozessen und dem *Hafengarten*. Walker fühlte sich durch die Situation persönlich angegriffen und in die Enge getrieben (Walker: 982, 996).

Die Leitfadenentwicklung stellt somit eine Möglichkeit dar, in der Befragung auf theoretische Vorüberlegungen einzugehen, und garantiert gleichzeitig genug Offenheit in der Befragung. Die Fragen sollten so formuliert sein, dass sie „dem Interviewten die Möglichkeit geben, seinem Wissen und seinen Interessen entsprechend zu antworten" (Gläser und Laudel 2009: 115). Dass die im Leitfaden aufgegriffenen Fragen zum Teil theoretischen Bezug haben,

> „fußt auf der Überzeugung, dass ein Forscher nicht völlig ohne Konzepte und Theorien mit der empirischen Arbeit beginnt, sondern immer schon entsprechende theoretischen Ideen und Gedanken (mindestens implizit) entwickelt hat" (Mattissek et al. 2013: 167).

Die Methode des leitfadengestützten Interviews bietet sich überall dort an, wo schon etwas über den Untersuchungsgegenstand bekannt ist und eine spezifische Fragestellung bereits erarbeitet wurde.

4.4.3.2 Konkrete Umsetzung des problemzentrierten Interviews mit Expert_innen in der Fallstudie

Im Rahmen unserer Fallstudie führten wir neben dem narrativen Interview und der teilnehmenden Beobachtung problemzentrierte Interviews mit Expert_innen durch. Sie stellten den Schwerpunkt unserer Datenerhebung dar. Zunächst erarbeiteten wir uns eine vorläufige Fragestellung, die wir später durch Thesen konkretisierten. Auf dieser Grundlage und in Zusammenhang mit der Funktion und dem zu erwartenden Wissen der befragten Person entwickelten wir für jede_n Interviewpartner_in einen persönlichen Leitfaden. Hier reflektierten wir auch Erfahrungen aus den zuvor geführten Interviews. In der Interviewsituation übernahm jeweils eine von uns eine aktive, die andere eine passive Rolle, die wir auch gegenüber den Interviewten kommunizierten. Die Interviews nahmen wir mit Hilfe eines Aufnahmegeräts auf, worüber wir unsere Interviewpartner_innen vorab informierten. Die Interviews dauerten in etwa zwischen 60 und 120 Minuten.

Bei den problemzentrierten Interviews mit den Expert_innen hatten wir keine grundlegenden Schwierigkeiten. Bei den jeweiligen Nachbesprechungen fiel uns allerdings auf, dass wir zum Teil Nachfragen gestellt hatten, die für die Fragestellung nicht relevant waren oder aber Suggestivfragen, um eine gewisse Antwort aufzeichnen zu können. Es viel uns auch schwer, die Interviewpartner_innen zu unterbrechen, wenn sie vom Thema abschweiften. Zum Teil wurde die Interviewdauer so unnötig in die Länge gezogen. Schwierig war auch der Lautstärkepegel bei den Interviews im *Frankfurter Garten*, im *Hafengarten Offenbach* und in den Cafés. So kam es vor, dass sowohl die Expert_innen als auch wir abgelenkt oder unkonzentriert waren. Die Lautstärke hatte außerdem negative Auswirkungen auf die Qualität unserer Audio-Aufnahmen. Trotzdem war es von Vorteil, die Interviewten in ihrem ‚natürlichen Umfeld' interviewen zu können. Zudem wären viele Interviews nicht möglich gewesen, wenn sie nicht während der Arbeitszeit am Arbeitsplatz hätten stattfinden können. Im Nachhinein erkannten wir, dass wir bei heiklen Themen zum Teil nicht konkret genug nachgehakt hatten, weil wir, mehr oder weniger bewusst, befürchtet hatten, die Interviewpartner_innen dadurch zu verärgern.

4.5 Auswertungsverfahren

Nachdem wir alle Interviews geführt und transkribiert hatten, begannen wir mit dem Kodierungsverfahren[66]. Die Kodierung erfolgt nicht „aufgrund bestimmter Worte oder Wortkombinationen im Text, sondern ist Resultat einer menschlichen Interpretationsleistung" (Kukartz 2010: 58), was eine intensive Auseinandersetzung mit dem Material voraussetzt. Um die Kodierung strukturiert durchführen zu können, arbeiteten wir mit der Analysesoftware MAXQDA. Hier speisten wir alle Transkripte, Zeitungsartikel, Protokolle und die Antworten aus den E-Mail-Interviews ein. Bei der Auswertung des gewonnenen Materials dienten die deduktiven, aus dem Forschungsstand gewonnenen Kategorien als maßgebliches Gerüst. Diese erweiterten wir zusätzlich um einige induktive Kategorien.

---

[66] Wenn von Kodieren die Rede ist, meinen wir Kodieren im Sinne von Kuckartz (2010): „zunächst ganz allgemein die Zuordnung von Kategorien zu relevanten Textpassagen bzw. die Klassifikation von Textmerkmalen [...]. Unter einem Code oder einer Kategorie ist dabei ein Bezeichner, ein Label, zu verstehen, der Textstellen zugeordnet wird. Es kann sich dabei um ein einzelnes Wort [...] oder Mehrwortkombinationen handeln" (Kuckartz 2010: 57).

Die folgende Abbildung zeigt unsere drei Hauptkategorien, die den ‚Überbau'
unserer empirischen Arbeit darstellen. Außerdem sind die detaillierten Kategorien mit ihren dazugehörigen Subkategorien abgebildet, die wiederum in einem
inhaltlichen Zusammenhang mit den Hauptkategorien stehen (vgl.: Kapitel 5).

*Tabelle: Hauptkategorien und Kategorien mit dazugehörigen Subkategorien
(eigene Darstellung)*

Hauptkategorien	Konflikthafte Aushand-lungsprozesse um Raum	Stadtpolitische Relevanz	Kontrapunkt und Ver-stärkung neoliberaler Stadtentwicklung
Kategorien mit dazugehörigen Subkategorien	Raumproduktionsprozesse	• Wahrgenommener Raum • Konzipierter Raum • Gelebter Raum	
	Differentieller Raum	• k.A.	
	Place und *Place-Making*	• Orte der Begegnung • Inklusion und Exklusion durch *Place* • Bedeutungsvoller Ort • Konkurrenzstrategie • Lebensqualität und Quartiersentwick-lung • Ortsgebundenheit als Gegenpol zur Globalisierung	
	Neoliberale Stadtentwicklung	• Kompensation sozial hergestellter räumlicher Defizite • Aufwertung • Gentrifizierung • Marketing und Vermarktung des Projekts • Raumgestaltung • Stadtentwicklungsinstrument bzw. Reaktion der Stadtplanung • Kostengünstiges Instrument zur Auf-wertung • Verwertung momentan unattraktiver Flächen • Zwischennutzung	

Für die Kategorienbildung orientierten wir uns an der Auswertungsmethode der qualitativen Inhaltsanalyse nach Mayring (1997), da mit ihr gerade größere Textmengen gut bearbeitbar sind. Die Methode zielt darauf ab, wesentliche Aussagen auf einzelne Kategorien zu reduzieren, um einen Überblick über den Untersuchungsgegenstand zu gewinnen (Diekmann 2007: 608):

> „Das Ergebnis ist ein System an Kategorien zu einem bestimmten Themenkomplex, die mit konkreten Textpassagen verbunden sind und im Sinne der Fragestellung interpretiert werden" (Mayring 1997: 76).

Allerdings wurde das Textmaterial nach diesem Verfahren zunächst nur unter bestimmten Aspekten reduziert und noch nicht über die Kategorisierung hinaus interpretiert. Mayring (1997) sieht keine weitere Interpretation, sondern eine anschließende quantitative Analyse vor. Deshalb haben wir, wie Mattissek vorschlägt „die systematisierenden Anregungen von Mayring" (Mattissek et al. 2013: 214) genutzt, „um darauf aufbauend mit einer stärker interpretativ angelegten Auswertungsphase fortzufahren" (ebd.). Die Interpretation soll unsere Forschungsfrage beantworten und darüber hinaus durch diese Antwort einen Beitrag zur Theorie leisten (Gläser und Laudel 2009: 275).

5. Ergebnisse der Fallstudie

Im folgenden Kapitel möchten wir die aus der Theorie entwickelten Thesen an unserem empirischen Material überprüfen. Durch die von den Thesen jeweils aufgegriffenen Aspekte wird bereits deutlich, dass sich nicht alle Aspekte trennscharf einem Bereich der Theorie zuordnen lassen. Wir werden im Folgenden dennoch eine Analyse entlang der theoretischen Bögen unserer Arbeit vornehmen. Zunächst soll es um die Frage gehen, wie im *Frankfurter Garten* und *Hafengarten Offenbach* Raum produziert wird. Wir stützen uns dabei auf Lefebvres triadische Dialektik (Kapitel 5.1.1 bis 5.1.3). Im Anschluss zeigen wir auf, inwiefern diese Projekte als *differentieller Raum* angesehen werden können (Kapitel 5.1.4). Danach gehen wir der Frage nach, inwiefern sich die von uns untersuchten *Urban-Gardening*-Projekte über die Raumform *Place* definieren lassen und wie in diesem Zusammenhang *Place-Making* stattfindet (Kapitel 5.2). Den dritten Schwerpunkt dieses Kapitels bildet die Analyse des *Frankfurter Gartens* und des *Hafengartens Offenbach* im Kontext der Neoliberalisierung des Städtischen (Kapitel 5.3). Da es bei der Untersuchung unserer drei Hauptthesen zu inhaltlichen Überschneidungen mit bereits diskutierten Aspekten kommt, möchten wir die drei Hauptthesen im Kapitel 5.4 resümierend diskutieren und interpretieren.

5.1 Die Produktion von Raum: Frankfurter Garten und Hafengarten Offenbach

Lefebvres triadische Dialektik ermöglicht eine intensive und umfassende Auseinandersetzung mit urbanen Räumen und den konflikthaften Aushandlungsprozessen um ihre Herstellung. Wir möchten sein Konzept der Produktion des Raums deshalb auf die beiden von uns untersuchten *Urban-Gardening*-Projekte anwenden, um aufzuzeigen, auf welche Weise durch sie Raum hergestellt wird und inwiefern die Projekte als differentielle Räume angesehen werden können. Uns interessieren die von Lefebvre vorgeschlagenen Dimensionen des wahrgenommenen, des konzipierten und des gelebten Raums in erster Linie im Hinblick auf die Projekte selbst. Um sie richtig einzuordnen, ist es aber unerlässlich, auch ihr urbanes Umfeld in die Analyse miteinzubeziehen: das Frankfurter Ostend, das Offenbacher Nordend und die Quartiere, in denen die Gärten liegen.

5.1.1 Der wahrgenommene Raum oder die Produktion materieller Gegebenheiten im Frankfurter Garten und im Hafengarten Offenbach

Zunächst soll für beide Projekte die Dimension des wahrgenommenen Raums untersucht werden. Dabei geht es um die Materialität von Raum und die Routinen, die sich in ihm kreuzen (Bertuzzo 2009: 61). Als konkrete Orte „mit identifizierbaren physischen Strukturen" (Exner und Schützenberger 2015: 54) sind *Urban-Gardening*-Projekte sinnlich wahrnehmbar und für bestimmte Menschen Teil ihrer alltäglichen räumlichen Praxis. Andere werden von diesen Orten ausgeschlossen (ebd.).[67]

5.1.1.1 Das Ostend und der Frankfurter Garten

Der *Frankfurter Garten* befindet sich auf dem Danziger Platz im Frankfurter Ostend[68], einem Stadtteil, dessen Entwicklung geprägt war vom Osthafen und der Großmarkthalle beziehungsweise allgemein von Industrie und Gewerbe (Grünflächenamt Frankfurt 2013). Dort konnten „Menschen mit niedrigem Einkommen Wohnraum finden" (Manus 2015), auch durch einen hohen Anteil an geförderten Wohnungen (ebd.), erklärt der Geograph Sebastian Schipper im Interview mit der Frankfurter Rundschau. Auf Grund von Lage, Bausubstanz und einer „kleinteiligen Eigentümerstruktur" (ebd.), aber auch bedingt durch das Lärmaufkommen der Gewerbebetriebe galt das Ostend als „nicht gentrifizierbar" (ebd.). Doch die Raumnutzung hat sich in den vergangenen zwanzig Jahren stark verändert: Durch zahlreiche Immobilienprojekte ist hochpreisiger Wohnraum entstanden, gleichzeitig sind die Mietpreise gestiegen (Manus 2015) und einkommensstärkere Haushalte zugezogen (Ochs 2010). Diese Entwicklung wurde unter anderem angestoßen von der Stadt Frankfurt, die von 1986 bis 2015 eine

---

[67] Aspekte, die in der Vorstellung des Untersuchungsgegenstands bereits benannt wurden, werden hier nicht nochmals aufgeführt. In der Analyse gehen wir nicht auf alle räumlichen Elemente der Gärten ein, sondern greifen besonders charakteristische heraus.

[68] Das Ostend gehört auf administrativer Ebene zum Ortsbezirk Bornheim/Ostend.

Städtebauliche Sanierungsmaßnahme im südlichen Ostend durchführte (Stadt-planungsamt Frankfurt 2015).[69] Impulse gingen seit Ende der 1990er Jahre auch von den Projekten des Immobilienentwicklers Ardi Goldman aus, der heute Schirmherr des *Frankfurter Hafengartens* ist. Eine zentrale Rolle im Wand-lungsprozess des Ostends spielte der Neubau der EZB auf dem Areal der ehema-ligen Großmarkthalle, der seit 2002 geplant und 2015 abgeschlossen wurde. Obwohl in unmittelbarer Nähe zur EZB gelegen, blieb das Quartier um den Dan-ziger Platz von diesen Aufwertungsprozessen weitgehend unberührt. Das hängt vor allem mit dem angrenzenden Ostbahnhof-Areal zusammen, dessen Sanie-rung an die weitere Entwicklung des Projekts Nordmainische S-Bahn geknüpft ist (Cappelluti: 63).[70] Das Bahnhofsgebäude ist seit einigen Jahren in einem schlechten baulichen Zustand (Aufbau FFM 2004)[71] und sein Verfall wirkte sich auch auf den Danziger Platz aus: Er wurde in seiner Funktion als öffentlicher Platz immer stärker eingeschränkt. Hinzu kam der Wegfall der Straßenbahnlinie 11[72] – dem „Lebenselixier" (Protokoll VIII: 5) des Quartiers – und der zwölf Jahre dauernde U-Bahn-Bau (ebd.: 4). Der Danziger Platz, der viele Jahre ein wichtiger Verkehrsknotenpunkt und lebendiger Quartiersplatz gewesen war (FritzDeV 2015), wurde zu einem unübersichtlichen, vernachlässigten Ort (Mi-chels 2011). Während des EZB-Baus diente er zeitweise sogar als Baumaterial-lager (Eurozone Ostend 2011).

Diese Ausgangslage erleichterte die Entstehung des *Frankfurter Gartens* auf dem Danziger Platz. Daniela Cappelluti, die Initiatorin des *Urban-Gardening*-Projekts, wünschte sich für das von ihr geplante *Urban-Gardening*-Projekt eine

---

[69]   Bis zum Projektende waren rund 1 000 neue Wohnungen gebaut, Straßen und Plätze aufgewertet und zusätzliche Infrastruktur geschaffen worden, wie etwa zwei Kindertagesstätten und vier Spielplätze (Stadt Frankfurt am Main 2015b).

[70]   Sollte die Nordmainische S-Bahn gebaut werden, würde der Danziger Platz möglicherweise in offener Bauweise (Leclerc 2014) untertunnelt werden und bekäme eine unterirdische S-Bahn-Station (Wienekamp: 139-141).

[71]   Erst mit dem Umzug der EZB im November 2014 wurde das Bahnhofsareal teilweise saniert (Aufbau FFM 2004).

[72]   1993 wurde die Straßenbahnlinie 11, die bis dahin den Ostbahnhof direkt erschlossen hatte (Protokoll XVIII: 2, 5) auf die Hanauer Landstraße verlegt. Nach Umgestaltungsmaßnahmen auf dem Danziger Platz sollte sie eigentlich wieder zurückverlegt werden, doch die Stadtverordne-tenversammlung entschied sich 2002 dagegen.

zentrale Lage, damit „zum Beispiel Werber über so einen Garten stolpern" (Cappelluti: 52f.). Sie schlug deshalb den Danziger Platz vor (ebd.: 58f.), damit Anwohner_innen auf jene Menschen treffen, die im Ostend, zum Beispiel auf der Hanauer Landstraße, arbeiten (ebd.: 133-135). Um das Projekt anzuschieben organisierte Cappelluti Treffen „mit interessierten Nachbarn oder Leuten aus der Bevölkerung" (Ohliger: 97) im damals noch existierenden Café am Ostbahnhof. Dort wurden gemeinschaftlich Ideen für den Garten entwickelt (ebd.: 94-124). Bis zur Eröffnung fanden die Treffen alle zwei Wochen statt und es nahmen jeweils 20 bis 30 Interessierte teil (Cappelluti: 226f.). So hatte der *Frankfurter Garten* schon vor seiner Eröffnung am 1. Mai 2013 eine feste Gruppe von Unterstützer_innen. Um die gemeinschaftlichen Treffen unabhängig von Witterungsverhältnissen und Jahreszeiten fortführen zu können, war innerhalb des Gartens von Anfang an ein Gemeinschaftsraum vorgesehen (ebd.: 232f.). Als solcher dient ein Baucontainer im östlichen Teil des Gartens.

Die Gartengemeinschaft besteht aus verschiedenen Arbeitsgemeinschaften: Neben der Gartengruppe, die sich jeweils am ersten Mittwoch im Monat beim Gärtner_innen-Treffen trifft, gibt es eine Baugruppe, die alle handwerklichen Arbeiten übernimmt und Interessierte beim Hochbeet-Bau betreut. Die Kulturgruppe kümmert sich um die Planung und Durchführung von Veranstaltungen (Frankfurter Garten o.J.a), die Markt-Gruppe organisiert den Mittwochsmarkt (Lohmann-Thomas: 622-624) und das Gastro-Team arbeitet im Wirtschaftsbetrieb des *Frankfurter Gartens*, dem Gartenkiosk (ebd.: 144f.). Alle Gruppen hätten aber eine Schnittmenge, den „Punkt, wo dieses Gemeinschaftsprojekt lebt" (Jünemann: 95f.), so Christiane Jünemann, die als Dienstleisterin des *Frankfurter Gartens* den Garten-Betrieb stundenweise betreut. Der Gartenclub, eine Plattform für alle Aktiven, trifft sich jeden letzten Dienstag im Monat (Frankfurter Garten o.J.b). Für Interessierte gibt es außerdem das Angebot, den Garten mittwochs beim Gärtnern in Aktion kennenzulernen (Frankfurter Garten o.J.c; Lohmann-Thomas: 324-326).

Die Aufteilung der Fläche des *Frankfurter Gartens* folgt einer festen Struktur und hat sich seit der Anfangsphase nicht wesentlich verändert. Die Garten-Fläche ist von einem Bauzaun umschlossen, auch wenn dieser „von außen überhaupt nicht einladend wirkt, im Gegenteil" (Ohliger: 579f.). Er dient dazu, den Gartenbereich von der Straße abzugrenzen (Protokoll II: 1) und die Sicherheit der dort spielenden Kinder zu gewährleisten (Ohliger: 584-587). Der Zaun wird von zwei Eingängen durchbrochen, die außer montags täglich von 12 bis 20 Uhr geöffnet sind. Ein Tor liegt Richtung Ostbahnhof und U-Bahn-Eingang, das andere geht zur Ostbahnhofstraße. Durch das südliche Tor kommen die Besucher_innen auf einen Vorplatz, von dem aus alle anderen Bereiche des Gartens zugänglich sind. Im westlichen Teil liegt der gastronomische Bereich des *Frankfurter Gartens*. Dieser wurde bewusst an dieser Stelle verortet, damit möglichst wenig Lärm aus dem Garten zu den Wohnhäusern dringt, „falls es hier mal etwas lauter werden sollte" (Lohmann-Thomas: 28f.). Der Gartenkiosk, in dem zum Teil auch Gemüse und Kräuter aus eigener Herstellung verarbeitet werden (ebd.: 381f.), bietet täglich Getränke und Speisen an, am Mittwochsmarkt kommen noch die – in erster Linie gastronomischen – Angebote andere Händler_innen dazu. In den Frühlings- und Sommermonaten ist der *Frankfurter Garten* an den Markttagen stark frequentiert (ebd.: 41-45). Oft treten dann lokale Musiker_innen auf. Unabhängig vom Mittwochsmarkt kooperiert der *Frankfurter Garten* aber auch mit anderen Initiativen und Kulturschaffenden.[73]

Im mittleren Teil des Gartens sind die Hochbeete platziert, die entweder gemeinschaftlich oder individuell bepflanzt werden (ebd.: 374-382). Auch einige Firmen und Verbände haben Patenschaften für Pflanzkisten. Die Beete sind in einem Rastersystem mit festen Abständen platziert, in dem die Pflanzkübel mit verschiedenen selbstgebauten Hochbeet-Modellen kombiniert werden. Am östlichen Rand des Gartens befinden sich außerdem zwei Baucontainer, die als Werkzeuglager und Gruppenraum dienen, außerdem ein Gewächshaus und Bienenstöcke. Die Freifläche unter dem alten Baumbestand am südlichen Rand des Danziger Platzes dient als Veranstaltungsfläche. Dort sind auch die Kompost-Toiletten platziert (Frankfurter Garten o.J.), die – zusammen mit Projekten wie

---

[73] Kooperationspartner_innen sind zum Beispiel das Galli-Theater, die Büchergilde Gutenberg oder ShoutOutLoud (Frankfurter Garten 2015), ein Verein, der nachhaltig mit den globalen Herausforderungen „Klimawandel, Ressourcenverknappung, Armut & Hunger, Globalisierung, Urbanisierung, demographischer Wandel" (ShoutOutLoud o.J.) umgehen will.

dem Fair-Teiler[74] oder dem konsequenten Verzicht auf Einweggeschirr in der Gastronomie (Lohmann-Thomas 205-208) – die Idee der Nachhaltigkeit auch unabhängig vom eigentlichen Gärtnern in räumlichen Strukturen übersetzt. Der *Frankfurter Garten* erfuhr schon in der Anfangsphase starken Zulauf (ebd.: 170f.) – von Anwohner_innen, aber auch von Frankfurter_innen aus anderen Stadtteilen (Jacob: 550f.). Dabei wird der Garten sowohl von den Besucher_innen als auch von den Aktiven unterschiedlich genutzt. Er ist, unter anderem durch sein gastronomisches Angebot, sowohl Treffpunkt (ebd.: 722) als auch Ort zum Ausüben eines Hobbys (Walker: 14; Protokoll VII: 2). Er dient als Park, Spielplatz (Cappelluti: 259f.) oder als Veranstaltungsort (Protokoll XI: 6). Er bietet die Möglichkeit, soziale Kontakte zu knüpfen (Lohmann-Thomas: 268f.) oder einen Ausgleich zur Arbeit zu finden (ebd.: 210-213). Manche kommen täglich in den Garten, andere nur einmal pro Woche oder pro Monat (ebd.: 298-305). Grundsätzlich engagieren sich die Aktiven ehrenamtlich: einige Helfer_innen werden für ihre Arbeit aber auch entlohnt, etwa Jünemann, die als Dienstleisterin für den *Frankfurter Garten* tätig ist, oder die Mitarbeiter_innen, die dem *Frankfurter Garten* von FFM naturnah[75] vermittelt werden (ebd.: 144f., 172-176).

5.1.1.2 Das Nordend und der Hafengarten Offenbach

Das Offenbacher Nordend ist ein dicht bebauter, innerstädtischer Stadtteil, der im Norden an das ehemalige Hafengelände grenzt, das gerade von der OPG unter dem Projektnamen Hafen Offenbach entwickelt wird. Das Nordend war lange Zeit industriell geprägt, heute sind die meisten Betriebe stillgelegt. Ein Teil der ehemaligen Fabrikgebäude wurde zu Wohnungen oder Büros umge-

---

[74] Diese Tauschbörse „für übrig gebliebene, aber noch essbare Lebensmittel" (Frankfurter Garten o.J.f) wird von ShoutOutLoud, Foodsharing und dem Frankfurter Garten gemeinsam betrieben, um einen kleinen Beitrag zur Vermeidung von Lebensmittelverschwendung" (ebd.) zu leisten.

[75] FFM Naturnah ist einer von vier Arbeitsbereichen von ffmtipptopp – Ihr Stadtteilservice, einem Betrieb der Servicegesellschaft für Frankfurt und Grüngürtel (Ffmtipptopp o.J.). Dort können „24 Menschen in Zusammenarbeit mit dem Umweltamt der Stadt Frankfurt am Main sowie weiteren Ämtern und Institutionen unterstützende Tätigkeiten im Landschafts- und Naturschutz im Frankfurter Grüngürtel und in angrenzenden Naturräumen unter fachlicher Anleitung und Qualifizierung durchführen" (ebd.).

nutzt. Prominentestes Beispiel für diesen Umwandlungsprozess ist die Heyne-Fabrik in der Ludwigstraße, in deren Räumlichkeiten verschiedene Unternehmen aus den Bereichen Design, Mode, Kunst, Musik und Werbung eingezogen sind (Route der Industriekultur Rhein-Main 2005). Im Umfeld haben sich seitdem weitere Kreativschaffende angesiedelt. Das Mietniveau war bisher niedrig, die Fluktuation der Mieter_innen nach Aussage der Stadt Offenbach hoch (Masterplan 2015b: 109). Durch die starke Verdichtung des Stadtteils mangelt es an öffentlichen und privaten Grünflächen (Protokoll III: 2). Es gibt nur einen Spielplatz, weshalb viele Familien den Goetheplatz als Treffpunkt und Spielfläche nutzen (Schenk: 392-395).

In unmittelbarer Nähe zum Nordend entwickelt die OPG gerade das Immobilienprojekt Hafen Offenbach. Ende der 1990er Jahre war der Betrieb des Offenbacher Hafens eingestellt worden (Wikipedia 2016). Das Areal sei für die Offenbacher_innen „eher ein Unort" (Süßmann: 74) gewesen, der „teilweise auch gar nicht zugänglich" war, so Sabine Süßmann, die ehemalige Koordinatorin des *Hafengartens*. Ab 2001 begann die OPG mit der Erschließung und Entwicklung der 26 Hektar großen Industriebrache zum neuen Stadtquartier Hafen Offenbach. Auf 14 Hektar Nettoneubauland wurde eine Mischung aus Büros, Wohnungen, Einzelhandel und Grünflächen realisiert (Muthorst et al. 2010). In Zusammenhang mit der Vermarktung der Grundstücke etablierte die OPG zu den Erschließungsarbeiten verschiedene Zwischennutzungsprojekte (Reichel: 628-660), unter anderem den *Hafengarten Offenbach*. Um die Bewirtschaftung des Areals gut umsetzen zu können, wurde die Fläche wasserdurchlässig befestigt. Hierzu hat man den anstehenden Boden zunächst mit einem Filtervlies abgedeckt und dann mit einer circa 20 Zentimeter hohen Schicht Recyclingschotter aufgefüllt. Mit andersfarbigem Kies wurden außerdem Wege und Pflanzflächen markiert (Süßmann: 39-41). Die Gärtner_innen sollten einzeln oder in Gruppen Parzellen bewirtschaften. Die „etwa 10.000 qm große Schotterfläche, auf der nichts stand (ebd.: 41f.) füllte sich nach Projektbeginn rasch (ebd.: 57f.). Die Gärtner_innen kamen aus dem Nordend, „aber auch aus Frankfurt und aus anderen Stadtteilen" (ebd.: 59f.). Viele hätten am Anfang versucht, ihre Fläche mit Steinen, Latten oder Ähnlichem zu begrenzen (ebd.: 716f.) und „auch richtig Claims abgesteckt"

(Protokoll XII: 6), Zäune durften aber nicht gebaut werden (Süßmann: 717f.). Zunächst waren nur individuelle Flächen vorgesehen, doch auf Anregung der Gärtner_innen wurden später auch einige Gemeinschaftsbeete angelegt (ebd.: 177). Ein ausrangierter Bahnwaggon, ausgestattet mit Küche und Sitzecke, dient den Gärtner_innen als Treffpunkt. Er ist allerdings nur geöffnet, wenn die Koordinatorin des Projekts oder eine_r ihrer Helfer_innen anwesend ist. Auch der Platz vor dem Waggon, auf dem einige Gärtner_innen aus Europaletten Tische und Sitzgelegenheiten aufgebaut haben, ist ein Ort der Begegnung für die Gärtner_innen und Interessierten (Richter 2015). Auf dem Vorplatz finden auch verschiedene Veranstaltungen statt, zum Beispiel das Sommerfest oder der Kleidertauschflohmarkt. Der *Hafengarten* wird nach außen von einem Maschendrahtzaun begrenzt, „um die Pflanzen vor Vandalismus zu schützen" (Aldehoff 2013). Die beiden offiziellen Tore öffnen sich zum Nordring; vom Main aus gibt es einen inoffiziellen Eingang. Alle Eingänge bleiben Tag und Nacht unverschlossen. Der *Hafengarten* liegt direkt an dem Fahrradweg, der Offenbach und Frankfurt verbindet. Einige Gärtner_innen sind im Vorbeiradeln auf das Projekt aufmerksam geworden (Protokoll IX: 1; Protokoll XII: 2).

Die Gärtner_innen kommen unterschiedlich oft und zu unterschiedlichen Zeiten in den Garten (ebd.), einige auch zusammen mit ihren Kindern, die den Garten als Spielfläche nutzen (Protokoll XII: 1, 3). Die verschiedenen Gründe, im *Hafengarten* aktiv zu sein, spiegeln sich in der Beetgestaltung wider. Einige Nutzer_innen motiviert „so ein Ertragsgedanke" (Graubner: 172); sie bewirtschaften zum Teil große Flächen „ganz professionell" (ebd.). Andere schätzen vor allem die Möglichkeit, sich an der frischen Luft zu betätigen (Protokoll IX: 1; Protokoll XII: 1). Familien mit Kindern nutzen das Gelände unter anderem als Spielplatz (Protokoll XII: 1-3). Der Garten bietet vielen auch die Gelegenheit, kreative Ideen zu verwirklichen (Protokoll XII: 6). Sie nutzen zur Gestaltung ihres Beets alles, „was als Pflanzenbehälter taugt" (Löw 2013). Salat, Kräuter, Gemüse oder Erdbeeren werden zum Beispiel „im aufblasbaren Planschbecken, Lederkoffer oder in einer alten Badewanne" angepflanzt (Richter 2015). Einige „sammeln sich dann die Materialien irgendwo zusammen" (Walker: 265f.), beispielsweise auf dem Sperrmüll, so die *Hafengarten*-Koordinatorin Alexandra Walker (ebd.: 237f.).

Im Hinblick auf die Dimension des wahrgenommenen Raums hat die Analyse des *Frankfurter Gartens* und des *Hafengartens Offenbach* gezeigt, dass durch die Projekte neue Räume hergestellt und neue Routinen etabliert wurden. Dabei wurden zwei Flächen, die zuvor nur wenig beziehungsweise gar nicht als öffentliche Orte genutzt wurden, zu Treffpunkten, an denen Menschen neben dem Gärtnern auch anderen Aktivitäten nachgehen können. In den Gärten werden Ideen von Nachhaltigkeit und *Upcycling* außerdem in konkrete räumliche Strukturen übersetzt: Beete und Pflanzbehältnisse bestehen aus recycelten Materialien. Beide Projekte sind gleichzeitig beeinflusst von den räumlichen Veränderungen, die sich in den umgebenden Quartieren und Stadtteilen vollziehen: dem Neubau der EZB und den zahlreichen Immobilienprojekten im Ostend beziehungsweise dem Immobilienprojekt Hafen Offenbach im Nordend.

5.1.2 Der konzipierte Raum oder die Produktion von Wissen im Frankfurter Garten und im Hafengarten Offenbach

Im Folgenden analysieren wir beide Projekte anhand der Dimension des konzipierten Raums. Dabei geht es um die Repräsentationen, die über Räume erzeugt werden. Diese sind häufig mit strategischen Zielen verbunden (Exner und Schützenberger 2015: 54). Über dominante Raumdiskurse sollen Räume, in unserem Fall Stadtteile, Quartiere und *Urban-Gardening*-Projekte regiert werden. Auch bei der Untersuchung dieser Dimension nehmen wir Bezug auf die Stadtteile und Quartiere, in denen die *Urban-Gardening*-Projekte entstanden sind.

5.1.2.1 Das Ostend und der Frankfurter Garten

Über das Ostend wurden in den vergangenen Jahren vor allem zwei Raumvorstellungen dominant: die des sanierungsbedürftigen Viertels und die des Stadtteils im Wandel. Die erste Raumvorstellung mündete in die bereits erwähnte Städtebauliche Sanierung (vgl. Kapitel 5.1.1.1), um „städtebauliche Mängel und Missstände" (Stadtplanungsamt Frankfurt 2015) zu beseitigen und den Stadtteil zu stabilisieren. Ein Ziel war aber auch die langfristige (symbolische) Aufwertung des Ostends, die zur Quartiersbildung beitragen sollte (Stadt Frankfurt 2015b: 12). Diese Ziele wurden nach Abschluss der Sanierungsmaßnahmen als erreicht betrachtet: „Ein stagnierendes Viertel hat sich so zu einem beliebten Wohnquartier gewandelt" (ebd.: 5). Seit einigen Jahren wird das Ostend auch im medialen Diskurs als ein Stadtteil „im Umbruch", „im Wandel" oder als „dynamischer Stadtteil" bezeichnet (Ochs 2010; Nienhaus 2013; Schaible 2015; Schulze 2015) Projektentwickler_innen griffen dabei auf den Begriff „East" beziehungsweise „Eastside" als neue Bezeichnungen für das Ostend zurück, um den Stadtteil als Wohn- und Investitionsstandort im Sinne eines *Brandings* neu zu definieren (Eastside Frankfurt o.J.; Schulze 2015). Aus einem als „Frankfurter Bronx" (Bittner 2015a) verschrienem Quartier sei in den vergangenen Jahren ein aufstrebendes, schickes und pulsierendes Viertel geworden (ebd.) – eine Perspektive, die sich seit dem Baubeginn der EZB noch verstärkt hat (Ochs 2010).

Auch der Danziger Platz wurde in den vergangenen Jahren immer wieder als unästhetischer Ort bezeichnet und sogar in das Buch *101 Unorte in Frankfurt* aufgenommen (Berger und Setzepfandt 2011). Der *Frankfurter Garten* wird im stadtpolitischen und medialen Diskurs als Aufwertung dieses Unorts gesehen, als „neue[r] Fixpunkt im Ostend" (Cunitz 2013), so Olaf Cunitz, amtierender Bürgermeister Frankfurts und Schirmherr des Projekts. Cunitz glaubt, dass derartige Projekte „für eine kurzfristige Umfeldverbesserung und Stadtgestaltung" sorgen können (ebd.). Auch Fraport, einer der Sponsor_innen des *Frankfurter Gartens,* beurteilt das Projekt auf diese Weise: Aus einem „bisher brachliegenden und unansehnlichen Platz am Ostbahnhof" sei „ein öffentlicher Stadtgarten" geworden (Fraport o.J.). Im *Frankfurter Garten* entstünde vieles, was der Stadt sehr gut tue, sozial und ökologisch, so die amtierende Umweltdezernentin und Schirmherrin des Projekts Rosemarie Heilig (ebd.: 71f.). Bereits ihre Vorgängerin, Manuela Rottmann, hatte Cappelluti bei der Gründung unterstützt, allerdings mit der Auflage, dass der Garten keine dauerhaften Zuschüsse von der Stadt brauchen würde (Cappelluti: 44-47). Dass die Stadt Frankfurt dieses freiwillige Engagement von Bürger_innen für Grünflächen mittlerweile auch zur Eigenvermarktung zu nutzen weiß, zeigt das 2015 veröffentlichte Magazin *Frankfurt gärtnert.* Es wurde vom Grünflächenamt der Stadt Frankfurt in Zusammenarbeit mit dem Blog Frankfurter Beete als Sonderheft entworfen und stellt alle *Urban-Gardening*-Projekte in Frankfurt und der unmittelbaren Umgebung vor. Der *Frankfurter Garten* wird darin als Treffpunkt der Frankfurter Gartenszene darge-stellt (Stadt Frankfurt am Main 2015a: 11).

Dem Projekt ging ein langer Planungsprozess voraus. Cappelluti hatte verschie-dene Konzeptpapiere verfasst, mit denen sie bei der Umweltdezernentin und bei Sponsor_innen für ihr Projekt warb (Cappelluti: 38-40; 71f.). Als Finanzierung und Standort geklärt waren, wurde der *Frankfurter Garten* realisiert, ausgehend von „einem sehr schönen und stimmigen Architekturmodell" (Lohmann-Thomas: 24f.), das von Anja Ohliger und ihrem Kollegen Stephan Goerner vom office for subversive architecture (osa) entwickelt worden war. Dass der Danzi-ger Platzes „sich in so ein Aus manövriert" (Ohliger: 647) hatte, habe das Projekt für sie interessant gemacht, so Ohliger (ebd.: 647f.). Die beiden Architekt_innen wollten „mit einfachen Mitteln und eigentlich auch mit den Potentialen des Ortes arbeiten" (ebd.: 651f.). Deshalb hätten sie sich auch mit der Geschichte des Dan-ziger Platzes beschäftigt (ebd.: 250-292; 607-611) und so herausgefunden, dass er in der Vergangenheit „eigentlich ein ganz wichtiger Quartiersplatz" (ebd.: 292) gewesen sei. Diese Funktion wollten die Architekt_innen durch die Gestal-tung des *Frankfurter Gartens* wiederherstellen (ebd.: 293-294), unter anderem durch die Multifunktionsfläche unter den Bäumen, die einem öffentlichen Platz nachempfunden sein soll.[76] Gleichzeitig legten sie mit dem Zaunwall[77], bewusst „ein Wiedererkennungsmerkmal für den Garten" an (ebd.: 596f.), das auch nach einem möglichen Umzug auf eine andere Fläche weiterhin als solches funktio-nieren soll (ebd.: 597f.). Das gilt auch für den Einsatz der von der Stadt zur Ver-fügung gestellten weißen Pflanzkübel, die den *Frankfurter Garten* auszeichnen (ebd.: 211f.).

---

[76] Es sollte eine Fläche sein, die allen Nutzungen offensteht, die aber auch „leer bleiben kann" (Ohliger: 419).

[77] Studierende der TU Darmstadt haben dafür unterschiedliche Konzepte entworfen und in einem Container auf dem Gelände ausgestellt. Schließlich wurde aus diesen Entwürfen ein Hochbeet entwickelt, „was dann wie so eine Landschaft aussieht" (Ohliger 591f.) und aus (Voll-)Holz vom Sperrmüll weitergebaut werden kann.

Die räumliche Struktur des Projekts ist also nicht zufällig entstanden, „es wurde alles überlegt und durchdacht" (Lohmann-Thomas: 30f.). Auch die Anordnung der Beetreihen folgte einer architektonischen Idee, um „ein richtiges Maß an Spielraum und Bindung" (Ohliger: 225f.) zu finden. Deswegen habe man die Pflanzkübel zusammen mit Europalletten zu Beetreihen organisiert (ebd.: 226-234). Diese Setzung gebe eine klare Linie vor und lasse trotzdem genügend Gestaltungsspielraum (ebd.). Wichtig bei der Planung seien aber auch gärtnerische Aspekte gewesen: „Wo steht was am besten, wie kriegen die Pflanzen am besten Sonne" (Lohmann-Thomas: 25). Die bei der Planung entstandenen Skizzen, Fotomontagen und das architektonische Modell wurden bei Gemeinschaftstreffen im Café am Ostbahnhof vorgestellt (ebd.: 99-105).

Auch über die Werbung für das Projekt wurden Repräsentationen des *Frankfurter Gartens* erzeugt: über das Logo, in Flyern, Newslettern, über den Internetauftritt und die Facebookseite – mediale Formen, die zum Teil auch von den Sponsor_innen gefordert wurden (Cappelluti: 318-330). In seinem Leitbild, das seit 2013 mehrmals überarbeitet wurde, definiert sich der *Frankfurter Garten* „als Mitmach-Projekt mit dem Auftrag, ‚Grün' in die Stadt zu bringen" (Frankfurter Garten o.J.e). Um für den Garten zu werben, nutzte die Initiatorin Cappelluti gezielt ihr persönliches und berufliches Netzwerk: Sie schrieb in ihrem Veranstaltungs-Newsletter *Danielas Ausgehtipps* über die Anfänge des *Frankfurter Gartens* (Cappelluti: 435-444). Wichtig für den Erfolg des Projekts war außerdem die mediale Berichterstattung, die bereits vor dem offiziellen Beginn des Projekts mit einem Artikel im Journal Frankfurt einsetzte. Auch nach dem offiziellen Start am 1. Mai 2013 blieb die mediale Aufmerksamkeit für den „Prinzessinnengarten made in FFM" (Journal Frankfurt 2013) hoch. 2013 erhielt der *Frankfurter Garten* den Stadtteilpreis des Ortsbezirks Bornheim/Ostend (Wienekamp: 251-268).

5.1.2.2 Das Nordend und der Hafengarten Offenbach

Das Offenbacher Nordend ist von zwei dominanten Raumvorstellungen geprägt. Die erste ist die vom Nordend als defizitärem Stadtteil, der „einen großen Sanierungsrückstau" (Masterplan 2015b: 109) aufweist. Das Nordend wird beschrieben als dicht bebautes Innenstadtviertel mit hoher Einwohnerzahl und hohem Anteil an Menschen mit Migrationshintergrund[78], das wenig Infrastruktur bietet (Masterplan 2015a). Reichel erklärt, es gebe dort Straßen, denen Durchmischung und Aufwertung gut täten (Reichel: 145). In diesem Zusammenhang wird von städtischen Akteur_innen die Fluktuation der Bevölkerung hervorgehoben: Viele Bewohner würden das Quartier nach spätestens fünf Jahren wieder verlassen (Masterplan 2015a). Auch von Quartiersmanager Schenk wird das Nordend als problembehaftetes Viertel mit „einfachsten Sozialstrukturen" dargestellt (ebd.: 90), das einen hohen Anteil an Arbeitslosenhilfe-Empfänger_innen aufweise (ebd.: 127) und einen relativ niedrigen Mietspiegel habe. Der so genannte Masterplan-Prozess, den die Stadt Offenbach 2015 angestoßen hat, um gemeinsam mit den Bürger_innen Perspektiven für „das Offenbach von morgen" (Masterplan 2015b: 7) zu entwickeln, nahm das Nordend als Quartier mit besonderem Entwicklungsbedarf in den Blick.[79]

Die zweite dominante Raumvorstellung ist die vom Nordend als hippem Stadtteil für Kreative. Im Sinne des *Neighbourhood Brandings* (Fasselt und Zimmer-Hegmann 2014) wird deshalb das urbane Flair des Stadtteils betont. Diese Raumrepräsentation wird auch vom Masterplan-Prozess stark gemacht, der das Nordend als im Wandel begriffen darstellt. Es sei „urban, gut erreichbar und innenstadtnah" (Masterplan 2015a: o.S.). Die Bevölkerungsstruktur sei „bunt gemischt" (ebd.) und die bereits „gut etablierte Kunst- und Kulturszene" (ebd.) solle in Zukunft weiter gefördert werden. Das Nordend sei das, „was im Volksmund als Kiez bezeichnet wird", sagt auch Quartiersmanager Schenk (Schenk: 89). Durch die Nähe zur Frankfurter Innenstadt und zur EZB stehe das Nordend „ganz extrem im Fokus der Bevölkerung", auch derjenigen, die auf der Suche nach einem hippen Viertel seien (ebd.: 96-98). Im aktuellen Flyer zu den Offenbacher Stadtteilen lässt sich eine Zuspitzung dieser zweiten Raumrepräsentation erkennen. Während der im Masterplan-Prozess entworfene Slogan noch „Das

---

[78]   Das östliche Nordend beziehungsweise der statistische Bezirk Messehalle hat mehr als 200 Einwohner_innen je Hektar (Arbeitsförderung, Statistik und Integration 2014: 19).

[79]   Im Nordend sei „eine Ertüchtigung der Gebäudesubstanz sowie des öffentlichen Raumes" (Masterplan 2015b: 109) erforderlich, um Nahversorgung, soziale Infrastruktur und die Ausstattung mit öffentlichen Grün- und Freiflächen zu verbessern (Masterplan online o.J.).

Nordend ist mehr: ein Mix aus Allem und für Alle!" (Masterplan 2015b: 109)
lautete, wird das Nordend nun als „Familienfreundlicher Kiez für Hipster" (Amt
für Öffentlichkeitsarbeit 2015) bezeichnet.

Einen Entwicklungsfortschritt für den Stadtteil erhofft sich die Stadt Offenbach
vom Immobilienprojekt Hafen Offenbach, mit dem „die Vision zeitgemäßen
Lebens, Wohnens und Arbeitens am Wasser" (ebd.) verwirklicht werden soll[80].
Gleichzeitig wird versucht, auf diese Weise „Besserverdienende mit attraktiven,
aber teureren Wohnungen anzulocken" (Löw et al. 2014: 70), um langfristig
einen Wandel des Gesamtstadt Offenbachs zu befördern (Masterplan 2015b)[81].
Mit der städtebaulichen Entwicklung des Hafenareals sollen „die Probleme ein
Stückweit für das Nordend" gelöst werden (Protokoll VI: 2). Man verfolge mit
dem Hafen Offenbach eine „Parallelstrategie" (ebd.: 6), nämlich „Neubau und
Stadtumbau" (ebd.), so Jana Hertelt vom Planungsbüro Speer & Partner, das den
Masterplan-Prozess betreut. Langfristig wird eine Aufwertung des Nordends
angestrebt (Masterplan 2015b: 109-115). Als Verbindung zwischen Nordend und
Hafenareal sollen verschiedene räumliche Elemente dienen: die Hafenschule
(Walker: 812-816), das Quartierszentrum auf der Hafeninsel (Protokoll VI: 2)
und der Gutschepark am Mainufer des Nordends (Stadtpost Offenbach 2016).
Aus Sicht der Planer_innen ist das Zusammenwachsen von Hafen und Nordend
damit strukturell angelegt (Protokoll VI: 5).

Auch der *Hafengarten Offenbach* soll als Bindeglied zwischen Nordend und
Hafenareal fungieren (Reichel: 46-48) und biete den Anwohner_innen eine Plattform, um sich kennenzulernen (ebd.: 59-61). Die Motivation für die Realisierung
des auf zwei Jahre befristeten *Urban-Gardening*-Projekts sei gewesen, den gesellschaftlichen Trend zu nachhaltigen Lebensstilen, *Sharing* und *Do-it-yourself*
aufzugreifen, erklärt Daniela Matha (Matha: 19-27). Der *Hafengarten Offenbach*
war aber auch Teil einer Reihe von Maßnahmen, mit der die OPG das neue Ha-

---

[80] Die Idee, auf der Fläche ein neues Quartier zu entwickeln, entstand bereits Anfang der 2000er
      Jahre (Mainviertel 2004). Im Januar 2008 beschloss das Offenbacher Stadtparlament einen Be-
      bauungsplan für den ehemaligen Industriehafen.
[81] Die Stadt Offenbach steht seit 2013 unter dem Kommunalen Schutzschirm des Lands Hessen
      (Stadt Offenbach am Main o.J.) und strebt eine Verbesserung sowohl ihrer finanziellen Situation
      als auch ihres Images an (Offenbach-Post 2015).

fenareal ins öffentliche Bewusstsein rücken wollte. Um diesen Prozess zu forcieren, ermöglichte die städtische Tochtergesellschaft verschiedene Zwischennutzungen (Reichel: 24-30), die über Offenbach hinaus Aufmerksamkeit auf das Immobilienprojekt lenken sollten (ebd.: 29f.).

Mit den Vorarbeiten auf dem Weg zur Realisierung des *Urban-Gardening*-Projekts wurde ein Unternehmen für Garten- und Landschaftsbau beauftragt. Dieses erstellte einen Plan, wie die Fläche begrünt aussehen könnte (ebd.: 39-41). Dafür stellte die OPG sowohl die Fläche als auch Pflanzkisten und Erde zur Verfügung. Außerdem wurde eine Koordinatorin vor Ort – zunächst Sabine Süßmann, später Alexandra Walker – finanziert, die das Projekt und vor allem die Gärtner_innen betreuen sollte. Von Seiten der Verantwortlichen gab es Bedenken, dass die Aktiven sich zu sehr mit dem Projekt identifizieren und – ähnlich wie bei einem anderen Offenbacher Zwischennutzungsprojekt, dem Hafen 2 – gegen dessen Auflösung protestieren könnten. Für die OPG sei der *Hafengarten* von Anfang an ein zeitlich begrenztes Projekt gewesen (Süßmann: 351-353). Dieses Projekt wird auf der Internetseite des Unternehmens beworben als Möglichkeit, „um im Handumdrehen kleine Oasen zu schaffen" (OPG Hafengarten o.J.) und selbst Gemüse, Obst oder Blumen anzupflanzen. Der *Hafengarten* soll aber „auch ein Treffpunkt für die Bewohner des Nordends sein" (ebd.). Repräsentationen des *Hafengartens* wurden auch über die Werbung für das Projekt erzeugt, über Aufrufe in Zeitungen und Mitteilungsblättern, den Internetauftritt der OPG und der Facebookseite des *Hafengartens*. Wichtig für den Erfolg des Projekts war außerdem die mediale Berichterstattung (Süßmann: 663-669). Auch in dem von der Stadt Frankfurt in Zusammenarbeit mit dem Blog Frankfurter Beete herausgegebenen Sonderheft über alle *Urban-Gardening*-Projekte in Frankfurt wurde der *Hafengarten* berücksichtigt und als Garten mit „pittoreskem Anstrich" bezeichnet (Stadt Frankfurt am Main 2015a: 13). Im Juni 2015 wurde das Projekt außerdem im Rahmen des landesweiten Wettbewerbs „Städte sind zum Leben da! Klimaanpassung – Freiraumgestaltung – Lebensqualität" mit einem Preis ausgezeichnet. Die hessische Stadtentwicklungsministerin Priska Hinz erklärte, der *Hafengarten* sei ein gutes Beispiel dafür, wie *Urban-Gardening*-Projekte Stadtteile positiv verändern können (Umweltministerium

Hessen 2015a). Die für den Wettbewerb eingereichte Kurzbeschreibung stellt den Garten als „Treffpunkt für Bewohner der anliegenden Wohngebiete" (Umweltministerium Hessen 2015b). dar und betont, dass der Garten von über „150 Parteien verschiedenster Nationalitäten" (ebd.) genutzt werde.

Nach der Betrachtung der Dimension des konzipierten Raums lässt sich festhalten, dass sowohl dem *Frankfurter Garten* als auch dem *Hafengarten Offenbach* eine intensive Planungsphase vorausging, die von professionellen Akteur_innen begleitet wurde. Ein gravierender Unterschied zwischen den beiden Projekten ist aber, dass der *Hafengarten Offenbach* tatsächlich im Sinne der lefebvreschen Definition des konzipierten Raums mit strategischer Absicht initiiert wurde. Im *Hafengarten* sind „Interessen ablesbar" (Vogelpohl 2014a: 27) und zwar die Belebung und Bewerbung eines städtischen Immobilienprojekts. Auch die Planung des *Frankfurter Gartens* war zielgerichtet – die Initiatorin Daniela Cappelluti wollte in Frankfurt ein *Urban-Gardening*-Projekt schaffen, dass konfrontativ ist und im Ostend Begegnungen zwischen ganz unterschiedlichen sozialen Gruppen ermöglicht (Cappelluti: 430-432). Sie wollte Bürger_innen „zu urbanen Bauern machen und gemeinsam die Ernte einholen" (Cappelluti et al. 2013: 1). Doch ihr Ziel war es nicht, zum Zweck des Regierens eine dominante Form von Raum zu etablieren.

Sowohl im Ostend als auch im Nordend finden konflikthafte Aushandlungsprozesse um Raum statt. Über die Darstellung der Stadtteile als defizitär beziehungsweise aufstrebend wollten die stadtpolitischen Akteur_innen in Frankfurt und Offenbach räumliche Entwicklungsprozesse anzustoßen. Doch auch die *Urban-Gardening*-Projekte selbst beziehungsweise die in ihnen Aktiven etablieren bestimmte Repräsentationen über die Räume, die sie geschaffen haben. Um ihre eigene Position innerhalb des städtischen Machtgefüges zu verbessern, bedienen sie mediale Kanäle, betreiben Eigenwerbung und organisieren Veranstaltungen.

5.1.3 Der gelebte Raum oder die Produktion von Bedeutungen im Frankfurter Garten und im Hafengarten Offenbach

Die Dimension des gelebten Raums steht für Lefebvre für „den symbolischen Raum, der bestimmte Bedeutungen transportiert, aber nur teilweise rational erschlossen werden kann" (Exner und Schützenberger 2015: 54). Es ist die Dimension, die offen ist für die Ängste, Sehnsüchte, Hoffnungen, Wünsche und Visionen von Menschen. Da Gärten in der Kunst- und Kulturgeschichte des Globalen Nordens seit vielen Jahrhunderten eine symbolische Bedeutung zugeschrieben wird (ebd.: 57), ist diese Dimension für die Analyse der *Urban-Gardening*-Projekte besonders interessant.

5.1.3.1 Das Ostend und der Frankfurter Garten

Viele Gärtner_innen sprechen im Zusammenhang mit dem *Frankfurter Garten* von dem Wunsch, auch in der Stadt Natur zu erleben: „Wie lange dauert das, bis so ein Radieschen rauskommt? Was muss ich dafür tun?" (Lohmann-Thomas: 941f.). Sich diese Fragen zu stellen und ein Bewusstsein für die Prozesse der Natur zu entwickeln, fördere auch die Wertschätzung von Nahrungsmitteln (ebd.: 939-943), so die derzeitige Vereinsvorständin des *Urban-Gardening*-Projekts Lohmann-Thomas. Dabei gehe es auch darum, Kindern die Chance zu geben, Natur zu erleben (ebd.: 995-1002). Deswegen habe man sich entschieden, Kinder-Workshops anzubieten und mit Schulen zu kooperieren (ebd.). Bei vielen Gärtner_innen sei das Nachdenken über Lebensmittel und ihre Herkunft der Auslöser für die Betätigung im *Frankfurter Garten* (Ohliger: 303-307), vermutet auch Ohliger, die den Garten als Architektin beratend unterstützt.

Doch nicht nur das Erleben von Natur spielt eine wichtige Rolle, sondern auch die Idee von nachhaltigeren Lebensstilen. Jünemann möchte zeigen, dass man zum Anbauen von Gemüse nicht viel mehr braucht als einen Behälter und Erde. Wenn das jeder machen würde, „dann würden wir eben eine Menge Transportkosten sparen und CO_2" (Jünemann: 48f.). Auch die Abkehr von der autogerechten Stadt spiegele sich auf symbolhafte Weise im *Frankfurter Garten*, so Ohliger (Protokoll VIII: 4). Der Garten habe sich eine ehemalige Verkehrsfläche anverwandelt und nutze einen Platz der vorher für Autos bestimmt gewesen sei.

Lohmann-Thomas' Vision für Frankfurt im Jahr 2050 ist die einer nachhaltigen
Stadt: „hundert Prozent erneuerbare Energien, alle Wände vertikal begrünt, mit
Bohnen und was auch immer; keine Flugzeuge und regional-saisonal essen"
(Lohmann-Thomas: 424f.). Auch die Veranstaltungen, die im *Frankfurter Garten* stattfinden, wie etwa der Mädchenflohmarkt, sollen die Idee der Nachhaltigkeit weitertragen (ebd.: 535-550). Dabei gehe es auch darum, Natur in der Stadt
sichtbar zu machen, so die Gründerin des Gartens Cappelluti. Sie habe sich gewünscht, dass die Leute über das Grün stolperten (Cappelluti: 51f.). Die neuen
Projekte des *Frankfurter Gartens* in anderen Stadtteilen, wie etwa auf dem Goetheplatz oder im Pilzgarten an der Honselbrücke, sollen dazu führen, „dass mehr
Menschen sich Gedanken machen" (Lohmann-Thomas: 931).

Doch nicht nur der *Frankfurter Garten* verändert sich, er befindet sich auch in
einem Stadtteil, der sich gerade wandelt. Die EZB und die zahlreichen Bauprojekte stehen, auch mit ihrer architektonischen Symbolhaftigkeit, für ein neues
Ostend. Diese Wandlungsprozesse rufen Ängste vor Mieterhöhungen und Verdrängung hervor (Protokoll XI: 8). Mit den Baumaßnahmen werde dem Ostend
„etwas entgegengesetzt" (Protokoll VIII: 6), so Lohmann-Thomas. Durch die
steigenden Mietpreise werde eine neue Uniformität erzwungen. Sie fragt sich,
was dabei mit den Menschen passiere, „die hier Jahrzehnte für kleines Geld
gewohnt haben" (ebd.). Die zögen zum Teil schon weg, so die Erfahrung von
Gärtner Manfred Mätzsch (ebd.). Für Petra Eggert, die ehemalige Betreiberin des
Cafés am Ostbahnhof und Helferin im Garten-Kiosk, ist der *Frankfurter Garten*
deshalb „die größte Errungenschaft im Ostend, für die Leute, die hier noch leben" (ebd.: 9). Das Projekt sei eine „Oase" (ebd.) für den Stadtteil, ein Treffpunkt für alle (ebd.: 6). Seit der Gründung des Gartens gebe es mehr Grün und
mehr Lebensfläche für die Anwohner_innen (ebd.: 3).

Tatsächlich wollte Daniela Cappelluti, die Initiatorin des *Urban-Gardening*-
Projekts, mit dem *Frankfurter Garten* aber nicht nur die Anwohner_innen an-
sprechen, sondern einen möglichst großen Querschnitt der Menschen, die im
Ostend wohnen, leben und arbeiten (Cappelluti: 132-143). Außerdem hätten sie
mit dem Projekt einen Kontrapunkt zur EZB setzen wollen, so Lohmann-

Thomas (Nienhaus 2013): „Es wäre doch schön, wenn die Banker bei uns halt-machen und sehen könnten, wie eine Zucchini wächst" (ebd.). Häufig wird auch von den Aktiven im Garten von der Möglichkeit einer „gesunden Durchmi-schung" (Protokoll VIII: 6) gesprochen, die sie sich von den Umwandlungspro-zessen für das Ostend erhoffen. Doch Thorsten, der sich im *Frankfurter Garten* um die Bienenstöcke kümmert, hält das für „Wunschträume" (ebd.). Basierend auf seiner eigenen Erfahrung als Bewohner des Gutleutviertels geht er davon aus, dass es eine unsichtbare Mauer zwischen den neueren Immobilien und ihren Bewohner_innen und den Alteingesessenen geben werde. Auch für Eggert haben die Neubau-Projekte im Ostend „etwas Ghettohaftes" (ebd.). Boris Wenzel, der im Verein des Projekts aktiv ist, wünscht sich deshalb, dass möglichst viele Menschen in den *Frankfurter Garten* kommen, um Frankfurt vielfältiger, aber auch „menschlicher, wärmer und ertragbarer zu machen" (Protokoll VIII: 9).

Nach Meinung von Gärtner Manfred Mätzsch, der in den 1960er Jahren ins Os-tend gezogen ist, sind die Umgangsformen und die Stimmung im Stadtviertel in den vergangenen Jahren tatsächlich besser geworden: „Das Rüpelhafte ist weg" (ebd.: 7). Er beobachtet aber auch, dass sich einige Senior_innen schwer tun würden, angesichts der gestiegenen Preise im Viertel, mit ihrem Einkommen auszukommen. Sowohl die Mieten als auch die Preise für Dinge des täglichen Bedarfs seien gestiegen. Auch Eggert berichtet, dass jetzt viele Gastro-nom_innen im Ostend, „eine Mark mehr haben" wollten (ebd.), was nicht nur für ältere Menschen problematisch sei. Um dieser Entwicklung etwas entgegenzu-setzen, würden die Preise im Gartenkiosk bewusst niedrig gehalten. Dies sei aber nur dank der Subventionen der Stadt möglich (ebd.: 7f.).

Denn neben dem Nachhaltigkeitsgedanken spiele auch der Aspekt der sozialen Verantwortung eine wichtige Rolle innerhalb des Projekts, so Lohmann-Thomas (Lohmann-Thomas: 38-41, 791f., 793-796). Auch Jünemann betont die soziale Dimension des Projekts. Im *Frankfurter Garten* hätten viele Menschen gute Erfahrungen machen können; das Projekt habe den Stadtteil geeinigt (Jünemann: 1989f.). Gleichzeitig findet sie die begrenzte Dauer des Projekts aus der Perspek-tive der längerfristig planenden Gärtnerin problematisch (ebd.:117-124). Der *Frankfurter Garten* als Begegnungsraum sei „gerade für das Ostend" (ebd.: 154), in dem „ein unglaublicher Wandel" (ebd.) stattfinde, wichtig. Auch Lohmann-Thomas ist sich bewusst, dass viele Menschen im Garten ein „Zuhause gefunden haben" (Lohmann-Thomas: 580), weshalb sie die Idee der Mobilität nicht mehr so reizvoll fände wie zu Beginn. Sie wünscht sich, dass das Gartenprojekt nach dem Ende der Zwischennutzung auf dem Danziger Platz in unmittelbarer Nähe fortgeführt werden kann (ebd.: 582-584).

5.1.3.2 Das Nordend und der Hafengarten Offenbach

Im Offenbacher Nordend sind die Gefühle gegenüber den Neubaumaßnahmen und dem von der Stadt angestrebten Wandlungsprozess gemischt. Wie es im Rahmen einer Informationsveranstaltung der OPG vom Offenbacher Oberbürgermeister Horst Schneider formuliert wurde, seien viele derzeit unsicher, wohin sich ihr Quartier, aber auch das neue Hafenviertel entwickeln werde (Protokoll IV: 6). Manche fürchten Verdrängungsprozesse und sprechen im Zusammenhang mit der Entwicklung des Stadtteils von Gentrifizierung (Majic 2014). Andere begrüßen die Veränderungen: Wolfgang Malik, Leiter des Jugendclubs und Präsident des Boxclubs, glaubt, dass das Nordend im Prozess zwar ein anderes Image bekommen werde, aber dass es „ein robuster, proletarischer Stadtteil" bleiben werde. „Früher konnte man auf seine Adresse nicht so stolz sein wie heute", sagt er (Protokoll VI: 7). Trotzdem erwarte er von der Politik, dass sie den Veränderungsprozess des Nordends verantwortungsvoll begleite. Nikolai Lubnow, der sich in der Bewohnerinitiative des Nordends engagiert, hofft, dass sich die Bewohner_innen beider Quartiere aufeinander zubewegen (HO Offenbach 2015a).

Ein Gärtner aus dem Nordend, der seit 2013 im *Hafengarten* aktiv ist, berichtet, dass der Garten ein Ort für die ganze Familie geworden sei. Deshalb werde er mit seinem Beet auch auf die neue Fläche ziehen (Protokoll XII: 1). Für eine andere Gärtnerin ist der *Hafengarten* wie Urlaubmachen (ebd.: 3). Hier könne sie Energie tanken (ebd.). Ein anderer Gärtner berichtet, der *Hafengarten* sei für ihn ein „Ort zum Untertauchen" (ebd.: 5), und ein „ein cooler Platz zum Abhängen" (ebd.). Die Weitläufigkeit des Geländes sei ihm besonders wichtig (ebd.). Dass die Grenzen zwischen den einzelnen Parzellen verschwinden, ist für ihn eine besondere Qualität des *Hafengartens* (ebd.: 6). Auch die besondere, chaotische Ästhetik schätzt er. Der Garten sei ein „einzigartiges Gebilde" (ebd.: 5). Für eine andere Gärtnerin ist der Garten ein „Ausgleich zur Arbeit" (Protokoll IX: 1). Sie nennt ihre Parzelle „meine Terrasse" (ebd.) und schätzt den *Hafengarten* auch deshalb, weil er „wilder" und weniger „bürgerlich" (ebd.) sei als zum Beispiel der Ben-Gurion-Park, der nah an ihrer Wohnung liege. Der *Hafengarten* sei außerdem ein guter Ort „um an der Sonne zu sein" (ebd.). Auch wenn viele betonen, dass der *Hafengarten* für sie Erholung und Spaß bedeute, erwähnen einige auch den Aspekt der Verantwortung für die Pflanzen beziehungsweise den Aufwand, der mit ihrer Pflege verbunden ist (Protokoll XII: 4f.).

Ein Gärtner fühlt sich durch den *Hafengarten* an das Leben in seiner früheren Heimat erinnert, wo er auch einen Garten hatte, der ihm in Offenbach immer gefehlt habe. Besonders gut gefällt ihm, dass der Platz kostenlos ist und dass man die Möglichkeit hat, neue Menschen kennenzulernen (ebd.: 1). Die Möglichkeit, neue Kontakte zu knüpfen, hat bei den Gärtner_innen einen unterschiedlich hohen Stellenwert. Manche suchen den Kontakt zu anderen Aktiven, andere kommen hauptsächlich zum Gärtnern, wie z.B. eine alleinerziehende Mutter, die – auch aus finanziellen Gründen – im *Hafengarten* Gemüse für sich und ihre drei Kinder anbaut (ebd.: 2). Der Nutzwert des *Hafengartens* als Anbaufläche steht für diese Gärtner_innen im Vordergrund (Protokoll IX: 1; Protokoll XII: 1-5). Ähnlich verhält es sich auch bei den Gruppentreffen, die von der Koordinatorin initiiert werden: Manche beteiligen sich aktiv an der Gartengemeinschaft und besuchen regelmäßig die Treffen, andere bleiben eher für sich (Protokoll XII: 6). Die Stimmung im Garten wird von einer Gärtnerin als gut und entspannt beschrieben, Konflikte gebe es nicht (Protokoll IX: 1). Eine andere berichtet, dass es zum Teil schon zu kleinen Reibereien komme: „Manche sind schon mehr eine Gemeinschaft als andere, das merkt man" (Protokoll XII: 4). Auch Alexandra Walker, die Koordinatorin des *Hafengartens*, berichtet, dass sie manchmal moderierend eingreifen muss (Walker: 1662-1702).

Die Idee der urbanen Nachhaltigkeit spielt vor allem für die Gärtner_innen-

Gruppe der Lokalen Agenda[82] eine Rolle, aber auch für die Koordinatorin Walker. Bei ihrer Arbeit sei es ihr außerdem wichtig, durch das Gärtnern die Aufmerksamkeit für Lebensmittel zu schulen dazu anregt, das eigene Konsumverhalten zu hinterfragen. Man müsse nicht alles kaufen, sondern könne vieles selber machen. Deshalb gebe es Aktionen wie den Kleidertauschflohmarkt (ebd.: 1924-1939). Die gemeinschaftlichen Veranstaltungen seien aber auch wichtig, um Aufmerksamkeit auf das Projekt zu lenken und einen gewissen Druck auf diejenigen auszuüben, die über das Fortbestehen des *Hafengartens* entscheiden (ebd.: 737). Die Arbeit, die in den vergangenen Jahren im *Hafengarten* geleistet worden sei, sei fantastisch, sowohl der Garten an sich als auch das, „was zwischenmenschlich entstanden ist" (ebd.: 1913-1915).

In Bezug auf die Dimension des gelebten Raums hat die Untersuchung von *Frankfurter Garten* und *Hafengarten Offenbach* gezeigt, dass die Begeisterung der Aktiven für die Projekte sehr groß ist und ihr Alltagsleben auf vielfältige Weise bereichert. Dabei haben die *Urban-Gardening*-Projekte für die einzelnen Gärtner_innen aber ganz unterschiedliche Bedeutungen. Viele bringen die Projekte implizit oder explizit in Verbindung mit den Veränderungsprozessen, die gerade in ihren Quartieren und Stadtteilen ablaufen. Beide Projekte sind zu Orten des Austauschs geworden, in denen soziale Grenzen überschritten und Visionen von einem anderen (Zusammen-)Leben in der Stadt gelebt werden.

5.1.4 Differentieller Raum in den Urban-Gardening-Projekten

Für Lefebvre dient der abstrakte Raum des Kapitalismus dazu, zum Zweck des Regierens Unterschiede und Widersprüchlichkeiten zu unterdrücken. Diesem kapitalistisch normierten Raum stellt Lefebvre die Idee des differentiellen Raums entgegen: Der differentielle Raum lässt Unterschiede zu und betont sie sogar, statt sie gleichmachen zu wollen (Lefebvre 1991: 52). Er ist im abstrakten

---

[82] Um die Ziele des Weltklimagipfels 1992 in Rio bis auf die lokale Ebene zu tragen, verabschiedeten 179 Staaten ein Aktionsprogramm: die Lokale Agenda. Mit diesem Programm sollten Nachhaltigkeitsziele direkt in den Kommunen, den kleinsten politischen Einheiten, umgesetzt werden. Kommunen sollten in Zusammenarbeit mit zivilgesellschaftlichen Akteur_innen eigene Beschlüsse zur Umsetzung der Agenda-21-Ziele vor Ort fassen (von Ruschkowski 2002; vgl. Walker: 326-345).

Raum bereits angelegt, als „seeds of a new kind of space" (ebd.). Für die voll-
ständige Überwindung des abstrakten Raums müssten, so Lefebvre, sowohl die
kapitalistischen Produktionsverhältnisse als auch jede Form staatlicher Herrschaft überwunden werden (Exner und Schützenberger 2015: 69). Doch derartig
grundlegende Veränderungen sind derzeit nicht wahrscheinlich (ebd.). *Urban-
Gardening*-Projekte können also, wenn überhaupt, nur teilweise zur Überwindung des abstrakten Raums beitragen, indem sie in bestimmten Raumausschnit-
ten differentiellen Raum schaffen. Inwiefern die beiden von uns untersuchten
Urban-Gardening-Projekte dies tun, erläutern wir im folgenden Kapitel.

Tatsächlich lässt sich feststellen, dass der *Frankfurter Garten* und der *Hafengarten Offenbach* dazu beitragen, Raum zu dekommodifizieren. Sowohl der Danziger Platz als auch die Fläche, auf dem der *Hafengarten* angesiedelt ist, sind dem
Immobilienmarkt vorübergehend entzogen. Sie werden nicht durch die Stadtplanung oder anhand der Konzepte von Investor_innen gestaltet, sondern durch das
gemeinsame Engagement der in den Projekten jeweils Aktiven. Der *Frankfurter
Garten* wollte möglichst vielen Menschen ermöglichen, öffentlichen Raum mitzugestalten und teilzuhaben am Leben in diesem Raum (Cappelluti et al. 2013:
2). Dieser Gedanke entspricht dem von Lefebvre formulierten „Recht auf die
Stadt" (Lefebvre 1968) als dem „Zugang zu den Ressourcen der Stadt für alle
Teile der Bevölkerung" (Schmid 2011: 27). Im *Hafengarten Offenbach* lag der
Schwerpunkt weniger auf der Mitgestaltung des öffentlichen Raums; stattdessen
sollte ein Treffpunkt für verschiedene Anwohner_innengruppen geschaffen werden. Ihnen wurde außerdem die Möglichkeit geboten, sich begrünte Rückzugs-
räume zu schaffen (HO Offenbach: o.J.). Doch auch in diesem Ansatz lassen
sich Lefebvres Gedanken zu einem erneuerten urbanen Leben wiederfinden,
nämlich als Recht der Stadtbewohner_innen „auf eine erneuerte Zentralität, auf
Orte des Zusammentreffens und des Austausches" (Schmid 2011: 27). In beiden
Projekten können die Aktiven durch das gemeinschaftliche Gärtnern „alternative
Lebensentwürfe ausprobieren und realisieren" (ebd.). Allein durch ihr Erscheinungsbild stellen die beiden *Urban-Gardening*-Projekte geltende Normen der
Stadtgestaltung und der Lebensführung in Frage. Sie gestalten Raum durch die

bewusste Wiederverwertung von Materialien, inspiriert von der Idee des *Urban Minings*[83] (Protokoll II: 2), und setzen den gängigen Konsumprinzipien die Idee einer urbanen Nachhaltigkeit entgegen. Gleichzeitig können sich die Gärtner_innen in beiden Projekten kreativ verwirklichen – auch wenn es unterschiedliche ästhetische Vorstellungen gibt und sich manche an verwendeten Materialien stören, weil diese dem Nachhaltigkeitsgedanken nicht entsprechen (Walker: 1389-1401; Protokoll XI: 6).

Dadurch, dass sich der *Frankfurter Garten* um einen niedrigschwelligen Zugang bemüht und das gemeinsame Gärtnern „ganz wenig ausgrenzend im Vergleich zu vielen anderen Dingen" (Lohmann-Thomas: 464) sei, ermögliche das Projekt ein Zusammentreffen von Menschen mit ganz unterschiedlichen Hintergründen (ebd.: 463f.). Im *Frankfurter Garten* lerne man nicht nur Menschen kennen, „die ähnlich denken, ähnlich leben" (ebd.: 856), sondern auch welche aus ganz anderen Schichten, mit zum Teil schwierigen Biographien, kennen (ebd.: 850-852, 857f.), so Lohmann-Thomas. Die Entscheidung, als partizipatorisches Projekt auch nach außen hin zu sagen, „wir sind hier für jeden da und öffnen jedem unsere Tür und schließen niemanden aus" (ebd.: 746), sei nicht immer einfach gewesen, berichtet Cappelluti. Denn „du machst die Türen auf, die Obdachlosen kommen vorbei; die, die an der Drogenstelle ihr Methadon bekommen, kommen vorbei; die Anwohner kommen vorbei; die Studenten kommen vorbei" (Cappelluti: 297-300). Sie habe sich aber bei der Konzeption des Projekts bewusst für einen Ort entschieden, der diese Konfrontationen möglich mache (ebd.: 430): „Ich wollte, dass die Anwohner auf die Werber, im besten Fall auch irgendwann auf die EZBler stoßen" (ebd.: 431f.).

Das Konfrontative ist auch Teil des *Hafengarten*-Konzepts. Der Garten sei „ein Freiraum, der gestaltet werden möchte, von frei denkenden Menschen" (Walker: 1834f.) Er sollte die Bewohner_innen des neuen Hafenviertels zusammenbringen mit den Nordendler_innen (Walker: 804f.; Reichel: 47f., 59-61). Gleichzeitig war der *Hafengarten* als Integrationsprojekt gedacht (Protokoll VI: 5), in dem

---

[83]   Nach dem Prinzip des *Urban Minings* sollen Rohstoffe, die in Städten vorhanden sind, im Nutzungskreislauf auf bestmögliche Weise genutzt werden, „nachhaltig, kreativ und ästhetisch" (Cappelluti et al. 2012: 5).

sich verschiedene Kulturen austauschen und kennenlernen können (Matha: 28-31). Im Rahmen des Projekts seien dann tatsächlich Begegnungen zwischen Menschen entstanden, „die anders nicht möglich wären" (Protokoll VI: 5). Im *Hafengarten* finde man „einen kunterbunten Querschnitt durch Offenbach" (Walker: 121f.). Doch gleichzeitig – und das spricht eher für eine Nivellierung von Differenzen durch das Projekt – müsse das *Hafengarten*-Team darauf achten, „dass eine Balance da ist von Nutzern" (ebd.: 119f.), „weil das sonst hier unten in Chaos und Anarchie ausartet" (ebd.: 1835f.). Nur durch „eine gewisse Führung" (ebd.: 1835) könne man „diese integrativen Arbeiten gut leisten" (ebd.: 120f.). Walker achtet außerdem darauf, dass im Garten religiöse oder politische Gesinnungen nicht zum Thema gemacht werden. Alles, was sich in eine extreme Richtung bewege, könne man innerhalb des Projekts nicht zulassen, weil man ein „harmonisches Zusammensein" (ebd.: 1739) anstrebe. Wendet man Kipfers (2008) Unterscheidung zwischen minimaler und maximaler Differenz auf den *Hafengarten* an, lässt er sich eher mit dem Begriff der minimalen Differenz fassen, als „vermeintliche Vielfalt und Individualität" (Schmid 2011: 33), die Konfrontation und Auseinandersetzung minimieren will (vgl. Kipfer 2008).

Auch der *Frankfurter Garten* definiert sich als „unpolitischer Ort", was auf den ersten Blick dafür sprechen würde, das *Urban-Gardening*-Projekt ebenfalls als Beispiel für minimale Differenz im urbanen Raum anzuführen. Der Eigendarstellung als unpolitisch folgt allerdings der Zusatz, dass der Garten ein „freier Ort, an dem sich jedeR entfalten kann und seine Nische findet" (Frankfurter Garten o.J.e), sein möchte. Es geht also möglicherweise eher darum, klarzumachen, dass es sich beim *Frankfurter Garten* um einen herrschaftsfreien Ort handelt. „Ob jung oder alt, mit oder ohne Migrationshintergrund, gesund oder mit Handicap" (ebd.) alle Interessierten seien willkommen und sollen an der Gestaltung des öffentlichen Raums teilhaben, hieß es bereits im ersten Konzept, das von Cappelluti entwickelt worden war. Dies entspricht Lefebvres Idee von einer gleichzeitigen Präsenz „von ganz unterschiedlichen Welten und Wertvorstellungen, von ethnischen, kulturellen und sozialen Gruppen, Aktivitäten und Kenntnissen" (Schmid 2011: 33). Dass jedoch auch der *Frankfurter Garten* diese Ziele nicht konsequent umsetzt, wird deutlich, wenn im Konzeptpapier davon gesprochen

wird, Minderheiten zu aktivieren und sie so „zu einem Teil der Mehrheit" (Cappelluti und Grudde 2011: 4) zu machen. Mag dahinter auch die positive Absicht
stehen, Bevölkerungsgruppen zu integrieren, so zeigt diese Aussage auch, dass
Gegensätze und Kontraste nicht herausgestellt, sondern in einer Art Konsens
überführt werden sollen.

5.2 Place und Place-Making im Frankfurter Garten und im Hafengarten Offenbach

Urban-Gardening-Projekte lassen sich aus vielen Gründen als *Places* bezeichnen. Welche Aspekte des *Place*-Konzeptes sich in den von uns untersuchten
Urban-Gardening-Projekten *Frankfurter Garten* und *Hafengarten Offenbach*
wiederfinden lassen, erörtern wir im folgenden Teil. Wir gehen davon aus, dass
die Projekte sowohl Orte der Begegnung als auch bedeutungsvolle Orte darstellen. Darüber hinaus klären wir, warum *Urban-Gardening*-Projekte einen Gegenpol zu Globalisierung darstellen können. Wir untersuchen wie *Place* als Konkurrenzstrategie eingesetzt wird, wie *Places* Quartiere aufwerten und wie sie die
Lebensqualität dort steigern können. Dabei beleuchten wir auch, welche Inklusi-
ons- und Exklusionsmechanismen in *Urban-Gardening*-Projekten relevant werden.

5.2.1 Der Frankfurter Garten und der Hafengarten Offenbach als Orte der Begegnung

Sowohl der *Frankfurter Garten*, als auch der *Offenbacher Hafengarten* wurden
an Orten initiiert, die in den letzten Jahren als „Unort" (Lohmann-Thomas: 22)
oder „No-Go-Area" (Reichel: 19) bezeichnet wurden. Die *Urban-Gardening*-
Projekte basieren auf einem partizipativen Miteinander und haben ausdrücklich
das Ziel, einen Ort des Austauschs und des Zusammentreffens zu schaffen (Ohliger: 422-428). Die Gärten sind gleichzeitig Lern- und Begegnungsort und somit
auch ein Ort des Aushandelns (Massey 2006: 26). Ziel der Projekte war es, „einen Ort zu schaffen, wo alle zusammenkommen" (Neder 2014).
Der *Frankfurter Garten* ist ein gemeinschaftliches Projekt, das als urbaner Ort
einen Treffpunkt für alle Nachbar_innen und Beschäftigte im Frankfurter Os-

tend, aber auch für alle anderen Bürger_innen darstellen soll (Frankfurter Garten 2014). Laut Frankfurts Bürgermeister Olaf Cunitz kann *Urban Gardening* dazu beitragen „das Miteinander in der Stadt zu fördern und Quartiere grüner und lebenswerter zu machen" (Cunitz: 27f.). Aus seiner Sicht ist dies im *Frankfurter Garten* sehr gut gelungen:

> „Der Frankfurter Garten hat ganz wesentlich dazu beigetragen, den Danziger Platz und sein Umfeld ansprechender zu machen. Dadurch ist in dem ohnehin sehr dynamischen Quartier ein Zentrum entstanden, das als Treffpunkt genutzt wird und wo sich die Bewohnerschaft intensiv austauscht" (ebd.: 32-34).

Auch für den Projektentwickler Ardi Goldman ist der *Frankfurter Garten* „ein Treffpunkt und echter Marktplatz im besten Sinne" (Goldman: 33f.) geworden, wo Bewohner_innen des Ostends mit „Interessierten von außerhalb" (ebd.) in Dialog treten können. Die Frankfurter Umweltdezernentin Rosemarie Heilig sieht in diesem Dialog eine Bereicherung für das Viertel und für die ganze Stadt. Denn wenn sich die Bürger_innen mit ihrer Stadt verbunden fühlen und eine aktive Nachbarschaft entsteht, „ist das ein ganz wichtiger Faktor für kulturelles und soziokulturelles Miteinander" (Heilig: 143f.), den man laut Heilig nicht unterbewerten sollte. Wenn man einen Ort schaffe, an dem sich Menschen treffen könnten, entstünde oft der Wille, sich auch außerhalb des Projekts einzubringen und Dinge zu initiieren (Schenk: 760). Im *Frankfurter Garten* habe sich ein „partizipatorische[r] Ansatz" (Lohmann-Thomas: 32) durchgesetzt. Laut Ilona Lohmann-Thomas ist der *Frankfurter Garten* „ein Anlaufpunkt für den ganzen Stadtteil geworden" (ebd.: 34), in dem sich „generations- , kultur- und nationenübergeifend Gärtner_innen und Besucher_innen engagieren (ebd.: 35). Jünemann ist davon überzeugt, dass dieses Zusammentreffen sogar oberste Priorität bei den Gärtner_innen hat. Der Ertrag des Gärtnerns sei, gemessen an dem Austausch zwischen den Menschen und dem Erlernen neuer Fähigkeiten, von nicht so großer Bedeutung (Jünemann: 381-384).

Auch im *Offenbacher Hafengarten* können laut Hanne Reichel „Berührungsängste abgebaut" (Reichel: 89) werden. Zum einen haben die Bewohner_innen des Nordendes die Möglichkeit, den Hafen neu kennenzulernen, zum anderen bietet der Garten die Möglichkeit eines Zusammentreffens zwischen alter und neuer Bewohner_innenschaft (ebd.: 59-61). In diesem Zusammenhang erwähnt Alexandra Walker, dass ihr der Austausch zwischen den Kulturen besonders wichtig ist (Walker: 1832) und dass eine Offenheit signalisiert werden soll: „Im Endeffekt treffen sich die Menschen hier auf dem kleinsten gemeinsamen Nenner und das ist Erde und Wasser" (ebd.: 475f.). Reichel ist überaus zufrieden mit dem *Hafengarten*-Projekt, für sie hat sich der *Hafengarten* wie gewünscht entwickelt. Laut Reichel sei ein Ort entstanden, an dem unterschiedliche Menschen zusammenkämen und ein friedliches Miteinander von verschiedenen Nationen zu beobachten sei, die im Anbauen von Gemüse ein gemeinsames Interesse gefunden hätten. Durch Veranstaltungen und Partys könne dieses Miteinander gefestigt werden (Reichel: 262-266). Auch die hessische Klimaschutz- und Stadtentwicklungsministerin Priska Hinz zeigt sich beeindruckt „von dem Offenbacher Wohlfühlort inmitten der Stadt, das dem neuen Stadtteil neue Energie verleiht" (HO Offenbach 2015b).

5.2.2 Der Frankfurter Garten und der Hafengarten Offenbach als bedeutungsvolle Orte

Ein Raum, der für Menschen eine Bedeutung hat, kann als *Place* bezeichnet werden (Vogelpohl 2014b: 62). *Urban-Gardening*-Projekte stellen solche bedeutungsvollen Orte dar. Subjektive Assoziationen und Erfahrungen sowie emotionale und ästhetische Aspekte des Raums rücken in den Vordergrund. *Places* können also sehr persönlich konnotiert sein (Massey und Jess 1995: 103). Im Vordergrund steht hier die Identifikation mit dem Ort.

Für Anja Ohliger ist es das „gemeinsame Gestalten […], was dann eben auch eine Identität herstellt zu dem Ort" (Ohliger: 53f.). Auch der *Hafengarten* hat laut Markus Schenk eine identitätsstiftende Wirkung für die Gärtner_innen (Schenk: 454). Diese Identifikation mit dem Ort trägt nicht nur maßgeblich zum Erfolg der Gartenprojekte bei, sondern auch die Stadt profitiert davon. Laut Schenk ist Identität „immer ein sehr hohes Gut in […] innerstädtischen Vierteln" (ebd.: 450). Rosemarie Heilig führt diesen Gedanken weiter aus, wenn sie erläutert: „Identifikation mit meiner Umgebung und alles, das ich selber pflege, habe ich natürlich auch ganz gut im Auge und das ist so eine Aufmerksamkeit für die Stadt" (Heilig: 141-142).

Problematisch wird diese Identifikation mit dem Ort dann, wenn die Nutzung der bedeutungsvollen Orte zeitlich begrenzt ist. „Es entwickelt sich natürlich auch die Verbundenheit mit dem Ort, weil er für viele Menschen inzwischen – das haben wir am Anfang gar nicht bedacht – [...] ein Zuhause wird" (Lohmann-Thomas: 576-578). Deshalb plädiert Lohmann-Thomas dafür, den *Frankfurter Garten* nach dem zukünftigen Aus auf dem Danziger Platz zumindest in „Steinwurf-Nähe" wieder zu errichten, um den Menschen die Möglichkeit zu geben, sich weiter in dem Projekt zu engagieren (ebd.: 583).

Dass sich die Gärtner_innen mit dem Ort identifizieren, lässt sich auch im *Hafengarten* beobachten. Alexandra Walker sagt:

„dass der Hafengarten nicht nur ein Garten ist, in dem gepflanzt wird, sondern dass der Hafengarten auch sozial unheimlich wichtig geworden ist. Es geht nicht nur um Integration, es geht auch darum, dass wir Menschen hier haben, die haben ein kleine Wohnung, die haben Depressionen, die haben irgendwelche Probleme, die kommen hier her, die können was tun, die sehen, was hier passiert und es geht ihnen einfach gesundheitlich besser" (Walker: 751-756).

Deshalb ist es „für viele Nutzer des Hafengartens [...] kein Trost, dass dort, wo sie so gern ihre Freizeit verbringen, andere eine neue Bleibe finden" (Wachter 2015), wenn die Zwischennutzung beendet wird und auf dem Areal des *Hafengartens* eine Schule gebaut wird.

5.2.3 Der Frankfurter Garten und der Hafengarten Offenbach als Gegenpole zur Globalisierung

Der britische Geograph David Harvey geht davon aus, dass *Places* in der globalisierten Welt eher an Bedeutung gewinnen, als dass sie an Bedeutung verlieren (Harvey 1996: 297). Er betont in diesem Zusammenhang, dass die politische Mobilisierung durch *Places* wichtiger geworden sei (ebd.).

Auch Simone Jacob ist sich sicher, dass *Places* in der globalisierten Gesellschaft immer wichtiger werden. Allerdings ist sie davon überzeugt, dass *Places* von der Politik nicht dazu missbraucht werden, unattraktive Entscheidungen, wie zum

Beispiel finanzielle Umverteilungen, bei Bürger_innen durchzusetzen. Vielmehr
ist sie der Überzeugung, dass *Urban-Gardening*-Projekte eine Resonanz darstellen, „für das, was in der Gesellschaft gerade stattfindet" (Jacob: 1129) und eine
„Gegenentwicklung zur Globalisierung" (ebd.: 1130f.) sind. *Urban-Gardening*-
Projekte als „Gegenentwicklung zu diesen ganzen unpersönlichen Social-Media-
Aktionen" (ebd.: 1135) sind für sie hochpolitisch, da Bürger_innen Entwicklungen, auf die man „denkt keinen Einfluss zu haben" (ebd.: 1134), einen Gegenpol
entgegensetzen. Ilona Lohmann-Thomas beobachtet „den Ausgleich zum Stadt-
alltag" (Frankfurter Garten 2014) als eine der größten Motivationen der Gärt-
ner_innen. Das Gärtnern ist „ausgesprochen beruhigend, entschleunigend und da
gibt es viele Lebenssituationen, in denen man das auch mal braucht" (Lohmann-
Thomas: 453f.).
Für Sonja Graubner ist das urbane Gärtnern eher ein Symptom der Globalisierung. Im wissenschaftlichen Diskurs wird davon ausgegangen, dass gesellschaftliche Flexibilisierungstendenzen eine steigende Relevanz von Nähe in Städten
auslösen. Stadtplanerische Vorbilder wie die „Stadt der kurzen Wege" oder Ideale wie die „Europäische Stadt" zeigen, dass *Place*s für Planer_innen an Bedeutung gewinnen. Funktionale Nutzungsmischung gepaart mit individuellem, urbanem Flair soll das Erscheinungsbild der Quartiere prägen. Aus diesen Gründen
haben sich in den letzten Jahren *Urban-Gardening*-Projekte als beliebtes Mittel
zur Quartiersentwicklung etabliert (Vogelpohl 2014b: 60). Hier bieten die *Urban-Gardening*-Projekte, die ja meist zeitlich begrenzt sind, die Möglichkeit,
sich trotzdem verwurzelt zu fühlen und „ein Stück zu Hause" (Lohmann-
Thomas: 220) zu finden, wenn auch nur für eine gewisse Zeit. Die zunehmende
Anonymisierung des Alltagslebens in der Stadt führt auch Alexandra Walker ins
Feld (Walker: 1740-1743). Der *Hafengarten* bildet hier laut Walker einen Gegenpol, denn der Garten ist „schon eine Gemeinschaft" (ebd.: 1743).

*5.2.4 Der Frankfurter Garten und der Hafengarten Offenbach: Place-Making
als Konkurrenzstrategie*

Zum Zweck des Regierens wird strategisch auf *Place* Bezug genommen, zum
Beispiel bei der Quartiersaufwertung. Um Akteur_innen miteinander zu vernet-

zen, Dialoge zu unterstützen und Identitäten zu schaffen, werden Partizipations- und Aktvierungsstrategien angewendet (Kamleithner 2009: 36). In diesem Zusammenhang haben sich in den letzten Jahren auch *Place* basierte Konzepte wie *Urban-Gardening*-Projekte als beliebte Mittel zur Quartiersentwicklung etabliert (Vogelpohl 2014b: 74).

In diesem Sinn versteht auch die Initiatorin des *Offenbacher Hafengartens* die Aufgabe der OPG: „ein Auge auf die gesellschaftliche Entwicklungen zu haben, welche Trends – welche Megatrends – gibt es, und wie wirken sich diese im Stadtgefüge in Offenbach aus" (Matha: 17f.). Grund für die Initiierung des *Hafengartens* sei „der große Erfolg der Prinzessinnengärten in Berlin, das inspirierende Vorgehen in Andernach" (ebd.: 25) gewesen. An diese Beispiele wollte man anknüpfen. Denn Daniela Martha schloss aus den Erfolgen dieser Projekte „dass es eine Nachfrage nach einem solchen Ort auch in Offenbach geben könnte" (ebd.: 26f.). Von vielen Akteur_innen wird ein Vergleich zu Berlin gezogen, man will „ein wirklich städtisch, urbaner Ort, wirklich ein Kiez" (Schenk: 112) sein und gleichzeitig die Qualitäten gegenüber Frankfurt herausstellen, denn die umliegenden Grünflächen entlang des Mains in Offenbach unterschieden sich maßgeblich von denen der Frankfurter Innenstadt (ebd.: 108-112). Trotzdem befürchtet Schenk, dass die Projekte in Offenbach oft „so einen sozialen Touch [haben], weil es vergleichbar mit den Nachbarstädten doppelt so viele Arbeitslose" gibt (ebd.: 101f.). Gleichzeitig sei diese vermeintliche ‚Antipopularität' aber auch ein Vorteil für Offenbach, denn „es hat halt auch einen gewissen Reiz, weil hier sind noch wirklich Felder, die bearbeitet werden können" (ebd.: 103f.). Durch die Entwicklung des Hafens rücken diese Vorteile jetzt ins Bewusstsein der Planer_innen (Stadt Offenbach o.J.). Gerade die verkehrsgünstige Lage führe dazu, dass Offenbach „zunehmend in den Mittelpunkt der strategischen Standortbestimmung" (ebd.) rückt. Der Hafen ist zum „städtebauliches Vorzeigeprojekt" (Hafengold 2015) geworden, das auch über die Rhein-Main-Region hinaus großes Interesse weckt. Stadtplaner_innen, Expert_innen aus der Immobilienwirtschaft, Investor_innen und Politiker_innen aus deutschen Groß- und Mittelstädten beobachten die Entwicklung des Hafengebiets mit großer Aufmerksamkeit (ebd.). Der *Hafengarten* leistet hier einen beachtlichen Beitrag zum positiven Blick auf das Areal (ebd.). Im Sommer 2015 konnte der *Hafengarten Offen-bach* beim Landeswettbewerb „Städte sind zum Leben da! Klimaanpassung – Freiraumgestaltung – Lebensqualität" überzeugen (Protokoll III: 1). Die hessi-sche Stadtentwicklungsministerin Priska Hinz hielt die Laudatio und regte an, den Garten an anderer Stelle fortzuführen, auch im Hinblick auf globale klimati-sche Entwicklungen:

> „Die Innenbereiche unserer Städte und Gemeinden werden durch die Auswirkungen des Klimawandels in besonderer Weise betroffen. Darum sind es gerade diese Berei-che, die sich schon heute Gedanken machen sollten, mit welchen Mitteln sich das Le-ben in der Stadt den klimatischen Änderungen anpassen kann" (Umweltministerium Hessen 2015a).

Die Stadtpolitik reagiert mit dezentralen Programmen zur Quartiersentwicklung, die Fluktuation reduzieren und Quartiere konkurrenzfähig machen sollen (Vo-gelpohl 2014b: 60). *Urban-Gardening* wird in diesem Zusammenhang auf städti-scher Ebene teilweise als Strategie eingesetzt. Denn obwohl die meisten *Urban-Gardening*-Projekte zeitlich begrenzt initiiert werden, führen sie doch sehr stark zur Identifikation mit den *Places*.

In Frankfurt stehen *Urban-Gardening*-Projekte aber nicht nur für kleine Quar-tiersprojekte, sondern tragen auch dazu bei, das „Leitbild von der Green City weiterzutragen und weiterzuentwickeln" (Jacob: 1074f.). Dahinter steckt auch ein „politischer Willensprozess [...], eine Marke, die sich die Stadt gibt" (ebd.: 1071) und mit deren Hilfe sie hofft, sich von anderen Städten abzuheben. Gerade weil Frankfurt „lange als so eine unwirtliche Stadt und überhaupt nicht [als] grün" (Ohliger: 215f.) galt, sind die Bemühungen, diesen Ruf zu ändern, beson-ders groß. Die sympathischen und als weltoffen geltenden *Urban-Gardening*-Projekte nach Berliner Vorbild spielen hier eine große Rolle. So wunderte sich die Initiatorin des *Frankfurter Gartens* Daniela Cappelluti darüber, dass sich Frankfurt zwar als *Green City* bewarb, es dort aber im Gegensatz zu Berlin noch kein einziges *Urban-Gardening*-Projekt gab (Cappelluti: 33-35). Dadurch, dass sich die Frankfurter Umweltdezernentin die „Green City [...] auf die Fahnen schreibt" (Jacob: 1082f.), freue sie sich über jedes einzelne *Urban-Gardening*-Projekt, da dieses die Stadt „dem Idealbild einer Green City" (ebd.: 1098) näherbringt. Die Architektin Anja Ohliger hat den Eindruck, dass in Frankfurt allgemein ein Wandel stattfindet, der unter Umständen auch mit dem Neubau der EZB und dem Zuzug eines internationalen Publikums zu tun haben könnte. Sie beobachtet, dass „dieses Thema der grünen Stadt schon einen relativ hohen Stellenwert hat" (Ohliger: 747). Gerade die Entwicklungen am Mainufer des Ostends und des Mainparks hätten dazu geführt, dass Frankfurt „mit jeder anderen Stadt mithalten [kann], mit den Potentialen oder Qualitäten, die da geschaffen wurden" (ebd.: 754).

5.2.5 Verbesserung der Lebensqualität beziehungsweise Quartiersaufwertung durch den Frankfurter Garten und den Hafengarten Offenbach

Die Steigerung der Lebensqualität beziehungsweise die Aufwertung von Quartieren nimmt in der heutigen Stadtentwicklungspolitik einen hohen Stellenwert ein (Kamleithner 2009: 29). Laut Barbara Schön, die ein Praktikum im *Frankfurter Garten* absolviert hat, passt das partizipatorische Konzept des Gartens sehr gut ins Ostend „weil hier halt auch wirklich jeder willkommen ist, das ist nicht überall in Frankfurt so" (Lohmann-Thomas: 414f.). Gerade weil das Ostend in den letzten Jahrzehnten wenig Aufenthaltsqualität geboten hat, wurde der Garten so gut angenommen und stellt eine Art Ostend-Quartiersplatz dar, den es vorher nicht gab, so Ohliger. Allerdings nehme der Verein dem Quartier mit der Sondernutzung auf dem Platz auch ein Stück öffentlichen Raum (Ohliger: 292-297). Aus diesem Grund war es den Planer_innen besonders wichtig, das Quartier mit Hilfe des Gartens zu bereichern und einen Treffpunkt zu schaffen (ebd.: 298-300). Laut Ohliger hat der Danziger Platz lange „ein Vakuum dargestellt" (ebd.: 286). Er wurde als Parkplatz und Schlafstätte von Wanderarbeiter_innen genutzt „und das ist für die Leute des Quartiers natürlich total unangenehm" (ebd.: 288). Heute dagegen wird der Garten von vielen als Park oder Spielplatz aufgesucht (Cappelluti: 259f.). Die meisten Gärtner_innen und Besucher_innen sind besonders an Nachhaltigkeit sowie an sozialem und ökologischem Bewusstsein interessiert (Lohmann-Thomas: 269-272). Für sie bietet der Garten ein hohes Maß an Lebensqualität, weil sie hier Gleichgesinnte treffen und „Abstand vom Alltag gewinnen können" (Protokoll IV: 2).

Auch die Gärtner_innen des *Hafengartens* nutzen den Garten als „Ausgleich zur Arbeit" (Protokoll IX: 1). Allerdings steht hier die frische Luft im Vordergrund und die Möglichkeit eigenes, frisches Gemüse anbauen zu können, was sich einige Gärtner_innen im Supermarkt nicht leisten können (Protokoll XII: 1). Auf Grund dieses Ertragsgedankens sind im *Hafengarten* die „Hochbeete eigentlich immer größer geworden, ja teilweise richtig professionell" (Graubner: 171f.). Viele kommen fast täglich mit ihren Kindern in den Garten, damit diese draußen spielen können. Denn die Wohnanlagen im Nordend verfügen kaum über Grünflächen (Protokoll XII: 1). Einige der Gärtner_innen, die erst seit kurzem in Deutschland leben und in ihren Herkunftsländern eigene Gärten hatten, freuen sich darüber auch in Offenbach gärtnern zu können (ebd.).

An Quartierspolitik wird kritisiert, dass sie nicht die Ursachen von Armut oder Benachteiligung beheben, sondern lediglich deren Ausprägung ändern würde. Dies tue sie zudem in einem kleinen Rahmen und nicht auf gesamtstädtischer Ebene (Widmer 2009: 50). Die Maßnahmen zur Aufwertung würden als sozial-politisch dargestellt, obwohl sie hauptsächlich wettbewerbsorientiert seien (ebd.). Die Politik verlässt sich auf das Engagement der Bürger_innen, die „was für ihren Stadtteil tun" (Graubner: 175) wollen, in der Hoffnung, dass sich der Verantwortungsgedanke auf das gesamte Viertel auswirkt. Ardi Goldman ist von diesem Konzept überzeugt:

> „das Nordend hat sich solch eine Grünfläche auch wirklich verdient! Die Stadt ist im Wandel, das ist wahrscheinlich nirgends so gut spürbar wie am Hafen. Dort [...] entsteht jetzt ein spannendes Stück Zukunft" (OF Loves U o.J.).

Und auch für das Frankfurter Ostend stellt die Aufwertung des Danziger Platzes durch den Garten laut Goldman eine wichtige Bereicherung dar, „weil sich der Danziger Platz seit über 20 Jahren als unansehnliche Brache präsentiert hat, die hässlich und ohne jeden Nutzen für die Anwohner war" (Goldman: 28f.).

5.2.6 Inklusion und Exklusion im Kontext des Frankfurter Gartens und des Hafengartens Offenbach

In *Urban-Gardening*-Projekten wirken Inklusions- und Exklusionsmechanismen. Zum einen können die Gärten als *Places* Identifikation stiften, einen bedeutungsvollen Ort und einen Ort der Begegnung erschaffen. Hier können viele unterschiedliche Menschen aufeinandertreffen, es kann eine Gemeinschaft entstehen, die auf gemeinsamen Interessen aufbaut. „Leute, die für den ersten Arbeitsmarkt nicht mehr geeignet sind" (Jünemann: 599f.), bekommen im *Frankfurter Garten* beispielsweise eine zweite Chance. Der *Hafengarten* bezeichnet sich konkret als „Integrationsprojekt und [als] Verbindung zum Nordend" (Protokoll VI: 5). All diese Aspekte stoßen Inklusionsprozesse an. Zum anderen werden Menschen aber auch aus unterschiedlichen Gründen von den *Places* ausgeschlossen. Die Formen dieser Exklusion werden im Folgenden erläutert:

Lokale Integration spielt beim *Place*-Konzept genauso eine Rolle wie soziale Vielfalt und soziale Ungleichheit (Vogelpohl 2014b: 74). Quartiere zeichnen sich durch die Kombination von funktionaler Dichte und sozialer Vielfalt aus. Diese Vielfalt führt dazu, dass sich unterschiedliche Gruppierungen zum Beispiel durch ästhetische Merkmale voneinander abgrenzen. Einerseits entstehen so höhere Interaktionsdichten innerhalb einer Gruppierung, andererseits werden aber auch die übrigen Gruppierungen ausgeschlossen. Auch untereinander findet eine Abgrenzung aufgrund ästhetischer Merkmale statt. Diese Merkmale kennzeichnen *Places* als *Meeting-Places* für einzelne Gruppen. Dabei werden Räume nicht von allen Akteur_innen auf dieselbe Art und Weise wahrgenommen (ebd.).

Auch wenn beide Gärten von sich selbst sagen, eine „Willkommenskultur" (Lohmann-Thomas: 200) zu pflegen, sprechen sie bestimmte Gruppen mehr an als andere. Zum Beispiel hat der *Frankfurter Garten* einen klaren Bildungsauftrag. Laut Wienekamp hat es der Garten erfolgreich geschafft, Schulen und Schüler_innen anzusprechen. Seiner Meinung nach könne man sich aber die Frage stellen, ob sich das Projekt auch so erfolgreich entwickelt hätte, „wenn man mehr auf die Seniorenschiene gegangen wäre" (Wienekamp: 829-832). Auch bezweifelt Wienekamp, dass der Garten tatsächlich „Alteingesessene" (ebd.: 876) mit dem „Blaumann-Arbeitsplatz" (ebd.) anspricht, die eine „Acht-Stunden-Schicht in der Biokompostierungsanlage im Osthafen auf dem Bagger hinter sich haben" (ebd.: 881f.). Jünemann befürchtet, „dass die Hemmschwelle für viele groß ist. Weil sie Angst haben, dass sie hier nicht willkommen sind"

(Jünemann: 416f.). Zudem stellten sich einige, die den *Frankfurter Garten* nicht kennen würden, das Projekt als „so eine Art Kommune" vor (ebd.: 548). Eine weit verbreitete Annahme sei auch, dass „die Stadt [dem Garten] alles schenkt" (ebd.: 537). Auch wenn Lohmann-Thomas betont, dass im Garten alle willkommen sind, stellt sie fest, dass die meisten Gärtner_innen aus der „gehobenen Mittelschicht" (Lohmann-Thomas: 270) kommen. Auch bei den Veranstaltungen wird abgewogen: „für wen ist das interessant, für wen ist das nicht interessant" (ebd.: 734f.). Trotzdem kann jede_r „mit eigenen Ideen herkommen und wenn es zum Projekt passt, dann versuchen wir, das umzusetzen" (ebd.: 755f.), so Lohmann-Thomas. Was zum Projekt passt und was nicht, entscheide der Vorstand. Dessen Entscheidungen orientieren sich am Selbstverständnis des *Frankfurter Gartens*. Auch im Hafengarten Offenbach wird vor jeder Veranstaltung darüber nachgedacht, wer die Zielgruppe sein soll. So wurde aus „Grill und chill im Hafengarten" (Walker: 1295) „Sonntags im Hafengarten", denn „‚Grill und chill' hört sich nach Technoveranstaltung an" (ebd.: 1296).

Aber nicht nur die Veranstaltungen, die in den Projekten stattfinden, auch ästhetische Merkmale sind Grund für Exklusionsprozesse. Denn nicht allen gefällt der *Hafengarten*. Es gibt Stimmen, dass „er furchtbar aussieht, total verwahrlost […]. Es gibt einfach unterschiedliche Vorstellungen davon, wie die Stadt aussehen soll" (Jacob: 695-697). Auch wird darauf hingearbeitet, dass die Gärtner_innen nicht alle aus derselben *Community* entstammen: „da musste man dann doch ein bisschen abbremsen, da habe ich dann gesagt, wir haben keinen Platz mehr, weil ich dann befürchtet habe, dass eine Gruppe zu stark dominiert" (Süßmann: 323-325).

5.2.6.1 Exklusion innerhalb der Gartenprojekte

Im *Frankfurter Garten* sind einige Gärtner_innen nicht damit einverstanden, dass manche Entscheidungen nicht in der großen Gruppe diskutiert, sondern vom Vorstand einfach getroffen werden. Beim Gärtner_innen-Treff sind sich die Teilnehmer_innen darüber einig, dass der Verein oftmals über ihre Köpfe hinweg bestimmt und seine Entscheidungen nicht transparent an die Gruppe herangetragen werden (Protokoll VIII: 5). Viele Gärtner_innen fühlen sich aus dem

Verein ausgeschlossen und haben das Gefühl, kein Mitbestimmungsrecht zu haben (Protokoll IV: 1). Vorstand Ilona Lohmann-Thomas weist diesen Vorwurf von sich:

> „Ja, das ist halt ein Verein [...] man wählt einen Vorstand, das ist wie in einer Demokratie. Wir wählen unsere Regierung, die entscheidet dann halt auch viel. Klar, wenn es fundamentale Sachen sind, dann versucht man schon so mehrstimmig wie möglich zu entscheiden, aber das kann man ja auch gar nicht alles schaffen im Alltag" (Lohmann-Thomas: 643-646).

Auch Anja Ohliger ist sich sicher, dass der Garten „irgendwie eine klare Struktur braucht" (Ohliger: 194), weil der Platz relativ klein ist und weil er nur dann einer Frankfurter Ästhetik entsprechen kann, „wenn das zu trashig ist, dann funktioniert das nur für einen ganz bestimmten kleinen Teil" (ebd.: 196f.). Es entsteht dennoch der Eindruck, dass die Aktionsgruppen „Gärtnern", „Bauen", „Kultur" und „Gastro" nicht genügend miteinander kommunizieren. Der Versuch, den jeweils anderen am Entscheidungsprozess zu beteiligen, scheitert beispielsweise an dem mangelnden Willen, Protokolle zu verfassen oder diese zu lesen (Protokoll IV: 1).

Auch im *Offenbacher Hafengarten* lassen sich unterschiedliche Gruppen identifizieren, für die der Garten jeweils eine andere Bedeutung hat. Beim *Hafengarten*-Sommerfest wird zum Beispiel klar, wer dort ist, weil der Ertrag des Gärtnerns im Vordergrund steht, und wer den *Hafengarten* als einen Freizeitort ansieht. Viele Besucher_innen werden vom DJ-Set angezogen und sind wahrscheinlich Freund_innen der DJs – ein junges, hippes Publikum aus Frankfurt und Offenbach (Protokoll IX: 2). Einige Gärtner_innen kommen an diesem Sonntag nicht vorbei, um am Fest teilzunehmen, sondern um ihre Pflanzen zu pflegen (ebd.). Hinzu kommen einige Familien, die an Nachhaltigkeit interessiert sind und am Workshop „Vegane Brotaufstriche selbst machen" teilnehmen. Viele der Besucher_innen haben gar kein eigenes Beet, sondern sind nur für die Veranstaltung gekommen. Ein Dialog zwischen den Gruppen findet nicht wirklich statt (ebd.: 1). Hieran kann man erkennen, wie schwer es ist, die verschiedenen Interessensgruppen zu bündeln, um mit ihnen gemeinsam den Garten zu nutzen.

5.2.6.2 Exklusion durch Umnutzung von Fläche

Auch wenn unsere Interviewpartner_innen den Danziger Platz und das Hafenareal in Offenbach vor der Initiierung der *Urban-Gardening*-Projekte als „Unort" (Lohmann-Thomas: 22) und „No-Go-Area" (Reichel: 19) bezeichnen, wurden die Orte vor der Initiierung der Projekte bereits anders genutzt. Im Fall des
Hafengartens war das die industrielle Nutzung als Hafen. Die Fläche lag nach
der Stilllegung des Hafenbetriebs brach und durfte auf Grund der Altlasten nicht
betreten werden (Süßmann: 37-39). Entsprechend sei der *Hafengarten* beziehungsweise das Hafengebiet ein neu erschlossenes und heute für die Allgemein-
heit zugängliches Gebiet geworden (Reichel: 17-19). Der Danziger Platz, auf
dem sich heute der *Frankfurter Garten* befindet, wurde in den Jahren seit dem
U-Bahn-Bau vor allem als illegaler Parkplatz genutzt.

Nach Auskunft der Gärtner_innen im *Frankfurter Garten* habe die Umnutzung
und Umzäunung des Danziger Platzes zugunsten des *Urban-Gardening*-Projekts
zum Teil zu Unmut geführt. Zum einen hätten sich Anwohner_innen darüber
beschwert, dass sie nun keine Parkmöglichkeit mehr hätten. Zum anderen störe
es sie, dass sie, vom Ostbahnhof kommend, nicht mehr direkt über den Platz
laufen könnten, sondern auf Grund des Zaunes darum herum gehen müssten
(Protokoll XI: 5). Architektin Anja Ohliger sieht den Zaun ebenfalls als „eine
starke Schwelle" (Ohliger: 586). Es gäbe aber keine Alternative, weil man unter
keinen Umstand riskieren könne, „dass da irgendwelche Kinder auf die Straße
springen" (ebd.: 586f.).

Darüber hinaus stellte der Danziger Platz vor Beginn des *Urban-Gardening*-
Projekts einen Rückzugsort für Wanderarbeiter_innen dar, die dort in ihren Au-
tos übernachteten (Wienekamp: 921). Wie es Dooling (2008, 2009) in ihrem
Konzept der *Ecological Gentrification* beschreibt, wurden die Obdachlosen und
Wanderarbeiter_innen durch urbane Politiken der Nachhaltigkeit verdrängt.
Diese Menschen, die „unter vielleicht nicht ganz so schlimmen Bedingungen auf
dem Danziger Platz waren, deren Transporter stehen jetzt wahrscheinlich ir-
gendwo am Ende der Lindleystraße" (Wienekamp: 922f.).

5.3 Die beiden Urban-Gardening-Projekte im Kontext der Neoliberalisierung des Städtischen

Im Folgenden möchten wir darlegen, inwiefern *Urban-Gardening*-Projekte mit Prozessen der Neoliberalisierung des Städtischen zusammenhängen. Wir wenden dabei die von uns im theoretischen Teil dieser Arbeit vorgestellten Konzepte an (vgl.: Kapitel 2) und übertragen sie auf die von uns erhobenen, qualitativen Daten. Damit überprüfen wir, welche theoretischen Aspekte aus der Forschung zur Neoliberalisierung des Städtischen sich in unserem empirischen Material wiederfinden lassen. Wir zeigen aber auch, inwiefern die von uns untersuchten *Urban-Gardening*-Projekte eine Verstärkung beziehungsweise einen Kontrapunkt zu Prozessen der Neoliberalisierung darstellen. Dabei gehen wir, ausgehend von den in Kapitel 3 aufgestellten Thesen, auf folgende Aspekte ein: Wir erläutern, wie durch den *Frankfurter Garten* und den *Hafengarten Offenbach* sozial hergestellte räumliche Defizite kompensiert werden (Kapitel 5.3.1) und inwiefern Aufwertungs- und Gentrifizierungsprozesse mit den beiden *Urban-Gardening*-Projekte einhergehen (Kapitel 5.3.2 und 5.3.3); wir untersuchen, welche Möglichkeiten zur Gestaltung von urbanem Raum die Projekte bieten (Kapitel 5.3.4) und welche Vermarktungs- und Marketingstrategien sie anwenden, um ihren Fortbestand zu sichern (Kapitel 5.3.5). Anschließend analysieren wir, welche Rolle die Form der Zwischennutzung für die *Urban-Gardening*-Projekte spielt (Kapitel 5.3.6) und inwiefern der *Frankfurter Garten* und der *Hafengarten Offenbach* Möglichkeiten darstellen, momentan unattraktive Fläche zu verwerten (Kapitel 5.3.7). Im Anschluss beantworten wir die Frage, wie die beiden *Urban-Gardening*-Projekte in Frankfurt und Offenbach als Stadtentwicklungsinstrumente eingesetzt werden beziehungsweise wie die jeweiligen Stadtplanungsämter auf die Projekte reagieren (Kapitel 5.3.8). Abschließend gehen wir darauf ein, welche Rolle der *Frankfurter Garten* und der *Hafengarten Offenbach* als kostengünstige Instrumente zur Sicherstellung der Grünflächenversorgung spielen (Kapitel 5.3.9).

5.3.1 Die Kompensation sozial hergestellter räumlicher Defizite durch den
Frankfurter Garten und den Hafengarten Offenbach

Wachstumsregionen wie das Rhein-Main-Gebiet sehen sich einer Flächen- und Stadtortkonkurrenz ausgesetzt. „Die Frage nach der Lebensqualität im Stadtquartier" (Becker 2012: 92) wird dadurch neu gestellt, auch im Hinblick auf Grün- und Freiflächen. Denn, „wer die finanziellen Möglichkeiten der Wohnortwahl hat, der sucht sich sein urbanes und zugleich grünes Umfeld" (ebd.). Im Umkehrschluss müssen sich diejenigen, die nicht über diese Möglichkeiten verfügen, mit dem Wohnen und Leben in ‚defizitären' Stadträumen arrangieren. Gleichzeitig haben in den vergangenen Jahren viele Kommunen ihre Budgets für Grünflächen gekürzt. Diese Kürzungen treffen besonders stark jene Stadtteile, in denen Parks, Grünanlagen oder Spielplätze, etwa durch eine hohe Bevölkerungsdichte, besonders beansprucht werden (ebd.: 93).

Dies gilt auch für die Quartiere um den *Frankfurter Garten* und den *Hafengarten Offenbach*, auch wenn sich in deren Umfeld gerade Aufwertungsprozesse vollziehen, die neue Grün- und Freiflächen vorsehen.[84] Zum Zeitpunkt als die *Urban-Gardening*-Projekte initiiert wurden, waren die Quartiere, in denen sie entstanden, im Bezug auf grüne Infrastruktur aber noch defizitär ausgestattet (Stadt Frankfurt am Main 2015b: 82; Masterplan 2015b: 114). Für den Offenbacher Quartiersmanager Marcus Schenk ist das Nordend nur auf unzureichende Weise mit Grünflächen ausgestattet. Es gebe nur einen Spielplatz und „fast kein Grün" (Schenk: 374). Auch im Ostend hat der *Frankfurter Garten* an einer Stelle Begrünung geschaffen, wo „sehr viel versiegelt ist" (Graubner: 344f.). Durch das Projekt habe sich die Raumnutzung am Danziger Platz komplett verändert, so Ortsbeirat Wienekamp. Fußgänger_innen wie Radfahrer_innen hätten den Platz nur selten überquert, sondern sich Wege am Rand gesucht, um ihn zu umgehen (Wienekamp: 568-573). Durch das Projekt habe es „einen Lückenschluss" (ebd.: 571) gegeben; nämlich „dadurch, dass Fußgänger aus Interesse durch den Frankfurter Garten gelaufen sind " (ebd.: 571f.).

---

[84]   Im Frankfurter Ostend sind das der Hafenpark, die Ruhrorter und die Weseler Werft, auf dem Hafenreal in Offenbach sind es der Unterer und der Obere Molenpark, der Gutsche-Park und die Hafentreppe.

Den neu entstandenen Freiraum schätzen auch die Nutzer_innen des *Offenbacher Hafengartens,* so Süßmann. Denn sonst gebe es im Nordend keine „freie Fläche, wo man mal durchlaufen kann" (Süßmann: 567). Auch für die Kinder sei die Freifläche des Hafengartens toll gewesen (ebd.: 567f.). Dass durch den *Hafengarten* „eine Fläche geboten wird, um rauszukommen, weil es so wenig grünen Raum oder Parkanlagen hier unten gibt" (Walker: 45f.), betont auch Walker. Die Menschen im Nordend würden „gieren nach Grün" (Schenk: 372), so der Quartiersmanager Schenk. Durch den *Hafengarten* würde der Mangel an Spielplätzen und freien Flächen im Nordend ausgeglichen, bestätigen auch die Gärtner_innen (Protokoll XII: 1). Kinder kämen zum Teil jeden Tag nach der Schule her, weil sie in einer sehr kleinen Wohnung wohnen und man im Garten so toll rennen und toben kann (ebd.). Auch Reichel ist sich sicher, dass der *Hafengarten* eine Lücke im Quartier geschlossen hat: „der Bedarf ist ja ein Ausdruck davon, dass es da ein Defizit gab" (Reichel: 374). Dass diese Grünflächendefizite durch jahrelange Sparmaßnahmen der Stadt Offenbach entstanden sind (Protokoll III), sprechen aber weder der Quartiersmanager noch die Mitarbeiter_innen von OPG und GBO an.

Für Jünemann ist klar, dass auch andere Quartiere von *Urban-Gardening-* Projekten profitieren könnten: „Ich fände es schön, wenn es so was in jedem Stadtteil geben würde" (Jünemann: 435f.). Neben der Funktion als Treffpunkt und Open-Air-Veranstaltungsort habe der *Frankfurter Garten* mit dem Mittwochsmarkt aber auch eine Lücke in der Nahversorgung im Ostend geschlossen, zu einem Zeitpunkt, wo der Wochenmarkt auf dem Paul-Arnsberg-Platz noch nicht wieder aufgenommen worden war (Jacob: 594f.).[85] Für Jacob ist klar, dass das Projekt Defizite ausgeglichen beziehungsweise Bedarfe gedeckt hat, „sonst würde es ja nicht so gut angenommen werden" (ebd.: 606f.). Ein vergleichbares Angebot gebe es im Viertel sonst nicht (ebd.: 611f.). Das gastronomische Angebot im *Frankfurter Garten* ermöglicht gleichzeitig auch das Zusammenkommen

---

[85]   2004 wurde zwischen Bildungszentrum Ostend, Sonnemann-, Ostend- und Rückertstraße der Paul-Arnsberg-Platz angelegt. Doch dieser entwickelte sich nicht, wie ursprünglich beabsichtigt, zu einem belebten Quartiersplatz. Der Versuch, dort einen Wochenmarkt zu initiieren, scheiterte 2006. 2015 wurde ein neuer Versuch gestartet, da sich die Verantwortlichen nun eine Nutzung des Marktes durch zugezogene Ostendbewohner_innen erhoffen (Bittner 2015a).

von Menschen aus verschiedenen sozialen Milieus (Cappelluti: 568-578). „Vielleicht gehen auch irgendwelche Leute in der Mittagspause hin und essen dort was" (ebd.: 603f.). So treffen Angestellte aus den umliegenden Läden, Büros oder der EZB auf Menschen aus dem Quartier. Um dieses Aufeinandertreffen möglich zu machen, war es der Initiatorin des *Frankfurter Gartens*, Daniela Cappelluti, „ganz wichtig, in der Gastro die Preise niedrig zu halten" (ebd.: 573f.). Dies sei aber nur möglich, weil die Stadt für den Danziger Platz keine Miete verlange (ebd.: 578f.). Auch Ilona Lohmann-Thomas, die neue Vereinsvorständin, betont den Wert des Gartenkiosks beziehungsweise des *Frankfurter Gartens* für das Quartier: „Es gibt ja hier keinen Platz, außer dem Ostpark und da gibt es kein Café, in das man sich setzen kann. Für die Nachbarn ist das schon Teil ihres Lebens geworden" (Lohmann-Thomas: 220-222). Im *Frankfurter Garten* ist es aber auch möglich, sich unabhängig von einem „Verzehrzwang" (Cappelluti: 578) zu treffen und den Freiraum zu nutzen, der durch das Projekt entstanden ist. Das sei ihr ein zentrales Anliegen gewesen, so Cappelluti (ebd.).

Neben dem Ausgleich infrastruktureller Defizite im Nahversorgungs- und Freiflächenbereich können *Urban-Gardening*-Projekte aber vor allem „Lücken schließen in einem sozialen Sinn", meint Graubner (Graubner: 338). Laut Wienekamp sei für bestimmte Bewohner_innen des Quartiers durch den *Frankfurter Garten* ehrenamtliches Engagement überhaupt erst attraktiv geworden (Wienekamp: 575-577). Bei einem Workshop im Garten habe er erkannt, wie viele unterschiedliche Menschen das Projekt mobilisiert hatte „aus Werbefirmen von der Hanauer Landstraße, Marketing-Spezialisten, vier Nachbarn aus dem Hochhaus, Rentner" (ebd.: 322-324). Diese Qualität schreibt Umweltdezernentin Rosemarie Heilig auch dem *Frankfurter Garten* zu. Da werde „auch eine soziale Arbeit in dem Stadtteil von der Basis her gemacht" (Heilig: 28). Es sei kein städtisches Projekt, wie etwa ein Jugendzentrum, habe aber die gleichen Effekte. „Sie haben eine wichtige Funktion, um die Menschen, ich sag mal von der Couch auf die Straße zu holen und [sich] in diesen Projekten kennenzulernen" (ebd.: 25f.). Dabei fände auch „eine ganze Menge Kommunikation" statt (ebd.: 27).

So zutreffend und positiv die von Heilig skizzierten Effekte auch sein mögen, so zeigen sie doch, dass eine Verschiebung von sozialer Verantwortung hin zu den Quartiersbewohner_innen selbst stattfindet, ganz im Sinn einer „Selbstverwaltung der Benachteiligung" (Selle 1997: 43). Gerade, wenn sie selbst hinzufügt, dass die Stadt Frankfurt sich nicht genug um diese Bereiche gekümmert habe und so „ein paar soziale Brennpunkte" (Heilig: 40) entstanden seien.

5.3.2 Aufwertung durch die beiden Urban-Gardening-Projekte

Der Ausgleich sozialräumlicher Defizite hängt eng mit Mechanismen der Aufwertung zusammen, die Quartiere lebenswerter machen, indem sie für bauliche, soziale, funktionale und/oder symbolische Verbesserungen sorgen (Krajewski 2004: 103). Eine Befragung, die für ein Projektseminar der Goethe-Universität Frankfurt am Main[86] durchgeführt wurde, hatte zum Ergebnis, „dass die Gesamtstimmung der Bewohnerschaft im Ostend gegenüber dem Wandel als positiv beschrieben werden kann" (Mösgen 2015: 11). Auch Manfred Mätzsch, ein engagierter Gärtner des *Frankfurter Gartens,* und langjähriger Ostend-Bewohner steht dem Wandel positiv gegenüber. Im Hinblick auf das *Urban-Gardening-* Projekt erklärt er: „Früher war das eine Müllecke. Es ist gut, dass hier die Grünfläche entstanden ist" (Schlepper 2015). Auch die Organisator_innen des *Frankfurter Gartens* bezeichnen das Projekt in ihrer Rückschau als Aufwertung für den Standort (Cappelluti et al. 2013). Das Projekte werte den „raren öffentlichen Raum auf für Stadtteilnachbarn, Bürger, Kinder und Familien, Beschäftigte, Besucher, etc." (ebd.). Während der ersten Phase des Projekts hätten sich viele Leute aus der Nachbarschaft gemeldet und erklärt, sie fänden den Platz schrecklich und schämten sich für ihn, so die Architektin Anja Ohliger (Ohliger: 123f.). Simone Jacob vom Frankfurter Grünflächenamt sieht den *Frankfurter Garten* im Kontext „einer Aufbruchstimmung im ganzen Ostend" (Jacob: 679f.). Sie glaubt aber, dass viele Bewohner_innen auch „Angst wegen Mietpreiserhöhung und solchen Sachen" (ebd.: 681f.) hätten, auch durch den Neubau der EZB. Diese

---

[86]   Im Rahmen des Projektseminars „Quantitative Verfahren" im Bachelorstudiengang Geographie unter der Leitung von Dr. Andrea Mösgen wurde der Wandel des Frankfurter Ostends untersucht.

Menschen würden sich fragen: „[W]as passiert mit unserem Viertel?" (ebd.: 682f.).

Auch im Offenbacher Nordend sei es durch den *Hafengarten* und die Entwicklung des Hafengeländes zu einer „Aufwertung des Lebensgefühls" (Walker: 1652) gekommen. Das Hafengebiet und der Main seien jetzt „zugänglich und nutzbar" (ebd.: 1653). Ohliger betont, dass *Urban-Gardening*-Projekte eine Verbesserung der Lebensqualität für die Beteiligten und das Quartier bedeuten, auch über die Schaffung von Grünflächen hinaus. Ihr geht es dabei um die Qualität

> „der gemeinschaftlichen Aufenthaltsräume, nicht im Haus, das funktioniert nämlich nicht, sondern im Stadtraum. Und dieser Stadtraum und die Behandlung des Stadtraums, das ist der viel wichtigere Schlüssel dazu, Stadtteile attraktiv zu machen" (Ohliger: 794-798).

Aus der Perspektive von Stadtpolitik und Stadtverwaltung stellt der *Frankfurter Garten* ebenfalls eine gelungene Aufwertungsmaßnahme dar. Für Jacob sei der Erfolg des Projekts eine Überraschung gewesen, weil es an einer besonders exponierten Stelle, dem Danziger Platz, entstanden sei (Jacob: 634f.). Sie habe nicht gedacht, „dass an so einem Ort etwas entstehen kann, was irgendeine Aufenthaltsqualität hat und sie haben es trotzdem geschafft" (ebd.: 635f.).

Auch Heilig lobt den Einsatz der Initiatorin Cappelluti für die Aufwertung des Danziger Platzes, der weder gut ausgesehen habe, noch von den Anwohner_innen angenommen worden sei: „dieser Platz war ein reiner Parkplatz und die Initiatorinnen haben genau das Richtige gemacht" (Heilig: 43-45). Auch die Aufwertung des Quartiers sei ein Ziel der Verantwortlichen gewesen, so Heilig. Die Initiatorin habe „eine soziale Zusammenarbeit mit den Menschen, die dort vor Ort leben [...] und arbeiten" (ebd.: 47f.) angestrebt. Es sollte „eine gute Durchmischung und Kommunikation der verschiedensten Altersklassen und der verschiedensten soziologischen oder sozialen Strukturen" (ebd.: 51f.) entstehen. Dieser Gedanke von der ‚Aufwertung durch soziale Mischung' wird auch in Offenbach formuliert (Reichel: 134-137) und von Aktivist_innen der Gruppe Kritische Geographie Offenbach kritisiert: „Die vielbeschworene ‚soziale

Durchmischung', die sich die Stadt in ihrem Restrukturierungsprozess auf die Fahnen geschrieben hat, sei ein Mythos" (Erkens 2015).

Doch Aufwertung findet nicht nur durch die *Urban-Gardening*-Projekte statt, sondern auch durch Immobilienprojekte in der unmittelbaren Nachbarschaft. In Offenbach ist dies die Entwicklung des Hafenareals, in Frankfurt der EZB-Neubau und die verschiedenen Bauprojekte im Ostend. Reichel sieht in der Entwicklung im Offenbacher Hafenviertel „eine große Chance" auf eine veränderte Nachfrage „aus dem Viertel [i.e. dem Nordend] selbst" (Reichel: 173). Auch Schenk als Quartiersmanager beurteilt die Veränderungen positiv. Die Anwohner_innen würden sehen, dass sich in ihrem Umfeld etwas bewege, dass eine Aufwertung stattfinde: „[D]ie Häuser sehen besser aus, die Leute investieren selbst. Und gerade Hauseigentümer sind natürlich sehr daran interessiert, dass die Nachbarschaft gut aussieht, weil dann auch der Hauswert steigt" (Schenk: 315-317).

Doch Schenks positive Einschätzung teilen nicht alle. Die Gruppe Kritische Geographie Offenbach kritisiert die Art und Weise, wie im Bezug auf das Nordend von Aufwertung gesprochen wird. So werde verschleiert, „dass längst nicht alle von ihr profitieren und auch in Zukunft nicht profitieren werden" (Kritische Geographie Offenbach o.J.). Die Gruppe erklärt, sie störe „die Aufwertungseuphorie" (Erkens 2015). Durch das Quartiersmanagement seien zwar auch positive Veränderungen angestoßen worden, doch „bleibe ein aufgewertetes Wohnviertel nach wie vor Privileg derjenigen, die es sich finanziell leisten können, darin zu wohnen" (ebd.). Auch für die Koordinatorin des *Hafengartens* Alexandra Walker ist klar, dass der Wohnraum durch die Aufwertung im Hafenareal und im Nordend teurer werde (Walker: 1651).

Ähnliche Dynamiken zeichnen sich auch im Frankfurter Ostend ab. Auch bei der Veranstaltung „Es ist nicht alles Gold, was glänzt" im *Frankfurter Garten* wurden Befürchtungen und Erfahrungen zu dieser Problematik ausgetauscht: Mit den Neubauten werde dem Ostend etwas entgegengesetzt. Durch die Mietpreise werde dem Viertel Uniformität aufgezwungen. Es wurde auch die Frage gestellt, was mit den Menschen geschehe, die hier Jahrzehnte für kleines Geld gewohnt haben (Protokoll VIII: 6).

Dass diese Bewohner_innen es mittlerweile schwer hätten, beobachtet auch Jünemann, die selbst nicht im Ostend wohnt. Diejenigen, „die hier schon ganz lange wohnen, die kriegst du nicht aus den Wohnungen raus, aber neu zuziehen tut jetzt schon keiner mehr, weil die Preise schon angezogen haben. Das ist auch EZB" (Jünemann: 427-429). Doch die EZB mache das Quartier wahrscheinlich auch sicherer, denn die Polizei würde „mehr Streifen fahren, weil das eine Klientel ist, die sie schützen möchten" (ebd.:184). Davon könne das Ostend vielleicht auch profitieren (ebd.:185).

5.3.3 Frankfurter Garten und Hafengarten Offenbach im Kontext von Gentrifizierung

Aufwertung ohne Verdrängung, das soll nach dem Willen der Stadtpolitik im Offenbacher Nordend gelingen. Ziel sei eine „ausgewogenere Sozialstruktur der Offenbacher Bevölkerung" (Offenbach am Main o.J.). Von Gentrifizierung könne im Nordend keine Rede sein, „wie die statistischen Daten eindrücklich aufzeigen" (ebd.) würden, erklärt der Offenbacher Oberbürgermeister Horst Schneider. „Vielmehr brauchen wir positive Entwicklungsimpulse, um den Stadtteil in der Balance zu halten und ihm neue Perspektiven zu erschließen" (ebd.). Man wolle aber niemanden vertreiben, „vielmehr müssen alle Bevölkerungsschichten das passende Angebot in Offenbach finden" (ebd.). Auch Quartiersmanager Schenk macht sich für „eine gesunde Stadtentwicklung" (Schenk: 273) stark. Die habe mit sozialer Durchmischung zu tun: „Dass ein Lieschen Müller, was von der Sozialhilfe lebt, genauso wie der Bankdirektor, [...] am besten in einer Straße leben, weil die profitieren beide voneinander" (ebd.: 273-275). Dass eine Verdrängung komplett vermieden werden kann, glaubt Schenk nicht. Denn das Ideal der Durchmischung sei bei „der aktuellen politischen Großwetterlage schwierig, voranzutreiben" (ebd.: 275f.). Auf längere Sicht würden sozial Schwache im Nordend nicht mehr wohnen, „Problemhäuser, wo es eine Überbelegung gibt" (ebd.: 133), würden weniger werden. Aber noch sei der Kiez Nordend nicht vergleichbar mit anderen gentrifizierten Vierteln, wie etwa Berlin-

Kreuzberg (ebd.: 136-138). Doch Schenk geht davon aus, dass sich auch das Nordend so entwickeln könnte. Das werde dann noch 20 Jahre dauern. Der Stadtteil werde bereits interessant „für Menschen aus mittleren bis besseren mittleren Einkommensgruppen" (ebd.: 139f.) sowie für Menschen, die „einen gewissen kreativen Pol haben" (ebd.: 141f.) oder „ab vom Mainstream leben wollen" (ebd.: 142).

Schenk erklärt, dass die Preise im Nordend sowohl für Wohnungsmieten als auch für Immobilien gestiegen seien. Häuser kämen kaum noch „richtig auf den Markt", sondern würden „sehr schnell verkauft" (ebd.: 149f.). Man merke einfach, dass auch Leute, die Geld hätten, im Nordend investierten (ebd.: 151f.). Die treibende Kraft hinter dieser Entwicklung ist für Schenk das wirtschaftlich starke Rhein-Main-Gebiet (ebd.: 267-269). Durch die Anziehungskraft der Region werde es zu Verdrängung kommen, glaubt er. „Um es grob zu sprechen: Der Stärkste kommt als erstes ans Futter" (ebd.: 270f.). Auch Reichel sieht die Gründe für eine mögliche Gentrifizierung des Nordends nicht in den Entwicklungszielen der Stadt Offenbach, sondern in dem „Effekt, dass viele aus Frankfurt wegziehen müssen nach Offenbach" (Reichel: 120f.). Das sei ein Problem der Rhein-Main-Region (ebd.: 121-123) beziehungsweise dem globalen Phänomen geschuldet, dass innerstädtische Viertel gerade eine Renaissance erlebten (ebd.: 124-126). Die OPG biete zwar etwas Neues an (ebd.: 132), aber wenn es Verdrängungseffekte gebe, sei dies keine vom Immobilienprojekt Hafen Offenbach ausgelöste Entwicklung (ebd.: 126f.):

> „Das kann man überall beobachten. Das heißt, Leute mit wenig Geld werden wahrscheinlich an die Peripherie verdrängt. Und da muss die Politik was machen, dass sehe ich auch, ganz klar. Da muss man gucken, dass wir hier nicht Verhältnisse wie in London oder Paris bekommen" (ebd.: 127-130).

Es werde sowohl ein „Nutzungsmix" (ebd.: 135) angestrebt, als auch ein „Szenemix" (ebd. 136): „Wir wollen ja nicht nur reiche Leute, aber wir wollen auch nicht nur arme Leute" (ebd.: 136f.).

Sonja Graubner, Autorin des Blogs *Frankfurter Beete*, beurteilt den Zwischennutzungsprozess im Kontext von Aufwertung und Gentrifizierung aber durchaus kritisch (vgl.: Kapitel 5.3.6.4). Mit dem Hafen 2 und dem *Hafengarten* sei es

gelungen das Areal aufzuwerten „und dann kommen die Investoren und sagen:
Toll, jetzt ist das in das Bewusstsein gerückt und hat an Attraktivität gewonnen
und jetzt wird es in bare Münze umgewandelt" (Graubner: 291-294). Auch Barbara Levi-Strauss, die im *Hafengarten* gärtnert, ist sich sicher, dass „eine Gentrifizierung stattfindet und eine Verdrängung von ärmeren Leuten", egal was Poli-
tiker_innen dazu sagten. Diese Entwicklung könne aber von einem Projekt wie
dem *Hafengarten* nicht aufgehalten werden (Walker: 777-780). „Das wäre eine
komplette Überfrachtung, das kriegen wir nicht hin" (ebd.: 782), so die Koordinatorin des *Hafengartens*. Sie fände es „schon mal großartig, dass wir die Menschen soweit zusammenbringen können" (ebd.: 782f.).

Auch im *Frankfurter Garten* werde über Verdrängung und Gentrifizierung im
Ostend gesprochen, meint die Architektin Anja Ohliger (Ohliger: 461). Die Vereinsvorständin Ilona Lohmann-Thomas weist darauf hin, dass im Gartenkiosk
„ein praktisches Beispiel" (Lohmann-Thomas: 480) für die im Ostend ablaufen-
den Gentrifizierungsprozesse stehe, nämlich Petra Eggert. Die habe vierzig Jahre
lang das Café am Ostbahnhof geführt, den Treffpunkt des Ostends. Dort hätten
Gäst_innen den ganzen Nachmittag „bei einer Tasse Kaffee und ihrer Zeitung"
(Ohliger: 113f.) verbracht.

> „So was gibt es nicht mehr. Es gibt keine bezahlbaren Cafés mehr. Wenn man das
> wirklich sensibel beobachtet, ist auf der ganzen Hanauer, auf der Sonnemannstraße
> sehr viel pleite gegangen, an Gastronomie, an Geschäften, an kleinen Eisdielen, und
> was auch immer. […] Das Ostend wird durch die Neubauten auch ein teurerer Stadt-
> teil" (Lohmann-Thomas: 481-485).

Bisher seien die Wohnungen hier bezahlbar gewesen, auch durch einen hohen
Bestand an Sozialwohnungen (ebd.: 234f.). Doch die Veränderungen seien spür-
bar, die Mieten würden erhöht, zum Teil schlicht verdoppelt, so Lohmann-
Thomas (ebd.: 236-238). Mit den Neubauten käme auch ein anderes Publikum,
„das sich nicht unbedingt hier [i.e. im *Frankfurter Garten*] aufhalten mag" (ebd.:
238f.). So trage der *Frankfurter Garten* möglicherweise selbst zu einer Veränderung des Umfelds bei, die dazu führt, dass ein *Urban-Gardening*-Projekt nicht
mehr ins Bild passt. Auch Cappelluti wurde mit dem Vorwurf konfrontiert, dass
sie mit ihrem Projekt diejenigen anziehe, die dann zur Gentrifizierung beitrügen

(Cappelluti: 549-552). In gewisser Weise hält sie den Einwand auch für berechtigt und vergleicht den Prozess mit der Entwicklung des Frankfurter Bahnhofsviertels. Zuerst hätten sich die Kreativen den Stadtteil angeeignet und dann seien andere nachgekommen, denen dieses Flair gefallen habe. „So wie der Banker, der jetzt an den Ostbahnhof zieht, der es jetzt gut findet, weil er sagt: ‚Guck mal, da ist der schicke Rewe und da gibt es ja so ein Urban-Gardening-Pro[jekt]" (ebd.: 554-558). Ein Freund habe ihr sogar einen Link zu einem Immobilienportal geschickt, auf dem eine Loft-Wohnung im Ostend gezielt mit der Nähe zum *Frankfurter Garten* beworben worden sei: „„In unmittelbarer Nähe ist gerade ein Urban-Gardening-Projekt entstanden mit einer schönen Dachterrasse und Café, in dem viele junge, hippe …' Da dachte ich: Ach, du Scheiße!" (ebd.: 563-565). Die Veränderungen im Ostend werden beschleunigt durch die EZB. Es gebe durch den Neubau ein „leicht utopisches Gefühl von manchem Immobilienbesitzer, was er jetzt alles machen kann" (Wienekamp: 476f.). Wienekamp selbst glaubt zwar, dass diese Entwicklung am Ende nicht dramatisch sein wird. Doch die „2 800 Mitarbeiter der Europäischen Zentralbank mit einem riesigen Hochhaus" (ebd.: 470f) wirkten sich auf jeden Fall auf die Stimmung im Viertel aus. Einige befürchteten,

> „dass Alteingesessene aus kleinen, günstigen Wohnungen verdrängt werden und diese kleinen günstigen Wohnungen dann massenweise luxussaniert werden, um an die EZB-Banker vermietet oder verkauft zu werden" (ebd.: 471-474).

Das gebe es aber nur in einzelnen Fällen (ebd.: 474f.). Für Lohmann-Thomas sind dies aber keine Einzelfälle. Es gebe definitiv eine Wanderung von Menschen und eine Ausgrenzung von Bewohner_innen mit mittlerem Einkommen: „Das passiert im Ostend" (Lohmann-Thomas: 492).

5.3.4 *Frankfurter Garten und Hafengarten Offenbach im Kontext von Raumgestaltung*

Urban-Gardening-Projekte gelten als Möglichkeit „sich niedrigschwellig zu begegnen" (Ohliger: 423) und selbst in der Stadt aktiv zu werden. Laut der Bloggerin Graubner kann die Mitarbeit in einem urbanen Garten zu der Erkenntnis führen, dass der eigene Gestaltungsbereich keinesfalls aufhört, wenn man öffentlichen Raum betritt. Sie sagt: „Stadt gehört uns allen sozusagen, ich kann gestalten, ich kann aktiv werden, ich kann was dazu beitragen, dass das Stadtklima besser ist" (Graubner: 427f.). Sie schätzt das Engagement der Gärtner_innen als politisch ein, denn: „man will ein Statement setzen, man will sein unmittelbares Umfeld mitgestalten und das nicht irgendwem anonym vom Grünflächenamt überlassen, sondern selbst Spuren hinterlassen" (ebd.: 522-524). Die *Urban-Gardening*-Projekte lösen konstruktive Diskussionen im Stadtteil aus, die sich mit Gestaltungsmöglichkeiten im Quartier auseinandersetzen (Matha: 39-44). Daraus resultiert, „dass es mittlerweile auch an anderen Stellen im Stadtgebiet kleine Gärten gibt, die am Straßenrand oder in Hinterhöfen entstanden sind" (ebd.: 42). Der Frankfurter Bürgermeister Cunitz begrüßt diese Entwicklung und hält es „für äußerst wichtig und sinnvoll, sich aktiv in der Stadt einzubringen" (Cunitz: 17). Er plädiert dafür, „die Bürger zu unterstützen, die ihr Umfeld lebenswerter gestalten möchten" (ebd.: 18). Wie diese Unterstützung konkret aussehen soll, erläutert er allerdings nicht.

Im Grünflächenamt ist man der Auffassung, dass man sich „weder in Gestaltungsfragen noch in Organisationsfragen" (Jacob: 703f.) einmischen sollte. Man wolle die Selbstorganisation der Gärtner_innen unterstützen (ebd.: 730). Auch Süßmann bestätigt, dass dieser Ansatz „eben erfolgreich ist, weil man die Leute auch lässt, also in Ruhe lässt, ihr Ding zu machen" (Süßmann: 563f.). In den Städten sei es ohnehin schwierig einen Freiraum zu finden, der gestaltet werden kann (ebd.: 566).

Die Tendenz Bürger_innen konkret in die Freiraumgestaltung mit einzuplanen, wird im wissenschaftlichen Diskurs nicht nur positiv bewertet. Rose spricht von einer neoliberalen Planungsstrategie, wenn Gemeinschaften aktiviert werden, um Verantwortung in ihrem Quartier zu übernehmen (Faix 2011: 23). Durch dieses „governing through community" (Rose 2000b: 85f.) werden ehemals staatliche Aufgaben zunehmend auf die Bürger_innen verteilt, die zur individuellen und kollektiven Selbstsorge angehalten sind (Faix 2011: 23). Laut Jacob ist *Urban Gardening* keine Selbstsorge, sondern „letztlich eine Aneignung von öffentlichem Raum und zeigt [...] eine gewisse Wertschätzung" (Jacob: 284f.). Diese Aneignung öffentlichen Raums wird in der Wissenschaft rege diskutiert. Eine wichtige Rolle spielt dabei die zunehmende Privatisierung von städtischem Raum (Pesch 2008: 34f.). Die immer geringeren staatlichen und kommunalen Ressourcen sind auch in den *Urban-Gardening*-Projekten zu spüren. Denn *Urban-Gardening*-Projekte stehen in ständiger Konkurrenz zu anderen kreativen Zwischennutzer_innen. Die Projekte müssen sich deshalb stets um eine stadtpolitisch günstige Positionierung bemühen. Deshalb scheint es aus Sicht der Projekte unerlässlich, sich durch Marketingmaßnahmen hervorzuheben.

5.3.5 Marketing und Vermarktung des Frankfurter Gartens und des Hafengartens Offenbach

Um ihre Relevanz zu verdeutlichen, legen sowohl der *Offenbacher Hafengarten* als auch der *Frankfurter Garten* Wert darauf, durch Sonderveranstaltungen in der Stadt präsent zu sein. So bemüht sich der *Hafengarten* um Gemeinschafts- und Wochenendaktionen, „einfach um noch mehr Aufmerksamkeit auf das Projekt zu lenken" (Walker: 735) und „um eine gewisse Aufmerksamkeit bei den zuständigen Oberen" (ebd.: 736f.) zu erzielen, mit der Hoffnung, eine langfristige Lösung für das Projekt zu finden. Während der *Offenbacher Hafengarten* finanzielle Unterstützung durch die OPG erhält, ist der *Frankfurter Garten* „auf die Partnerschaft mit (lokalen) Institutionen und Unternehmen angewiesen, die [die] finanzielle Basis sichern – oder geeignete Sachmittel spenden" (Frankfurter Garten 2014). Neben den obligatorischen „Gartentagen, [sowie] Garten- und Bienenworkshops" (ebd.) werden in Kooperation auch Kreativ- und Yogaworkshops angeboten. Für Schulen gibt es gezielte Angebote, außerdem gehören Team-Events für Unternehmen zum Programm (ebd.). Zudem greift der *Garten* aktuelle Veranstaltungen wie die Buchmesse auf und veranstaltet beispielsweise Lesungen oder Theateraufführungen (Lohmann-Thomas: 512-516). Wichtig ist dabei die Vernetzung „mit allen Trägern, die sich im Ostend um Kinder, Familien und sämtliche Problemlagen der Menschen kümmern" (ebd.: 920f.). Im Rahmen der nachhaltigen Stadt und *Green City* erhält der *Frankfurter Garten* dabei „hohe öffentliche Aufmerksamkeit und Akzeptanz" (Frankfurter Garten 2014), die dem Projekt eine gewisse Bedeutung verleihen.

5.3.6 Der Frankfurter Garten und der Hafengarten Offenbach als Zwischennutzungsprojekte

Urban-Gardening-Projekte sind typische Beispiele für Zwischennutzungen, also für „die Nutzung zwischen zwei Hauptnutzungen, um eine zeitlich begrenzte Funktionslosigkeit" (Rellensmann 2010: 11) von urbanen Orten zu überwinden. Im Folgenden gehen wir darauf ein, warum *Urban-Gardening*-Projekte beliebte Zwischennutzungen sind, wie sich diese Nutzungsform konkret in den Projekten *Frankfurter Garten* und *Hafengarten Offenbach* ausgestaltet sowie welche Chancen und Risiken Zwischennutzungen bergen.

5.3.6.1 Urban-Gardening-Projekte als Zwischennutzungen

Urban-Gardening-Projekte sind typische Beispiele für Zwischennutzungen (Lossau und Winter 2011: 337). Im wissenschaftlichen Diskurs wird davon ausgegangen, dass insbesondere soziale und kulturelle Zwischennutzungen zu einer Aufwertung des Quartiers beitragen können (Perret und Rutschmann 2011: 3). Die Förderung von Zwischennutzungen durch Politik und Immobilienwirtschaft ist somit eine bewusste Entscheidung, die nicht zuletzt mit diesen Aufwertungseffekten kalkuliert (ebd.). Mit Hilfe von Zwischennutzung wird außerdem versucht, aus Immobilien oder Entwicklungsgebieten eine Marke zu machen, die wiederum Aufwertung beschleunigen soll (Bader 2007: o.S.). Bei einem Vortrag im Interkulturellen Garten Rüsselsheim schließt sich Christa Müller dieser Einschätzung an. Ihr zufolge liegt der Fokus bei *Urban-Gardening*-Projekten, die als Zwischennutzung initiiert wurden, auf Marketing und Aufwertungsstrategien, die oft von der Stadtverwaltung selbst oder von Immobilien- und Werbeagenturen gefördert werden. Auf Grund von Zwischennutzungsprojekte, die durch ihren Erfolg nachträglich verstetigt wurden, wie zum Beispiel die Prinzessinnengärten in Berlin, haben laut Müller viele Kommunen Angst, überhaupt Flächen für Zwischennutzungen zur Verfügung zu stellen (Protokoll II: 2). Aus der Sicht von Cunitz sind „*Urban-Gardening*-Projekte deshalb interessante Zwischennutzungen, weil sie sich extrem schnell etablieren lassen und nur geringe Standortanforderungen haben" (Cunitz: 38f.). Auch der Immobilienentwickler Goldman hält „*Urban Gardening*-Projekte gerade als Zwischennutzungen für ausgesprochen wichtig in unseren Städten" (Goldman: 38f.). Bei *Urban-Gardening*-Projekten wisse man, „das wird sich bewegen, das wird oft nicht an dem Ort bleiben", so Umweltdezernentin Heilig (Heilig: 55f.). Jünemann blickt sehr nüchtern auf das Phänomen der temporären *Urban-Gardening*-Projekte: „Das ist die einzige Chance, die wir haben, fürchte ich" (Jünemann: 460). Sie geht davon aus, dass die Stadt aus finanziellen Gründen nicht bereit ist, „auf Dauer irgendwelche Grundstücke, und gerade wenn sie so schön liegen, [...] endgültig aus der Hand zu geben" (ebd.: 461-463). Ohliger schließt sich dieser Einschätzung an und gibt zu bedenken, dass die innovativen und kreativen Konzepte der *Urban-Gardening*-Projekte vielleicht auch „systembedingt was mit Marginalisierung zu tun" (Ohliger: 878f.) hätten. Allerdings wüssten alle Gärtner_innen vorab, dass sie sich auf eine Zwischennutzung einlassen: „das macht das Problem nicht besser, aber insofern irgendwie ehrlich" (ebd.: 374f.).

5.3.6.2 Die Zwischennutzungsprojekte Frankfurter Garten und Hafengarten Offenbach

Wie die Zukunft für den Danziger Platz aussieht, wenn die Arbeiten für den Bau der Nordmainischen S-Bahn von Frankfurt nach Hanau abgeschlossen sind, ist bislang noch unklar. Bis zum Baubeginn wird die Fläche vom Verein *Frankfurter Garten* belebt (Bittner 2015b). Das Team rund um Daniela Cappelluti konnte mit seinen Plänen für ein temporäres Gartenprojekt überzeugen, da Cappelluti deutlich betont hatte, „dass das nichts Dauerhaftes ist, sondern, dass sie jederzeit in der Lage sind, binnen vier Wochen ihre Paletten" (Wienekamp: 161-163) abzubauen und an einen anderen Ort zu transportieren. Wienekamp ist der Überzeugung, man täte sich „im Ostend einen Gefallen damit" (ebd.: 345), einen alternativen Platz für den *Frankfurter Garten* zu finden, sollte er auf Grund des S-Bahn-Baus den Danziger Platz verlassen müssen. Allerdings „immer unter der Voraussetzung, dass das ein mobiles und generell öffentliches Projekt bleibt" (ebd.: 347f.). Auch Lohmann-Thomas findet die Mobilität des Projekts sehr reizvoll, denn „dann trägt sich eben der grüne Gedanke dahin und dahin und dahin und strahlt aus" (Lohmann-Thomas: 904f.). Das heißt für sie aber nicht,

dass der *Frankfurter Garten* vom Danziger Platz verschwinden muss. Dass bei-
nahe der ganze Garten mobil ist, könne auch bedeuten, dass einzelne Module an
andere Projekte verliehen werden: „Das ist reizvoll und wenn du da grade keine
Ressourcen hast, kein Holz, dann nimmst du halt von hier mit dem Hubwagen
drei Beete und trägst die rüber" (ebd.: 905-907). Für *Urban-Gardening*-Projekte
ist es immer „sehr schwer, in der Stadt überhaupt einen freien Platz zu bekommen" (ebd.: 11f.). Selbst Zwischennutzungen seien schwer zu realisieren; zum
einen, weil Flächen oft in Privatbesitz seien, zum anderen, weil städtische Flächen oft nicht über die benötigten Anschlüsse für Wasser und Strom verfügten
(ebd.: 12-14). Außerdem erschweren bürokratische Hürden die Planung von
Urban-Gardening-Projekten enorm (Cappelluti: 97-107).

Dieses Problem kennt auch das Team rund um den *Hafengarten Offenbach*,
obwohl der *Hafengarten* von der OPG initiiert wurde, hatte das Team mit bürokratischen Hürden der Bauaufsicht zu kämpfen (Süßmann: 266-273). Der Hafengarten wurde mit dem Ziel initiiert, „das Nordend mit dem Hafen zusammen
zu bringen. Also den Hafen zu öffnen, aber auch Bewohner des Nordendes auf
die Fläche zu holen" (Reichel: 47-49). Seit Beginn der Erschließung des Hafens
Anfang der 2000er Jahre wurden Zwischennutzungen explizit dazu eingesetzt,
den Hafen „ins öffentliche Bewusstsein" (ebd.: 26) zu bringen. Es gehörte von
Anfang an „zum Konzept der Hafenentwicklung" (ebd.: 28). Ziel war es dieses
Gelände quasi [zu] öffnen, den Offenbachern und nicht nur den Offenbachern
zugänglich [zu] machen" (ebd.: 29f.). Laut Reichel sieht sich die OPG auch in
der Verantwortung, Möglichkeiten zur Verstetigung der Projekte zu bedenken,
auch wenn „man immer sagen kann: Es war immer klar, es ist temporär" (ebd.:
701f.)

5.3.6.3 Chancen von Zwischennutzungen

Zwischennutzungen wie *Urban-Gardening*-Projekte haben in den meisten Fällen
positive Auswirkungen auf Quartiere und Akteur_innen: Die Aktiven identifizieren sich mit dem Ort und die Projekte zeigen auf, was auf der Fläche möglich ist.
Unter Umständen wird die Form der Nutzung sogar als Inspiration für andere
Standorte genutzt (Perret und Rutschmann 2011: 47f.). Auch Ohliger sieht die

Zwischennutzungen als Möglichkeit „kreatives Potential" (Ohliger: 336) anzu-
ziehen, da mit der temporären Nutzung „ganz andere Bedingungen und Aufla-
gen" (ebd.: 327) verbunden sind, als bei dauerhaften Nutzungen und die Flächen
somit ein „Experimentierfeld" (ebd.: 327) darstellen. Das Wichtigste an einer
Zwischennutzung ist ihrer Meinung nach „immer die Möglichkeit, etwas auszu-
probieren" (ebd.: 329). In Frankfurt sei *Urban Gardening* noch nicht lange etabliert und deshalb böten Zwischennutzungen „natürlich eine ganz tolle Gelegenheit" (ebd.: 334), so Ohliger. Graubner bestätigt, dass gerade in Frankfurt, einer
Stadt mit hohem Flächennutzungsdruck und wenigen Brachen, Menschen auf
diese Weise die Möglichkeit gegeben wird, eine Fläche zumindest „für eine
gewisse Zeit zu bespielen" (Graubner: 299). Die Zwischennutzer_innen erhalten
günstige Mietkonditionen oder können die Fläche kostenlos nutzen, Stadtverwaltung und Planer_innen profitieren im Gegenzug von dem positiven Eindruck,
den die Projekte vermitteln (Girgert 2013: o.S.). Für Reichel ganz klar ein „Win-
Win" (Reichel: 630), denn Zwischennutzungen dienen dazu „die Fläche zu beleben, das Areal bekannt zu machen. Aber: Davon haben Leute etwas. Und das ist
eine klare Situation. Das ist nichts Verlogenes" (ebd.: 632f.).

5.3.6.4 Risiken von Zwischennutzungen

Im öffentlichen Diskurs wird die Kooperation mit Zwischennutzungsprojekten
auch als *Win-Win*-Situation dargestellt (Bader 2007: o.S.), doch in vielen Fällen
ist die Lage, in der sich die Projekte befinden, äußerst prekär. Meist ist die Zukunft ungewiss, sobald die Renditeerwartung der Fläche steigt, wird die Zwischennutzung entweder auf eine andere Fläche verlegt oder muss ganz verschwinden. Jacob sieht darin kein Risiko von Zwischennutzung, „weil von Anfang an klar ist, dass es temporär ist. Es sieht auch temporär aus" (Jacob: 504f.).
Trotzdem bergen die Diskussionen um eine Verstetigung der Projekte viel Konfliktpotential, vor allem, wenn sich der Ort zu einem beliebten Treffpunkt mit
Aufenthaltsqualität entwickelt hat (Spars und Overmeyer 2014: 163).
Genau diese Entwicklungen werden von Seiten der interviewten Akteur_innen
als das „Problem mit dem *Urban Gardening*" (Heilig: 377) beschrieben: dass
sich ein Projekt „so gut etabliert, dass es später kaum noch möglich ist, wirklich

auf dieser Zwischennutzung zu bestehen" (Graubner: 284f.), da ein Abbau des Projekts zu „massiven Widerständen führen" (ebd.: 287) würde. Deshalb wird von Seiten der städtischen Akteur_innen immer wieder betont „dass das nicht dauerhaft ist" (Heilig: 379). Heilig ist sich trotzdem sicher, dass es „Heulen und Zetern geben" (ebd.: 380) wird, wenn der Danziger Platz tatsächlich für den Bau der Nordmainischen S-Bahn geräumt werden muss. Dass sich die Gärtner_innen mit ihrem Garten „zu sehr identifizieren" (Süßmann: 352) würden, war auch immer eine Sorge der Verantwortlichen des *Hafengarten Offenbach*, „weil es war immer klar, dass das eine vorübergehende Nutzung ist" (ebd.: 352f.). Für die ehemalige Koordinatorin Süßmann war es deshalb immer wichtig, im *Hafengarten* zwar eine gemeinschaftliche Atmosphäre zu erzeugen, „aber nicht zu viel […] Zusammengehörigkeitsgefühl entstehen zu lassen" (ebd.: 359f.). Denn wenn sich die im Garten Aktiven zu sehr mit dem Projekt identifizierten, würden sie „sich irgendwann gegen das Abräumen wehren und das ist ja nun mal ein Ort im Auftrag der Hafengesellschaft" (ebd.: 371f.), erklärt Süßmann. Deshalb kann es ihrer Meinung nach nicht angehen, „dass die sich dann später mal dagegenstellen und dann das Vermarkten der Fläche verhindern" (ebd.: 374f.). Auch Reichel befürchtet, dass Zwischennutzungsprojekte so gut angenommen werden, dass man sich als städtisches Unternehmen „ein Problem schafft" (Reichel: 71), da man dann Alternativlösungen für die Projekte finden muss, „ohne viele Menschen zu frustrieren [und] ohne Projekte kaputt zu machen" (ebd.: 72f.).

Ein weiteres Risiko von Zwischennutzungen ist laut Ohliger die unter Umständen daraus resultierende Gentrifizierung von Quartieren. „Dann zieht man kreatives Potential an und im besten Fall streut das auch aus, dadurch wird ein Stadtteil attraktiver, weil er einfach lebendiger und bunter wird" (Ohliger: 337f.). Allerdings ist Ohliger der Meinung, dass diese Entwicklung nicht dazu führen darf, dass man Projekte nicht mehr unterstützt, „das wäre ja völliger Wahnsinn, es ist auch zum Teil ein ganz normaler Prozess von Stadtentwicklung" (ebd.: 342f.). Laut Ohliger ist es normal, dass „Stadtteile attraktiver werden, die entwickeln sich schneller und vielleicht auch mit mehr Geld, dafür fallen andere wieder etwas in den Windschatten, werden günstiger und werden dann wieder attraktiv" (ebd.: 343-346). Dieser Austausch sei laut Ohliger gut und wichtig für eine dynamische Stadtentwicklung. Problematisch ist aus ihrer Sicht allerdings, dass „die Wirtschaft das halt so brutal ausnutzt" (ebd.: 347f.). Denn die zum großen Teil Ehrenamtlichen, welche die Projekte aufbauen und entwickeln, „haben in der Regel ganz wenig oder nichts davon" (ebd.: 351), wenn Unternehmen durch die gestiegenen Renditeerwartung auf die Fläche aufmerksam werden und diese übernehmen (ebd.: 343-351). Aber auch aus gärtnerischer Sicht sind temporäre *Urban-Gardening*-Projekte problembehaftet, da der Standort für die Pflanzen erst neu eingeschätzt werden muss. Jünemann findet in diesem Zusammenhang „zwei Jahre sehr, sehr kurzfristig. [...] Gärtnern tut man eben nicht nur ein Jahr lang" (Jünemann 118f.).

5.3.7 Der Frankfurter Garten und der Hafengarten Offenbach als Möglichkeit zur Verwertung momentan unattraktiver Flächen

Der Danziger Platz sei ein „Mahnmal der Zwietracht. Bahn und Stadt wurden über die Umgestaltung nicht einig. Wenn die Eurobanker in die Nähe ziehen, entsteht Zugzwang" (Michels 2011) heißt es 2011 noch in der Frankfurter Rundschau. Nicht nur der Bau der EZB, auch die Pläne zum Frankfurter Grüngürtel haben dazu geführt, dass der Danziger Platz – als „Drehpunkt im Ostend zwischen Ostpark und Hanauer Landstraße" (StadtkindFFM 2013) – aufgewertet werden sollte. Die Idee Daniela Cappellutis, ein *Urban-Gardening*-Projekt in Frankfurt zu initiieren war ein Anfang dieser Aufwertung, wenn auch „nicht als Teil des städtebaulichen Entwurfs der Stadt Frankfurt" (ebd.), sondern als temporäre Nutzung der Fläche. Für das Grünflächenamt kam der Erfolg des Projekts überraschend (Jacob: 634f.). Man hätte sich nicht vorstellen können, dass aus einer solchen Fläche, ein Ort entstehen könnte, der Aufenthaltsqualität bieten würde, so Jacob (ebd.: 635f.). Heute ist man von Seiten der Stadt und der Planung begeistert, wie gut das Konzept des *Frankfurter Gartens* funktioniert hat. Man wünscht sich, „dass Grundstücke, die längere Zeit leer und ungenutzt stehen, genauso erfolgreich und in der Art wie der *Frankfurter Garten* genutzt werden" (Goldman: 41f.). Gerade das Potential vermeintlich unattraktiver Flächen, „die nicht bespielt sind und die nicht im Fokus der Wahrnehmung als Fläche liegen" (Jacob: 736f.), könne durch *Urban-Gardening*-Projekte entdeckt werden (ebd.: 736-738).

Auch Wienekamp begrüßt, dass es Vereine oder Initiativen gebe, „die mal spontan vielleicht für vier Wochen oder für einen Sommer so ein Projekt hinstellen" (Wienekamp: 382f.), um Plätze wieder zu beleben und deren Qualität zu entdecken. „Leben auf die Fläche zu bringen" (Reichel: 36), war auch immer Ziel des *Hafengartens*. Durch die Initiierung mehrerer Zwischennutzungsprojekte, wie dem Hafen 2, dem *Hafengarten*, dem Boxclub oder dem Beach Club nähern sich Stadt und Fluss immer mehr an (OF Loves U o.J.). „Wie wichtig solche Begegnungsräume sind, um einen einst unzugänglichen Ort erlebbar zu machen, beweist ganz aktuell der Hafengarten" (ebd.), indem er dabei hilft „das ganze Gebiet umzudenken im Kopf" und den Besucher_innen und Gärtner_innen eine Idee davon gibt „was später mal auf der Fläche möglich ist" (Protokoll VI: 1).

5.3.8 Der Frankfurter Garten und der Hafengarten Offenbach als Stadtentwicklungsinstrument beziehungsweise Reaktion der Stadtplanung auf Urban-Gardening-Projekte

In Offenbach war die Initiierung des Gartens kein Zufall. Die OPG, die „Stadtentwicklungsprozesse weiter bringt" (Reichel: 229), sah im Hafengebiet klaren Handlungsbedarf. „Das Hauptziel war letztendlich, den Hafen und das Nordend zusammen zu bringen" (ebd.: 382f.). Der Planungsprozess lief in Kooperation mit etablierten Freiraumplaner_innen ab, um „eine hohe Qualität zu entwickeln" (ebd.: 426). Positive Auswirkungen dieser Planung erhofft sich Reichel in erster Linie auf gesamtstädtischer Ebene und nicht nur im Hafengebiet (ebd.: 423-428). Dabei steht auch „die Durchmischung" (Reichel: 166-178; Schenk: 89; Süßmann: 498; Walker: 1819), die laut aller Interviewpartner_innen in Offenbach sehr schwierig ist, im Vordergrund. In dieser Hinsicht war der erste Ansatzpunkt der Planer_innen, das Hafengebiet trotz Baustelle zu beleben. So entstand die Idee, ein *Urban-Gardening*-Projekt zu initiieren (Schenk: 89). Der *Offenbacher Hafengarten* ist somit ein „stückweit als Marketingmaßnahme zu nehmen für den Hafen" (Süßmann: 78f.). Eine Maßnahme, die als Erfolg zu werten sei und die auch in Zukunft das Stadtbild prägen werde, denn laut Süßmann sei *Urban*

Gardening in Offenbach auf jeden Fall zu einem Instrument der Stadtentwicklung geworden (ebd.: 592-595). Auch Reichel geht davon aus, dass die „grünen Freiräume" (Reichel: 298) in Zukunft immer wichtiger werden, „gerade im Zuge der Verdichtung der Innenstädte" (ebd.: 299) – eine Entwicklung, mit der sich auch Frankfurt konfrontiert sieht. Graubner geht davon aus, dass *Urban-Gardening* „heute auch ein Standortfaktor ist, mit dem man durchaus punkten kann" (Graubner: 625f.), vor allem im Kontext der *Green-City*-Ziele Frankfurts (ebd.: 625). Trotzdem glaubt sie nicht, dass *Urban Gardening* „von Anfang an eine geplante Strategie war" (ebd.: 118f.). Die Stadt habe mittlerweile erkannt, „dass dieses Urban-Gardening-Thema gut zu dieser Insgesamt-Strategie der Stadt passt" (ebd.: 120f.). Der *Frankfurter Garten* sei „der Nukleus und von da wachsen jetzt so grüne Ereignisse in der Stadt und geben sich sozusagen die Klinke in die Hand" (Heilig: 109f.), meint auch Umweltdezernentin Heilig.

5.3.9 Der Frankfurter Garten und der Hafengarten Offenbach als kostengünstige Instrumente zur Sicherstellung der Grünflächenversorgung

Durch *Urban-Gardening*-Projekte

> „entstehen zusätzliche Grünflächen in der Stadt, deren Pflege die Anwohner übernehmen. So wird das Angebot an öffentlichen Freiräumen erweitert und ergänzt. Die Brachflächen erscheinen plötzlich nicht mehr so trist und traurig, sondern frisch und fröhlich" (Cunitz: 41-43).

Urban-Gardening-Projekte passen somit gut in das Konzept der unternehmerischen Stadt und der aktivierenden Stadtplanung, die auf Partizipation ausgelegt ist und die Verantwortung an ihre Bürger_innen abgibt (vgl. Kapitel 2.3.4), wenn es um die Gestaltung von Freiräumen geht (Selle 1997: 43). Jacob erhofft sich von dem „experimentellen Charakter" (Jacob: 1226) der Projekte eine Entscheidungshilfe, was nach der Zwischennutzung mit der Fläche passieren soll. Denn wenn „man tatsächlich durch eine grüne Struktur dem Platz eine Aufenthaltsqualität geben kann und [ihn] beleben kann und die soziale Kontrolle da ist" (ebd.: 1223-1225), könne darüber nachgedacht werden, ob die Fläche auch in Zukunft als grüne Freifläche genutzt werden sollte (ebd.). Für die Städte spielt „das Thema Grünflächen eine wichtige Rolle und es ist auch klar:

die Finanzen sind begrenzt" (Graubner: 636). Ein innovatives Konzept wie *Urban Gardening*, das vergleichsweise kostengünstig umgesetzt werden kann und das den Interessen der Bürger_innen entgegenkommt, ist „der Stadt sehr recht und wird begrüßt" (ebd.: 640). Heilig erhofft sich auch auf gesamtstädtischer Ebene einen Lerneffekt bei den Bürger_innen. *Urban Gardening* könne „auch zeigen, dass die Pflege der Grünanlagen wichtig ist und dass man da eben auch miteinander kommuniziert, wie ein solcher Ort in Ordnung gehalten wird" (Heilig: 182-184). Sie ist der Meinung, dass die Verantwortung für Grünflächen nicht nur beim Grünflächenamt liegen sollte, zum Beispiel, wenn es um Müllverursachung und Müllentsorgung geht (ebd.: 180-185). Dabei geht es Heilig aber nicht um langfristige „Patenschaften für Grünanlagen" (ebd.: 194). Denn das Grünflächenamt würde seiner Verantwortung nicht gerecht, wenn es „aus finanziellen Gründen die Pflege" (ebd.: 198) an die Bevölkerung abgebe. *Urban Gardening*, „das vor Ort entsteht und wo man sich wirklich um dieses grüne Stückchen kümmert" (ebd.: 199f.), stelle hier einen guten Kompromiss dar.

Laut Jacob hat *Urban Gardening* „überhaupt keinen Effekt" (Jacob: 867) auf die Arbeitsbelastung des Grünflächenamts, „weder positiv noch negativ" (ebd.), was sie deutlich begrüßt. Denn bei gleichbleibendem Budget müsse sich das Grünflächenamt im Kontext der *Green-City*-Ziele ohnehin um immer mehr Flächen kümmern (ebd.: 39f.). Aus städtebaulicher Sicht findet Ohliger *Urban-Gardening*-Projekte auch deshalb reizvoll, weil man „mit einfachen Mitteln und eigentlich auch mit den Potentialen des Ortes arbeiten kann" (Ohliger: 651f.). Auch in Offenbach versuche die Stadt, „mit Low-Budget-Projekten wie dem Hafengarten vor allem junge kreative Menschen nach Offenbach zu ziehen – und damit den Wandel der Bevölkerungsstruktur einzuleiten" (Erkens 2015). Zwischennutzungsprojekte spielen in diesem Zusammenhang eine wichtige Rolle. Wenn sich diese als so erfolgreich herausstellten wie der *Offenbacher Hafengarten*, dann „ist das sehr gut investiertes Geld" (Schenk: 893).

5.4 Interpretation der empirischen Ergebnisse

Im Folgenden werden wir die bereits vorgestellten Ergebnisse unserer empirischen Fallstudie (vgl.: Kapitel 5.1, 5.2 und 5.3) resümieren und mit unseren drei

Hauptthesen interpretativ verknüpfen. Dabei erörtern wir erstens, inwiefern in *Urban-Gardening*-Projekten konfliktreiche Aushandlungsprozesse um Raum stattfinden (Kapitel 5.4.1). Zweitens untersuchen wir die stadtpolitische Relevanz von *Urban Gardening* (Kapitel 5.4.2). Drittens analysieren wir, inwiefern *Urban-Gardening*-Projekte sowohl einen Kontrapunkt als auch eine Verstärkung von neoliberaler Stadtentwicklung darstellen (Kapitel 5.4.3).

5.4.1 Konflikthafte Aushandlungsprozesse um Raum

Wie bereits erörtert (vgl.: Kapitel 2.2), liegt unserer Arbeit die Annahme zu Grunde, dass die Produktion von Raum immer mit konflikthaften Aushandlungsprozessen einhergeht, da Gesellschaft von Grund auf durch soziale Konflikte strukturiert wird. In den *Urban-Gardening*-Projekten finden sowohl intern als auch extern Aushandlungsprozesse statt, die wir im Folgenden erläutern werden.

5.4.1.1 Aushandlungsprozesse innerhalb des Frankfurter Gartens und des Hafengartens Offenbach

Innerhalb des *Frankfurter Gartens* und des *Hafengartens Offenbach* finden täglich konflikthafte Aushandlungsprozesse um Raum statt. Zum einen betrifft das ganz allgemein die Gestaltung der Gärten. Einige Fragen, die in diesem Zusammenhang entstehen, müssen aus pragmatischen Gründen auf eine bestimmte Weise entschieden werden, zum Beispiel, ob das Grundstück eingezäunt werden soll – laut Ohliger eine unerlässliche Maßnahme, wenn der Garten auch attraktiv für Familien sein soll (Ohliger: 585-587). Andere Entscheidungen haben längere Diskussionen zur Folge, beispielsweise, wenn es darum geht, ob in Gemeinschaftsbeeten oder Parzellen gegärtnert werden soll. Während sich der *Frankfurter Garten* für eine Mischform aus individuellen Beeten und gemeinschaftlich bewirtschafteten Bereichen entschieden hat, gibt es im *Hafengarten Offenbach* zwar auch einige wenige Gemeinschaftsbeete, doch vor allem zugeordnete Parzellen, die eine Einheit bilden, da sie nicht durch Zäune getrennt sind (Süßmann: 715-720). In beiden Projekten entwickelten sich die jeweiligen Modelle als Kompromisslösungen aus der Praxis heraus (Lohmann-Thomas: 374-380). Auch die zum Gärtnern benutzten Materialien sind eine Ursache für Konflikte. Im

Frankfurter Garten spielt dieses Thema durch die „Frankfurter Kiste" (Süßmann: 167) eine untergeordnete Rolle, denn die Behältnisse, in denen gegärtnert
wird, werden gemeinsam gebaut. So entsteht im Garten ein (relativ) einheitlicher
Gesamteindruck. Im *Offenbacher Hafengarten* sind die Gärtner_innen in der
Wahl ihrer Behältnisse deutlich freier (ebd.: 163f.). Auf der einen Seite wird das
Erscheinungsbild des Gartens dadurch kreativer und individueller, auf der anderen Seite führt diese Entscheidungsfreiheit aber auch zu Diskussionen (ebd.:
160). Einige Gärtner_innen plädieren dafür, schnelllebige Behälter wie Plas-
tikeimer zu verbieten (Walker: 201f.). Gleichzeitig sind es aber genau diese
Behälter, die auch einkommensschwächeren Gärtner_innen das Gärtnern ermöglichen (ebd.: 265f.). Auch die Nutzung von Gartengerät und Wasser birgt im
Offenbacher Garten einiges an Konfliktpotential. Dort ist die Gartenfläche deutlich größer als im *Frankfurter Garten* und es gibt keinen strukturierten Gießplan.
Oft dauert es lange, bis man zwischen den Beeten eine Gießkanne gefunden hat,
da viele Gärtner_innen die Kannen nicht zurück ans Wasser stellen (ebd.: 338-
340). Auch der Verschleiß von Gartenwerkzeugen macht Walker Sorgen. Sie
wünscht sich in diesem Zusammenhang mehr Verantwortungsbewusstsein gegenüber den Materialien und eine bessere Kommunikation bei verursachten
Schäden (ebd.: 623).

Hinzu kommen Aushandlungsprozesse, welche die Organisation der Gärten
betreffen. Der *Offenbacher Hafengarten* ist laut der Koordinatorin Alexandra
Walker als unpolitischer und religionsfreier Ort initiiert worden (ebd.: 1709-
1718; 1729). Es werden also beispielsweise keine Flyer von politischen Gruppierungen ausgelegt (ebd.: 1709-1718). Auch Bekenntnisse zu religiösen Orientie-
rungen, wie Segenssprüche aus dem Koran (ebd.: 1728f.), sind nicht zulässig
und müssen entfernt werden. Eine als „Bibelgarten" (ebd. 1724) bezeichnete
Parzelle musste aus diesem Grund umbenannt werden (ebd.: 1724-1728). Die
Koordinatorin ist sich sicher, dass ein Miteinander der Gärtner_innen nur durch
solche Reglementierungen möglich ist (ebd.: 1737-1739). Auch der *Frankfurter
Garten* bezeichnet sich selbst als unpolitischen Ort. Gleichzeitig wird der Akt

des Gärtners von stadtpolitischen Akteur_innen aber sehr wohl als politisch eingestuft (Graubner: 424-435).

Im *Hafengarten* gibt es eine definierte hierarchische Struktur. Im Garten hat die Koordinatorin Alexandra Walker das Sagen, sie stimmt sich wiederum mit der OPG beziehungsweise der für den *Hafengarten* zuständigen Mitarbeiterin Hanne Reichel ab (Walker: 590f.; 1834-1837). Im Prinzip ist auch im *Frankfurter Garten* klar, dass Ilona Lohmann-Thomas als Vereinsvorständin eine Schlüsselrolle bei der Entscheidungsfindung spielt. Sie trägt die rechtliche Verantwortung für alles, was im Garten passiert. Trotzdem hat der *Frankfurter Garten* den Anspruch, ein „Mitmachprojekt" (Frankfurter Garten: o.J.e) zu sein, was von Seiten der Gärtner_innen eine gewisse Erwartungshaltung zur Folge hat. Werden Entscheidungen aus Praktikabilitätsgründen „auf kurzem Wege" (Lohmann-Thomas: 92) getroffen, führt das nicht selten zu Unmut bei den Gärtner_innen, weil sie sich übergangen fühlen. Besonders von der Gärtner_innen-Gruppe wird die Transparenz des Vereins in Frage gestellt (Protokoll IV: 1). Auch fühlen sich einige Gärtner_innen bei der Schwerpunktsetzung im Garten übergangen. Dies betrifft in erster Linie das Verhältnis von Gartenfläche zu Gastronomiefläche. Einige aktive Gärtner_innen sind der Meinung, dass die Gastronomie einen zu großen Stellenwert im *Frankfurter Garten* einnimmt (Protokoll XI: 3). Auch die Auswahl der Sponsor_innen führte, besonders in der Anfangsphase des Projekts, zu Spannungen. Hier wurde vor allem die Mitwirkung der Fraport AG in Frage gestellt (Cappelluti: 185); insbesondere, weil die Sponsor_innen Ansprüche in Bezug auf die Organisation des Gartens stellen können, beispielsweise im Hinblick auf Öffnungszeiten und Mitmachaktionen im Garten (ebd.: 318-320). Diese Themen müssen unter den Aktiven immer wieder aufs Neue verhandelt werden, um Kompromisse zu finden.

5.4.1.2 Externe Aushandlungsprozesse im Kontext des Frankfurter Gartens und des Hafengartens Offenbach

Doch nicht nur innerhalb der Projekte finden Aushandlungsprozesse statt. Auch außerhalb der Projekte treten im Zusammenhang mit *Urban-Gardening* Konflikte auf. Verschiedene Akteur_innen sind an der Nutzung einer Fläche interessiert. Dabei haben bestimmte Gruppierungen eine vorteilhaftere Verhandlungsposition, als andere.

Bereits vor der Initiierung des *Frankfurter Gartens* wurde der Danziger Platz genutzt. Anwohner_innen konnten hier parken, die Wanderarbeiter_innen von Frankfurts Großbaustellen schliefen hier in ihren Autos (Wienekamp: 922f., 151f.), Obdachlose und Drogenabhängige eigneten sich den Raum an. Nach dem Fund eines Drogentoten auf dem Danziger Platz bildete sich 2013 eine Bürger_inneninitiative „gegen die Verwahrlosung" (Rosendorff 2013). Deshalb wurde der Vorschlag von Daniela Cappelluti, auf dem Danziger Platz ein *Urban-Gardening*-Projekt zu initiieren, von städtischer Seite begrüßt (Cappelluti: 39-46). Auch die meisten Anwohner_innen befürworten die Umnutzung des Danziger Platzes durch den *Frankfurter Garten* und sehen ihn als Verbesserung im Vergleich zum vorherigen Zustand an. Einige Bewohner_innen bedauern allerdings den Wegfall der Parkplätze und sind darüber frustriert, dass der Platz auf Grund des Zauns nicht mehr einfach überquert werden kann (Protokoll XI: 5). Außerdem beschweren sich mittlerweile viele Anwohner_innen massiv wegen des Lärms und fordern kürzere Öffnungszeiten (Schlepper 2015). Ilona Lohmann-Thomas setzt hier auf den Dialog mit den Nachbar_innen. Mittlerweile wird die Terrasse auf dem Gastronomie-Container bereits um 20.30 Uhr geschlossen und auch das Open-Air-Kino wird aus Lärmschutzgründen nicht wiederholt (ebd.). Da der *Offenbacher Hafengarten* nicht in einem Wohngebiet liegt wie der *Frankfurter Garten*, gab es hier noch keine Beschwerden über Lärm. Im Gegenteil, es wird sogar begrüßt, dass das Hafenareal auch abends belebt ist (Reichel 99-106).

Zum Zeitpunkt unserer Feldstudie waren beide *Urban-Gardening*-Projekte in Betrieb. Jedoch sind beide Projekte als Zwischennutzungen angelegt, das heißt, sie müssen früher oder später die momentane Fläche räumen. Diese Form der Nutzung wird von den Akteur_innen nicht wirklich in Frage gestellt. Die in den Projekten Aktiven finden es zwar sehr schade, dass die Gärten vielleicht nicht weitergeführt werden (Protokoll XII: 1) und einige können sich auch vorstellen,

„zivilen Widerstand" (Jünemann: 201) zu leisten. Trotzdem scheint die zeitliche Begrenztheit von *Urban Gardening* als Selbstverständlichkeit anerkannt zu werden. Das mag zum einen daran liegen, dass die Projekte von Beginn an als Zwischennutzungen konzipiert waren und das den Aktiven auch kommuniziert wurde; zum anderen ist der Flächennutzungsdruck vor allem in Frankfurt so hoch, dass innerstädtische *Urban-Gardening*-Projekte – bedingt durch die Schwerpunktsetzung der Stadtpolitik – nur als Zwischennutzung eine Chance haben. Ohliger gibt sogar zu bedenken, dass *Urban Gardening* vielleicht „systembedingt auch etwas mit Marginalisierung zu tun" (Ohliger: 878f.) hat und dass die Kreativen diese Nischen bewusst suchen (ebd.). Einer kapitalistischen Verwertungslogik von Raum folgend, scheint Zwischennutzung von allen Akteur_innen akzeptiert zu werden, mit der latenten Hoffnung, dass ihr Projekt die Ausnahme darstellen und sich doch verstetigen wird. Im *Hafengarten* führt das zu einem Gewissenskonflikt der Koordinatorin: Zum einen ist sie von der OPG angestellt und weiß, dass der Garten bei Baubeginn der Hafenschule den jetzigen Ort verlassen muss. Auf der anderen Seite fühlt sie sich den Gärtner_innen verbunden und hofft, dass der Garten zumindest in unmittelbarer Nähe wieder errichtet wird. Eine besondere Rolle spielt hier auch die Befürchtung, dass durch das neue Hafenareal Gentrifizierungsprozesse ausgelöst werden. Walker hofft, dieser Entwicklung entgegenwirken zu können, wenn der *Hafengarten* weiterhin ein Begegnungsort für die einkommensschwächere Bewohner_innen des Nordends bleibt (Walker: 118-122). Gentrifizierung ist auch im *Frankfurter Garten* ein Thema. Zum einen will man einen Gegenpol zur neuen EZB und den Aufwertungsmechanismen bilden, zum anderen machen sich einige Aktive aber auch Sorgen, durch den Garten zu Gentrifizierungsprozessen beizutragen (Protokoll VIII: 7f.) und damit den eigenen Ansprüchen, einen Ort zu schaffen, an dem das Publikum „völlig gemischt" (Lohmann-Thomas: 264) ist, nicht zu genügen.

5.4.2 Stadtpolitische Relevanz des Frankfurter Gartens und des Hafengartens Offenbach

In den letzten Jahren sind in vielen Großstädten des Globalen Nordens *Urban-Gardening*-Projekte entstanden, so auch in Frankfurt und Offenbach. Ein Trend, auf den städtische Akteur_innen reagieren müssen, indem sie beispielsweise Ansprechpartner_innen festlegen oder bürokratische Angelegenheiten regeln. Inwieweit man den Aktiven entgegenkommt und wie relevant *Urban Gardening* für die jeweilige Stadtentwicklung sein soll, wird von diesen Akteur_innen aktiv mitentschieden.

In Offenbach ist eine gewisse stadtpolitische Relevanz von *Urban Gardening* offensichtlich: Der *Offenbacher Hafengarten* ist ein von der städtischen OPG initiiertes Projekt. *Urban Gardening* wird in Offenbach als lohnenswertes Instrument zur Stadtentwicklung angesehen, weil es einen „niederschwelligen Zugang" (Schenk: 563f.) für viele darstellt und einen Begegnungsort schafft (Reichel: 29-31) und weil es vergleichsweise kostengünstig und schnell zu etablieren ist (Schenk: 892-894).

> „Die Einbindung der unterschiedlichsten Gruppen, die Diskussionen, die es im Stadtteil ausgelöst hat [...], dass es mittlerweile auch an anderen Stellen im Stadtgebiet kleine Gärten gibt, die am Straßenrand oder in Hinterhöfen entstanden sind, dies alles bestätigt im Nachhinein" (Matha: 41-44)

die Initiatorin Daniela Matha in ihrem unternehmenspolitischen Willen *Urban Gardening* in Offenbach zu etablieren.

In Frankfurt waren die städtischen Akteur_innen bei der Initiierung des ersten Frankfurter *Urban-Gardening*-Projekts, dem *Frankfurter Garten*, eher skeptisch. Man konnte nicht einschätzen, welche Rolle *Urban Gardening* in der Zukunft spielen und welche zusätzliche Arbeit auf das Grünflächenamt zukommen würde (Jacob: 256f.). Da das Grünflächenamt „weder personell noch finanziell irgendwelche Ressourcen übrig" (ebd.: 258f.) hat, werden die Gärtner_innen in ihrem Engagement in erster Linie dadurch unterstützt, dass *Urban Gardening* von Seiten der Stadt begrüßt und nicht verhindert wird (ebd.: 207f.). Prinzipiell wird von städtischen Akteur_innen die Meinung vertreten, dass man *Urban-Gardening*-Projekte nicht „von oben steuern" (ebd.: 834) sollte, da dies „dem Grundgedanken" (ebd.: 722) von *Urban Gardening* widerspreche. Deshalb gibt es in Frankfurt auch keinen Plan für einen einheitlichen Umgang mit *Urban Gardening*. Bei jedem Projekt wird individuell entschieden (ebd.: 754-757). Diese Vorgehensweise hängt auch damit zusammen, dass die Anzahl der *Urban-*

Gardening-Projekte in Frankfurt zurzeit noch überschaubar ist. Außerdem geht das Grünflächenamt davon aus, dass die Projekte für die Aktiven zwar eine große Rolle spielen, dies aber „für den ganzen Zusammenhalt in der Stadt [...] eher weniger" (ebd.: 657f.) gilt.

Die praktische und ideelle Unterstützung durch städtische Akteur_innen spielt eine große Rolle für die Entwicklung von *Urban-Gardening*-Projekten. Im Fall des *Offenbacher Hafengartens* war es die Geschäftsführerin der OPG, Daniela Matha, die das Projekt initiierte und gegenüber Skeptiker_innen auf städtischer Ebene verteidigte (Schenk: 648-651; Süßmann: 268-273). Im *Frankfurter Garten* spielte die Initiatorin Daniela Cappelluti eine Schlüsselrolle (Ohliger: 18). Durch ihre frühere Tätigkeit bei der Stadt Frankfurt und als Event-Projektmanagerin kannte sie in Frankfurt die richtigen Ansprechpartner_innen und sorgte schnell für eine Vernetzung des Gartens mit städtischen Akteur_innen (Jacob: 234-240). So konnte sie beispielsweise Umweltdezernentin Rosemarie Heilig, Bürgermeister Olaf Cunitz und Immobilienentwickler Ardi Goldman als Schirmherr_innen gewinnen.

Doch die Beziehung von städtischen Akteur_innen zu *Urban Gardening*-Projekten ist ambivalent. Auf der einen Seite werden die Projekte als wertvoll für die Stadtentwicklung und Stadtbevölkerung eingestuft (Heilig: 24-28, 35f.) und als Distinktionsmerkmal für das Standortmarketing genutzt. Auf der anderen Seite bewegen sich die Akteur_innen aber immer im Rahmen des städtischen Konsenses. Besonders auffällig ist der scheinbar obligatorische Zwischennutzungsstatus von *Urban-Gardening*-Projekten, der nicht hinterfragt wird (ebd.: 55f.). Flächennutzungsdruck und finanzielle Engpässe der Stadt werden sowohl von städtischen Akteur_innen als auch von den Aktiven selbst als Begründung hervorgebracht, warum *Urban-Gardening*-Projekte immer nur zeitweise bisher unattraktive Flächen bespielen dürfen. Die Projekte sind deshalb stets bemüht, im Bewusstsein der Öffentlichkeit zu bleiben (Walker: 736f.). Durch Veranstaltungen und Presseauftritte wollen die Gärten zum einen den ‚grünen Gedanken' in die Stadt hinaustragen, zum anderen aber auch ihre Position in der Stadt stärken (Lohmann-Thomas: 959-963, 988). Der *Frankfurter Garten* profitiert in

diesem Zusammenhang von der Professionalität der Aktiven (Jacob: 240-245).
Weitere Projekte des *Frankfurter Gartens*, wie die Bornheimer Oasen, der Pilzgarten im alten Fischergewölbe, die temporäre Begrünung des Goethe-Platzes
oder der schwimmende Garten auf dem Main im Rahmen des Architektursom-
mers, werden von der Stadt begrüßt. Das Magazin *Frankfurt gärtnert*, das die
Macher_innen des Frankfurter-Beete-Blogs in Zusammenarbeit mit dem Grünflächenamt Frankfurt herausgegeben haben, soll verdeutlichen, wie die Stadt
Frankfurt ‚grüne' Eigeninitiative unterstützt. Das Grünflächenamt nutzt dieses
freiwillige Engagement gezielt. Bei minimalem Selbstaufwand für das Magazin
profitiert es doppelt: zum einen von der Initiation und Umsetzung des *Frankfurter Gartens* und anderen *Urban-Gardening*-Projekten durch aktive Gärt-
ner_innen, zum anderen von der Zusammenarbeit mit dem Frankfurter-Beete-
Team, weil dieses fertige Texte lieferte, die „einfach noch in die entsprechende
Form gegossen werden musste[n]" (ebd.: 8). Auch Offenbach stellt gerne den
innovativen *Hafengarten* heraus, der „urbane Lebensfreude" (Schenk: 731) aus-
drücke. Zudem erhält der *Hafengarten* öffentliche Aufmerksamkeit, zum Beispiel durch die Auszeichnung des Landes Hessen im Rahmen des Wettbewerbs
„Städte sind zum leben da! Klimaanpassung – Freiraumgestaltung – Lebensqualität" im Sommer 2015 oder die Erwähnung als „Lieblingsort" (Wirtschaftsförderung Offenbach 2015) auf der neuen Faltkarte der OPG zu Hafenareal und
Nordend.

5.4.3 Der Frankfurter Garten und der Hafengarten Offenbach als Kontrapunkt und Verstärkung neoliberaler Stadtentwicklung

Wir sind in dieser Arbeit der Frage nachgegangen, inwiefern *Urban-Gardening*-
Projekte die Neoliberalisierung des Städtischen befördern und inwiefern sie
gleichzeitig einen Kontrapunkt zu diesen städtischen Entwicklungen setzen. Wie
wir bereits dargestellt haben (vgl. Kapitel 2.1.2), wird diese Widersprüchlichkeit
auch in der aktuellen Forschung zu *Urban Gardening* betont (Classens 2014;
McClintock 2014; Tornaghi 2014). Im folgenden Kapitel soll diese in der Theorie identifizierte Widersprüchlichkeit anhand unserer Fallbeispiele untersucht
werden, um ein möglichst differenziertes Bild des Phänomens *Urban Gardening*

zu zeichnen. Dabei wird jeweils ein Aspekt, der neoliberalisierenden Entwicklungen entspricht beziehungsweise diese verstärkt, einem Aspekt gegenübergestellt, der zeigt, inwiefern *Urban Gardening* einen Gegenpol zu diesen Entwicklungen bildet.

Der Frankfurter Garten und der Hafengarten Offenbach sorgen für eine Dekommodifizierung von Raum und verstärken gleichzeitig Dynamiken auf dem Immobilienmarkt.

Wie bereits im Kapitel 2.2.3.4 zum differentiellen Raum erläutert, nehmen die beiden *Urban-Gardening*-Projekte im Hinblick auf die Dekommodifizierung von urbanem Raum eine ambivalente Rolle ein: Sie sorgen dafür, dass zwei große Flächen – 2 500 Quadratmeter in Frankfurt und 10 600 Quadratmeter in Offenbach – dem Immobilienmarkt vorübergehend entzogen werden. Die Flächen wurden öffentlich zugänglich gemacht und sind unabhängig von sozialer Zugehörigkeit nutzbar. Gleichzeitig sind diese Flächen aber Beispiele für privatisierten, normierten öffentlichen Raum: Der *Hafengarten Offenbach* ist ein Projekt der OPG, das Hausrecht auf der Fläche des *Frankfurter Gartens* hat der Frankfurter Garten e.V.

Außerdem fügen sich der *Frankfurter Garten* und der *Hafengarten Offenbach* bruchlos in die jeweilige städtische Flächenverwertungslogik ein (Schenk 426-428; Walker 1848-1911). Die räumliche Form der Zwischennutzung wird in beiden Projekten kaum hinterfragt. In beiden Gärten war sie von Anfang an eine wichtige Charakteristik des Konzepts (Cappelluti et al. 2012: 10; Reichel: 27-41). Flächen nur vorübergehend zu ‚bespielen' wird als Möglichkeit des künstlerisch-schöpferischen Ausdrucks angesehen. Als Konsequenz eines kapitalistisch organisierten Immobilienmarkts, werden *Urban-Gardening*-Projekte in Frankfurt und Offenbach ohnehin nur auf den Flächen zugelassen, an denen profitablere Nutzungen vorübergehend nicht möglich sind (Jacob 285-289; Reichel 17-30). Dass die Stadt Frankfurt positiv auf die Idee des *Frankfurter Gartens* reagiert hat, liegt auch darin begründet, dass die Initiatorin Cappelluti mit dem Danziger Platz eine Fläche vorgeschlagen hat, welche die Stadt – bedingt durch die Planungsschwierigkeiten bei der Nordmainischen S-Bahn – gerade nicht beziehungsweise noch nicht nutzen konnte. Im Fall des *Hafengartens Offenbach* war von Anfang an klar, dass die Fläche auf der er sich befindet, für ein ‚höherwertigeres' Immobilienprojekt genutzt werden würde.

Die Zukunft beider Projekte wird also nicht in erster Linie durch die Nutzer_innen des Raums verhandelt, sondern durch mächtigere städtische Akteur_innen (Reichel 77-81; Jünemann 460-469). In Offenbach ist dies vor allem die OPG, in Frankfurt das Grünflächen- und das Stadtplanungsamt beziehungsweise die Stadtverwaltung als Ganze. Gleichzeitig profitieren diese Akteur_innen auf symbolischer Ebene von den *Urban-Gardening*-Projekten (Stadt Frankfurt am Main 2015a; Reichel 631-645). Die Projekte ziehen mediale Aufmerksamkeit auf sich und fügen sich als Baustein in die Kreative-Stadt- beziehungsweise *Green-City*-Konzepte der Offenbacher und Frankfurter Stadtplaner_innen ein.

So wird deutlich, dass diejenigen, die sich für kreative urbane Freiräume einsetzen, oft nur jene Flächen nutzen dürfen, die ihnen von städtischen Akteur_innen zuerkannt werden, wie im Fall des *Frankfurter Gartens* und des *Hafengartens Offenbach* (Reichel 618-632; Cappelluti: 38-61). Um langfristig urbane Freiräume zu sichern, müssten Flächen beziehungsweise Immobilien zur Verfügung stehen, wo „Leute kreativ sein können, ohne mit anziehenden Mieten mithalten zu müssen" (Cappelluti: 584f.) – eine Option, die von Seite städtischer Akteur_innen immer nur vorübergehend geschaffen wird, durch kreative, oder wie im Fall der *Urban-Gardening*-Projekte, grüne Zwischennutzungen. Doch gerade das wird durch den großen Erfolg bestimmter *Urban-Gardening*-Projekte eher verhindert. Denn durch Zwischennutzungsprojekte, die nachträglich verstetigt wurden – wie etwa den Prinzessinnengärten – haben viele Kommunen Angst, überhaupt Flächen für Zwischennutzungen zur Verfügung zu stellen. Da auch die Stadt Offenbach mit der kulturellen Zwischennutzung Hafen 2 negative Erfahrungen gemacht hat, als es zur Auflösung des Projekts kommen sollte, war die OPG auch im Hinblick auf den Hafengarten skeptisch. Um Proteste zu umgehen, suchte die OPG deshalb bereits vor der Auflösung des Hafengartens nach Alternativen (Reichel 67-81).

Der Frankfurter Garten und der Hafengarten Offenbach schaffen urbane Frei-räume und ermöglichen gleichzeitig ein Down-Scaling kommunaler Aufgaben.

Das Engagement des *Frankfurter-Garten*-Teams zeigt, dass es auch in neoliberalisierten Städten Möglichkeiten gibt, ‚andere' Räume zu schaffen. Über die Art und Weise der Raumnutzung in den Projekten werden andere Werte vermittelt, als jene, die in neoliberalisierten Gesellschaften dominieren: Nachhaltigkeit, die gemeinschaftliche Nutzung von Ressourcen sowie das Teilen, *Upcyclen* und Selbermachen. Der *Frankfurter Garten* sei „in einer Zeit des Konsumüberflusses [...] ein kleines Mahnmal" (Lohmann-Thomas: 202-206). Dies gilt – bedingt durch seine Organisationsform als Projekt der OPG – in eingeschränkter Weise auch für den *Hafengarten Offenbach*. In beiden Projekten wird deutlich, dass positive Veränderungen im urbanen Umfeld mit wenigen Mitteln zu erreichen sind. Die Projekte bieten Partizipationsmöglichkeit und die Chance, an der Raumgestaltung im eigenen Quartier teilzuhaben.

In beiden Projekten wird außerdem der Wert der Gemeinschaft betont (ebd.: 791-796). In diese Gemeinschaften werden, zumindest auf theoretisch konzeptioneller Ebene, auch Menschen eingeschlossen, „die eine gebrochene Biographie haben" (Jünemann: 639) oder deren Lebenssituation sich schwierig gestaltet (Walker: 753-756). Durch die Zusammenarbeit mit FFM naturnah bekommen im *Frankfurter Garten* Langzeitarbeitslose die Chance zum Wiedereinstieg ins Berufsleben im Bereich Garten und Landschaftsbau (Lohmann-Thomas: 172-178). Außerdem gehört es zum Selbstverständnis der beiden Gärten, diese als Begegnungsort für eine möglichst große Zahl unterschiedlicher Nutzer_innen offen zu halten. Menschen sollen sich dort „auf dem kleinsten gemeinsamen Nenner" (Walker: 475f.) begegnen. Eine Polarisierung zwischen alten und neuen Quartiersbewohner_innen beziehungsweise -nutzer_innen wird auf konzeptioneller Ebene vermieden: Banker_innen der EZB sollen im *Frankfurter Garten* auf alteingesessene Ostendler_innen treffen, Nordendler_innen sollen im *Hafengarten* die Möglichkeit haben, die Bewohner_innen des Immobilienprojekts Hafen Offenbach kennenzulernen. An beiden *Places* muss nicht konsumiert werden. Um Ausgrenzungsdynamiken weitestgehend zu vermeiden, entschied sich Cappelluti, die Initiatorin des *Frankfurter Gartens* außerdem für niedrige Preise in der Gastronomie des *Gartenkiosks* (Cappelluti: 573-577). Dies sei aber nur möglich, „wenn die Stadt dir eine günstige Miete gibt" (ebd.: 578-581) oder wenn *Urban-Gardening*-Projekte gar keine Miete zahlen müssten, wie im Fall des *Frankfurter Gartens*.

Die Stadt Frankfurt ist also, wie die OPG in Offenbach, eine Ermöglicherin von *Urban Gardening*. Die Unterstützung mag sicherlich mit der Begeisterung einzelner städtischer Akteur_innen für diese Form des urbanen Engagements zu tun haben; *Urban Gardening* ist aber vor allem eine kostengünstige und leicht zu realisierende Ergänzung für städtische Freiraum-Angebote in Zeiten finanzieller Schwierigkeiten auf kommunaler Ebene (Protokoll III; Jacob: 257-259, 972-976; Heilig: 202-206). Auch wenn Jacob, die für *Urban Gardening* zuständige Mitarbeiterin des Frankfurter Grünflächenamts, und Umweltdezernentin Heilig bestreiten, dass die Stadt durch *Urban-Gardening*-Projekte finanzielle entlastet wird (Jacob: 856-868; Heilig: 207-209), bedeutet *Urban Gardening* und die Aktivierung von Bürger_innen zur Schaffung und zum Erhalt von urbanen Grünflächen für stadtpolitische Akteur_innen einen Mehrwert. Im Angesicht beschränkter Ressourcen sind neue Konzepte der Grünflächenbewirtschaftung unter Einbeziehung von Bürger_innen willkommen (Graubner: 633-640). Gleichzeitig erhoffen sich städtische Akteur_innen von *Urban Gardening* eine stabilisierende Wirkung für Quartiere (ebd.: 450-455).

Der Frankfurter Garten und der Hafengarten Offenbach setzen Gentrifizierungsprozessen positiv konnotierte Places entgegen und verstärken gleichzeitig Aufwertungsprozesse.

Grundsätzlich sehen viele Nutzer_innen die *Urban-Gardening*-Projekte als Bereicherung ihres Quartiers an. Der *Frankfurter Garten* ist zu einem Fixpunkt im Leben zahlreicher Frankfurter_innen geworden und schafft im sich stark wandelnden Ostend „etwas Heimeliges" (Jacob: 683). Der Garten will ein Treffpunkt sein für die Nachbarschaft, aber auch einen „Kontrapunkt setzen zur EZB" (Nienhaus 2013). Dabei steht die EZB auch symbolhaft für größere gesellschaftliche

Prozesse wie Gentrifizierung oder Globalisierung und das urbane Gärtnern als Strategie, mit diesen Prozessen umzugehen, beziehungsweise ihnen entgegenzuwirken. Der Garten dient als „erweitertes Wohnzimmer" (Jacob: 688f.). Auch einem Gefühl der Entfremdung durch eine zunehmend virtuelle Vernetzung ist *Urban Gardening* eine Möglichkeit, sich für eine gewisse Zeit an einen bestimmten Ort zu binden (Graubner: 534-538), „auch wenn es nur jetzt für eine Saison ist" (ebd.: 538).

Gleichzeitig verstärken Zwischennutzungen und ihre „Kreativästhetik" (Exner und Schützenberger 2015: 68) die Attraktivität von Flächen, indem sie diese ins Bewusstsein von Investor_innen und Stadtbewohner_innen rücken (Cappelluti: 559-565) – was im Fall des *Hafengartens* ja auch ein zentrales Motiv war, um diesen überhaupt zu etablieren (Reichel: 625-632; Süßmann: 670-673). Auch der *Frankfurter Garten* sollte dazu beitragen, den Danziger Platz aufzuwerten und ihn zum „Zentrum und Herz des Stadtteils" (Cappelluti et al. 2012: 3) zu machen, um seine städtebauliche Entwicklung voranzutreiben – eine Entwicklung, die dann, wenn der Danziger Platz umgestaltet wird, vermutlich ohne den *Frankfurter Garten* weitergehen wird. Auf diese Weise, quasi als Pionier_innen (Dangschat 1988), an städtischen Aufwertungszyklen teilzunehmen, löst bei manchen Gärtner_innen Unbehagen aus (Protokoll XI: 8); ebenso die Kooperation mit Sponsor_innen wie Fraport (Cappelluti: 182-185). Doch eine zentrale Strategie des *Frankfurter Gartens* war es von Anfang an, sich durch eine umfassende Vernetzung innerhalb des städtischen Gefüges zu etablieren und das eigene Fortbestehen zu sichern. Zu dieser Strategie gehört auch der Versuch der Verantwortlichen, durch viele Tochter-Projekte auch außerhalb des Ostends in der Stadt zu wirken.

Der Frankfurter Garten und der Hafengarten Offenbach sind Möglichkeitsräume, schöpfen ihr Potential aber (noch) nicht aus.

In dieser Arbeit sind wir davon ausgegangen, dass die Praxis des *Urban Gardenings* im Globalen Norden eng verbunden ist mit aktuellen Formen der Urbanisierung im Kontext einer Neoliberalisierung des Städtischen (Tornaghi 2014).

Deshalb sind wir der Frage nachgegangen, inwiefern unserer Fallbeispiele über ein gesellschaftsverändernde Potential verfügen. Auf diesen Aspekt gehen wir nun noch einmal resümierend ein.

In den *Urban-Gardening*-Projekten *Frankfurter Garten* und *Hafengarten Offenbach* werden gesamtgesellschaftliche Dynamiken nicht fundamental in Fragen gestellt. Die Projekte wollen zwar die herrschenden räumlichen Verhältnisse im Hinblick auf Nachhaltigkeit und Lebensqualität zum Positiven verändern, doch sie streben dabei keine „revolution of space" (Lefebvre 1991: 419) an. Mit den „urbanen Interventionen" (Ohliger: 20f.) *Frankfurter Garten* und *Hafengarten Offenbach* wird kein grundlegender Wandel von Raum, Wirtschaftsform und Gesellschaft angestrebt. Die Projekte wenden sich zwar implizit oder explizit gegen negative Folgen der Neoliberalisierung des Städtischen, wie Gentrifizierung oder einen Ausschluss aus dem urbanen Raum. Gleichzeitig bezeichnen sie sich aber als unpolitische Orte, an denen keine extremen Positionen vertreten werden sollen. Eine Vernetzung mit stadtpolitischen Aktivist_innen, wie etwa der Recht-auf-Stadt-Bewegung, hat bisher nicht stattgefunden.

Beim *Hafengarten Offenbach* liegt diese apolitische Haltung sicherlich darin begründet, dass das Projekt von der OPG, also einer städtischen Projektentwicklungsgesellschaft, getragen wird. Beim *Frankfurter Garten* liegt die Vermutung nahe, dass die Verantwortlichen einen Begegnungsraum für möglichst viele Menschen sein wollen und deshalb auf eine offensive Politisierung verzichten. Die Aktiven scheinen eher darauf zu setzen, auf indirekte Weise – etwa durch Veranstaltungen wie „Es ist nicht alles Gold, was glänzt" – Kritik an den herrschenden gesellschaftlichen Verhältnissen zu üben. Für Christa Müller steht die *Urban-Gardening*-Bewegung auch ganz allgemein eher für ein ‚Dafür' als für ein ‚Dagegen', für eine „positive Bewegung" (Protokoll I: 2).

Doch diese positive Ausrichtung passt anscheinend nur allzu gut in gängige stadtpolitische Strategien im Kontext einer Neoliberalisierung des Städtischen. Denn wenn Ehrenamtliche öffentlich nutzbare Orte schöner und grüner machen, ist dies nichts, womit man bei der Stadtverwaltung „jetzt sofort anecken würde" (Graubner: 601f.). Dieses Verhalten ist im Einklang mit dem Ziel unternehmerischer Stadtpolitik und -verwaltung, Bürger_innen für ehemals staatliche Aufgaben zu aktivieren und der eigenen Stadt über ein positives Image zu einer besseren Position im internationalen Städtewettbewerb zu verhelfen. In Frankfurt und Offenbach ist es deshalb eher so, dass man mit einem *Urban-Gardening*-Projekt „offene Türen einrennt" (ebd.: 605).

Doch auch wenn der *Frankfurter Garten* und der *Hafengarten Offenbach* – und auch die Praxis des *Urban Gardenings* im Allgemeinen – ‚harmlos' anmuten, weil sie gesellschaftlich und stadtpolitisch kaum Widerstände erzeugen, wäre es eine grobe Vereinfachung ihnen alles gesellschaftsverändernde Potential abzusprechen. Denn das Verhalten der an den *Urban-Gardening*-Projekten beteiligten Akteur_innen ist alles andere als eindeutig: Alexandra Walker, die von der OPG angestellte Koordinatorin des *Hafengartens*, arbeitet eher für den Erhalt des Projekts als für seine ‚fristgerechte' Auflösung entsprechend seiner Zwischennutzung. Auch die Reaktionen der in den Projekten Aktiven auf eine zukünftige Schließung sind nicht abzusehen:

> „Also am Zaun anketten tun sie sich bestimmt nicht. [...] Aber ich könnte mir vorstellen, dass es so einen zivilen Widerstand gibt, in der Form von Unterschriftenlisten, oder auch zu demonstrieren, sich vor den Römer zu stellen [...] aber wer weiß, was so schlummert in so einem Gärtner" (Jünemann: 198-207).

6. Fazit

Auf Grundlage unserer Forschungsarbeit soll es möglich sein, *Urban Gardening* im Kontext aktueller Stadtentwicklungsprozesse einzuordnen und neue Perspektiven auf diese stadtgeographisch relevante Praxis zu gewinnen. Wir haben dafür zwei konkrete Fallbeispiele untersucht, den *Frankfurter Garten* und den *Hafengarten Offenbach*.

6.1 Zusammenfassung der theoretischen Grundlagen

Um uns dem Themenfeld *Urban Gardening* anzunähern, haben wir zunächst einen Überblick über den aktuellen Forschungsstand zu diesem Phänomen gegeben und sind dabei auch auf die Positionen der kritischen *Urban-Gardening*-Forschung eingegangen. Im Anschluss haben wir die drei theoretischen Ansätze vorgestellt, anhand derer wir unsere Fallbeispiele untersucht haben: erstens Lefebvres Arbeiten zu Stadt, Urbanisierung und zur Produktion des Raums; zweitens die Raumform *Place* und den zugehörigen Begriff des *Place-Makings* mit einem Schwerpunkt auf den Arbeiten von Massey; und drittens ausgewählte Aspekte aus der Debatte um die Neoliberalisierung des Städtischen.

Durch diese verschiedenen theoretischen Zugriffe konnten wir jeweils unterschiedliche Aspekte von *Urban Gardening* in den Blick nehmen: die *Urban-Gardening*-Projekte als Ergebnis von Raumproduktionsprozessen, die Projekte als sich dynamisch entwickelnde *Places* mit individuellen und kollektiven Bedeutungen und die *Urban-Gardening*-Projekte als aktuelle Phänomene in Städten des Globalen Nordens. Durch die Kombination und Integration dieser theoretischen Konzepte stellten wir auf möglichst umfassende Weise dar, inwiefern *Urban Gardening* als Ausdruck der Urbanisierung im Globalen Norden verstanden werden kann.

Als wichtigste Ergebnisse aus diesem ersten, theoretischen Teil unserer Arbeit lassen sich folgende Aspekte festhalten: *Urban-Gardening*-Projekte sind, wie allgemein der urbane Raum, das vorläufige Ergebnis konflikthafter Aushandlungsprozesse. Sie werden in komplexen sozialen Prozessen hergestellt, die sich mit Hilfe von drei Dimensionen fassen lassen: dem wahrgenommenen, dem konzipierten und dem gelebten Raum. *Urban-Gardening*-Projekte sind außerdem Beispiele für bedeutungsvolle Orte, für *Places*. Dabei sind die ihnen zugeschriebenen Bedeutungen aber nichts Dauerhaftes, sondern als prozesshaft und dynamisch zu verstehen. *Urban-Gardening*-Projekte als *Places* sind keine eindeutig abgrenzbaren Räume mit einem klaren Außen und Innen. Diesem progressiven Verständnis von *Places* steht deren Konzeptualisierung im Zusammenhang mit der strategischen Bezugnahme auf ‚besondere Orte' entgegen. Ein solch geschlossenes Verständnis von *Places* kann zur politischen Mobilisierung, zum Beispiel im Sinne so genannter Standortgemeinschaften, dienen.

Im Zusammenhang mit der Neoliberalisierung des Städtischen werden *Urban-Gardening*-Projekte auf städtischer Ebene als sinnvolle Aktivierung von Bürger_innen angesehen. Im Kontext einer Stadtpolitik, die sich zunehmend um die Verbesserung des eigenen Images und der weichen Standortfaktoren bemüht, werden die Projekte von städtischen Akteur_innen zu Marketingzwecken genutzt. Gleichzeitig bleibt *Urban-Gardening*-Projekten die Möglichkeit verwehrt, Flächen längerfristig zu nutzen, da sie von vornherein nur als Zwischennutzungen angesehen werden. Sie müssen, so die dominante Argumentationslogik, notwendigerweise höherwertigen Nutzungen, wie Infrastruktur- oder Immobilienprojekten weichen. Gleichzeitig bieten *Urban-Gardening*-Projekte für Stadtbewohner_innen Möglichkeiten zur Partizipation und zur Identifikation. In einer vernetzten, globalisierten Welt können die Gärten für ihre Nutzer_innen einen Gegenpol darstellen und ein Weg sein, Entfremdung zu überwinden und sich in der eigenen Stadt, im Stadtviertel oder Quartier heimisch zu fühlen.

6.2 Ergebnisse der Arbeit und Ausblick

Aus den theoretischen Grundlagen unserer Arbeit resultierten unsere Thesen (vgl.: Kapitel 3), auf deren Grundlage wir unsere Fragestellung konkretisiert haben. Im Rahmen unserer empirischen Fallstudie haben wir diese Annahmen untersucht. Im Folgenden geben wir nun einen Überblick über die zentralen Ergebnisse unserer Forschung und bestätigen beziehungsweise widerlegen die unserer Arbeit zugrunde liegenden Thesen.

6.2.1 Überprüfung der Thesen und Zusammenfassung der empirischen Ergebnisse

Die beiden von uns untersuchten *Urban-Gardening*-Projekte *Frankfurter Garten* und *Hafengarten Offenbach* können als *Places* bezeichnet werden. Sie sind das Produkt spezifischer sozialer Beziehungsgeflechte, die an jeweils einem konkreten Ort – auf dem Danziger Platz und auf einem Teil des ehemaligen Offenbacher Hafengeländes – ihren Kristallisationspunkt gefunden haben. Beide Orte sind für die Nutzer_innen bedeutungsvoll und identitätsstiftend. Dabei haben der *Frankfurter Garten* und *Hafengarten Offenbach*, wie von Massey für die Raumform *Place* beschrieben, durchaus unterschiedliche Bedeutungen: Die Projekte sind Orte der Erholung, der Selbstversorgung, der Zusammenkunft, des nachbarschaftlichen Austauschs, sie sind Veranstaltungsorte, Spiel- oder Arbeitsplätze. Diese vielfältigen *Place*-Identitäten werden auf Quartiersebene mehrheitlich als Bereicherung empfunden, sind aber auch Ursache für Konflikte, sowohl innerhalb der Projekte als auch mit dem Umfeld.

In diesem Zusammenhang finden Exklusionsprozesse statt: Nach Aussage der Interviewpartner_innen spricht der *Frankfurter Garten* vor allem Angehörige der Mittelschicht an, die über ein ausgeprägtes ökologisches Bewusstsein verfügen und gleichzeitig an einem alternativen Kultur- und Gastronomieangebot interessiert sind. Das Veranstaltungsangebot mit Mädchenflohmarkt, Kräuter-Workshops oder alternativem Weihnachtsmarkt spiegelt diese Ausrichtung wider. Gleichzeitig hat das Projekt andere Nutzer_innen aus diesem urbanen Raum verdrängt. Dies sind zum einen Anwohner_innen, die den Danziger Platz als (illegalen) Parkplatz genutzt haben; zum anderen Wanderarbeiter_innen, die vorher in Minibussen auf dem Platz übernachtet haben. Vom Danziger Platz ausgeschlossen werden zudem all jene, die sich nicht mit dem Projekt *Frankfurter Garten* identifizieren können, die aber zuvor – zumindest theoretisch – den öffentlichen Raum Danziger Platz hätten nutzen können.

Auch der *Hafengarten Offenbach* richtet sich vor allem an eine Zielgruppe: die Bewohner_innen des Nordends, von denen viele nicht über einen eigenen Garten verfügen. Der *Hafengarten* wurde in der Anfangsphase explizit als Projekt für das Nordend beworben. Der enge Zuschnitt wurde später aber erweitert – die Gärtner_innen kommen aktuell aus unterschiedlichen Offenbacher Stadtteilen und auch aus Frankfurt. Der *Hafengarten* war als Schnittstelle zwischen Nordend und Hafenareal gedacht. Durch das Engagement im *Urban-Gardening*-Projekt sollten die Nordendler_innen auf zwanglose Weise in Kontakt mit den Bewohner_innen der neuen Immobilien kommen. Deshalb wurde der *Hafengarten* auch bei den neuen Anwohner_innen beworben, unter anderem mit einem Infostand an der Hafenmole. Doch nur wenige Bewohner_innen des Hafenareals fühlten sich von diesem Angebot angesprochen. Diese Wenigen waren überdies nicht lange im *Hafengarten* aktiv. Doch in den von uns untersuchten Projekten finden nicht nur Exklusionsprozesse statt, es wirken auch Inklusionsmechanismen: Denn die Projekte haben in den jeweiligen Quartieren aus „Unorten" beziehungsweise „No-go-Areas" Begegnungsorte gemacht. Somit wurden durch die *Urban-Gardening*-Projekte aus kaum beziehungsweise gar nicht genutzten urbanen Räumen öffentliche Treffpunkte für unterschiedliche soziale Gruppen. Die Nutzer_innen der Projekte sind sich weitgehend darüber einig, dass in diesen Räumen Begegnungen möglich sind, die außerhalb – bedingt durch soziale Segregationsprozesse – nur selten zustande kommen. In welchem Ausmaß diese Begegnungsmöglichkeiten tatsächlich genutzt werden, ist nicht eindeutig feststellbar. Gleichzeitig sind die Räume, die durch die Projekte hergestellt wurden, aber nur halböffentlich. Sie sind von Zäunen umgeben und können über Tore verschlossen werden. Der *Frankfurter Garten* hat zudem feste Öffnungs- und Schließzeiten. Im *Offenbacher Hafengarten* wurden 2014 im Plenum Regeln für das Verhalten innerhalb des *Urban-Gardening*-Projekts aufgestellt.

Hier werden auch Machtasymmetrien deutlich: Bestimmte Akteur_innen, wie der Vereinsvorstand des *Frankfurter Gartens* oder die Koordinatorin des *Hafengartens*, haben mehr Einfluss auf die Gestaltung und die inhaltliche Ausrichtung der *Places* als andere Nutzer_innen. Auch stadtpolitische Akteur_innen machen ihren Einfluss auf die *Places* geltend, sei dies durch Unterstützung, Vermarktung oder spezifische Anforderungen an die Projekte. Machtasymmetrien werden auch dann sichtbar, wenn die *Urban-Gardening*-Projekte anderen, als höherwertig geltenden Raumnutzungen, wie beispielsweise Infrastruktur- oder Immobilienprojekten, weichen müssen.

Aber nicht nur diese Folgenutzungen werden mit der Aufwertung von Quartieren in Verbindung gebracht, sondern auch die *Urban-Gardening*-Projekte selbst. Den vier Dimensionen von Aufwertung nach Krajewski folgend (vgl. Kapitel 2.3.7) tragen der *Frankfurter Garten* und der *Hafengarten Offenbach* unmittelbar zur symbolischen Aufwertung der entsprechenden Quartiere bei. Denn über die Projekte wird fast ausschließlich positiv berichtet, was das Image der Quartiere stark verändert hat. Die *Urban-Gardening*-Projekte führen aber nicht unmittelbar zur baulichen oder sozialen Aufwertung. Auch eine funktionale Aufwertung durch Konsum- und Dienstleistungsangebote findet nur bedingt statt. In den Quartieren, in denen sich die *Urban-Gardening*-Projekte befinden, lassen sich aber alle vier Aufwertungsdimensionen feststellen. Dem Phänomen *Urban Gardening* ist zwar durchaus eine unterstützende Wirkung bei diesen Aufwertungsprozessen zuzuschreiben, es spielt dabei aber keine übergeordnete Rolle. Allerdings werten die beiden *Urban-Gardening*-Projekte die Quartiere, in denen sie liegen, durchaus auf: Sie verändern die alltäglichen Routinen der Aktiven und Nachbar_innen und sorgen für eine Verbesserung ihrer Lebensqualität beziehungsweise der Lebensqualität im Quartier. Sowohl der *Hafengarten Offenbach* als auch der *Frankfurter Garten* haben eine Lücke in den jeweiligen Quartieren geschlossen, indem die Projekte einen Begegnungs- sowie Lernort und eine grüne Freifläche geschaffen haben. In Offenbach stellt der *Hafengarten* vor allem für die Nordend-Bewohner_innen eine Bereicherung dar, zum einen weil es im Nordend kaum öffentlichen Raum mit Aufenthaltsqualität gibt, zum anderen weil der Garten konsumfrei zu nutzen ist und die Möglichkeit zum Gärtnern, also zum Anbauen von frischem Gemüse, bietet. Auch in Frankfurt hat der Danziger Platz durch den Garten an Aufenthaltsqualität gewonnen. In einem Teil des Ostends, der in den letzten Jahren wenig Aufmerksamkeit erfahren hat, ist durch den *Frankfurter Garten* ein Ort entstanden, wo sich Menschen gerne aufhalten. Im Garten gibt es keinen Verzehrzwang, die Preise des Gartenkiosks sind im Frankfurter Vergleich eher gering. Die Angebote des Mittwochmarkts richten sich aber eher an ein einkommensstärkeres Publikum. Die Projekte haben im Quartier nicht nur neue Aufenthaltsqualität geschaffen, sie bieten auch die Möglichkeit, Räume aktiv mitzugestalten.

Der *Frankfurter Garten* entstand vor allem durch die Initiative von Daniela Cappelluti. Doch im Verlauf des Projekts haben viele Menschen die Gestaltung des Projekts durch ihr Engagement und ihre Ideen mitbestimmt. Sie konnten so einen Raum nach ihren Bedürfnissen schaffen, auch wenn dies nicht ohne Kompromisse innerhalb der Gruppe möglich war. Durch den Erfolg des Projekts in der Zusammenarbeit mit dem Ortsbeirat und dem Grünflächenamt wurde der *Frankfurter Garten* von städtischer Seite nicht restriktiv behandelt und konnte sich – abgesehen von wenigen Ausnahmen im Zusammenhang mit der Verkehrssicherheit des Danziger Platzes – eigenständig entwickeln. Auch innerhalb des Gartens werden immer wieder neue Ideen umgesetzt. Diese müssen allerdings im Einklang mit dem Leitbild des Projekts stehen und dem Prinzip der Nachhaltigkeit Rechnung tragen. Die Umsetzung neuer Ideen wird zwar nicht immer von allen Beteiligten positiv aufgenommen; sie ist aber ein Beleg dafür, dass im *Frankfurter Garten* auf partizipative Weise urbane Freiräume gestaltet werden können.

Im *Offenbacher Hafengarten* sind die Gestaltungsspielräume der Aktiven sogar noch größer, da die Parzellen nach eigenen Wünschen gestaltet werden können. Dafür brachten die Gärtner_innen die unterschiedlichsten Materialien und Gegenstände auf die Fläche. So hat das Projekt eine eigene Ästhetik entwickelt, die auch in Medienberichten besonders betont wurde und zum beliebten Fotomotiv geworden ist. Die Vielfalt der zum Gärtnern verwendeten Gegenstände wird innerhalb des Gartens aber durchaus kontrovers diskutiert. Doch egal wie kreativ und vielfältig die Raumgestaltung in den beiden Projekten ist – die Gestaltungsmöglichkeiten von Stadtraum enden sowohl im *Frankfurter Garten* als auch im *Hafengarten Offenbach* an den jeweiligen Grundstücksgrenzen.

Das wird auch im Zusammenhang mit der Rolle, die *Urban-Gardening*-Projekte für stadtpolitische Akteur_innen spielen, deutlich. Denn der *Frankfurter Garten* und der *Hafengarten Offenbach* verändern den städtischen Diskurs über *Urban Gardening* nur innerhalb eines stark begrenzten Personenkreises. Während sich einige Stadtpolitiker_innen im Rahmen ihres Aufgabenbereichs mit dem Thema konfrontiert sehen, wird *Urban Gardening* in anderen Teilen des Verwaltungsapparats nicht thematisiert. *Urban Gardening* wird als Gestaltungsmöglichkeit mitgedacht, wenn es um die Stärkung sozialer und partizipativer Aspekte in den Quartieren geht. Die Ausweitung des kommunalen Grünflächenangebots spielt eher eine untergeordnete Rolle. *Urban-Gardening*-Projekte werden also von stadtpolitischen Akteur_innen vor allem im sozialen Kontext und als Instrument zur Belebung einer Fläche wertgeschätzt. Der letztgenannte Aspekt spielte auch in Offenbach eine wichtige Rolle. Im Kontext der Stadtentwicklungsprozesse in Offenbach wurde *Urban Gardening* als Instrument eingesetzt, um das Hafenareal gezielt zu beleben und ins Bewusstsein der Bewohner_innen zu rücken. Nach der erfolgreichen Initiierung des *Hafengartens Offenbach* durch die städtische OPG soll nun auch im neu angelegten Senefelder Quartierpark eine Fläche für *Urban Gardening* ausgewiesen werden. Außerdem gibt es eine Initiative, die Offenbach zur Essbaren Stadt machen will. In Frankfurt lässt sich *Urban Gardening* aber nur bedingt als Instrument der Stadtentwicklung bezeichnen. Zwar wird das Engagement der Aktiven begrüßt und im Rahmen von Zwischennutzungen auch unterstützt, doch bisher wurden noch keine *Urban-Gardening*-Projekte – im gemeinschaftsgärtnerischen Sinn – von städtischen Akteur_innen aktiv initiiert. In beiden Städten scheint die Rolle, die *Urban-Gardening* auf stadtpolitischer Ebene spielt, stark von der Überzeugung und Initiative einzelner städtischer Akteur_innen abzuhängen und somit unter Umständen kein fester Bestandteil von Stadtentwicklung zu sein.

In Frankfurt verhindert der akute Flächennutzungsdruck, aber auch der mangelnde politische Wille, dass *Urban-Gardening*-Projekte langfristig in der Innenstadt angesiedelt werden, eine Verstetigung scheint nicht im Interesse der städtischen Akteur_innen zu liegen.

Selbst als Zwischennutzungen sind sie entweder auf vormals unattraktiven Flächen anzutreffen oder von sehr kleinem räumlichen Ausmaß beziehungsweise von sehr kurzer Dauer. In Offenbach wird *Urban Gardening* von Seiten der Stadt strategisch eingesetzt. Das heißt, nicht dem Projekt wird eine unattraktive

Fläche zugewiesen, sondern die unattraktive Fläche ist der Grund, warum ein *Urban-Gardening*-Projekt überhaupt initiiert wird. Auch in Frankfurt scheint *Urban Gardening* für die Stadtplanung nur als Nutzung einer momentan unattraktiven Fläche in Frage zu kommen. Unattraktiv kann in diesem Fall entweder heißen, dass die Fläche von der Bevölkerung nicht angenommen wird, wie beispielsweise der Goetheplatz, oder dass die Fläche brach lag, wie im Fall des Danziger Platzes. Dann stellen *Urban-Gardening*-Projekte ein günstiges Instrument zur Aufwertung dar. Der *Hafengarten Offenbach* ist ein Beispiel für diese Form der Instrumentalisierung. Einer neoliberalen Verwertungslogik folgend steht in diesem Zusammenhang auch das Ziel, eine höherwertige Nutzung auf der Fläche möglich zu machen. Im Fall des *Hafengartens* schafft diese höherwertige Nutzung einen sozialen Mehrwert: Mit dem Bau der Hafenschule auf der ehemaligen *Hafengarten*-Fläche wird zum einen eine Bildungseinrichtung geschaffen; zum anderen soll die Schule als verbindendes Element zwischen Hafenareal und Nordend dienen. Doch auch wenn die Hafenschule Inklusionsmechanismen aufweist, lässt sich dennoch vermuten, dass der *Hafengarten* zu einem positiven Gesamtbild des Hafenareals beigetragen hat, was höherwertige Investitionen nach sich ziehen und die Wirkung der Schule durch Verdrängungseffekte aufheben könnte. In Frankfurt sind *Urban-Gardening*-Projekte nicht genug in der Stadtentwicklung etabliert, um von einem Instrument zur Aufwertung zu sprechen. Allerdings könnte der Erfolg des *Frankfurter Gartens* richtungsweisend für zukünftige Zwischennutzungsprojekte sein, da die kostengünstige Umsetzung, der niederschwellige Zugang und die relativ schnelle Etablierung von *Urban-Gardening*-Projekten jetzt ins Bewusstsein der Planer_innen gerückt sein könnten.

Für die unternehmerisch ausgerichtete Stadtpolitik in Frankfurt und Offenbach sind die *Urban-Gardening*-Projekte in vielfacher Hinsicht ein Gewinn: Die positive mediale Berichterstattung über die Projekte ist indirekte Werbung für die jeweiligen Städte. Darüber hinaus liegen beide Projekte in Quartieren, deren Aufwertung von städtischen Akteur_innen gezielt betrieben wurde beziehungsweise wird. Dazu tragen der *Frankfurter Garten* und der *Hafengarten Offenbach* zumindest auf symbolischer Ebene bei. In Frankfurt fügt sich der *Frankfurter Garten* zudem in die *Green-City*-Pläne der Stadtpolitik ein, in Offenbach passt der *Hafengarten* zur Inszenierung des Nordends als Standort für Kreative und Familien. Gleichzeitig steht sowohl in Frankfurt als auch in Offenbach fest, dass die Gärten nur Zwischennutzungen sein können. Den *Hafengarten* am aktuellen Standort zu belassen, könne sich die Stadt nicht leisten, heißt es in Offenbach. In Frankfurt existieren bereits Pläne, den Hafenpark über den Danziger Platz mit dem Grüngürtel zu verbinden. Der *Frankfurter Garten* ist nicht Teil dieses Konzepts, da der Danziger Platz für den Bau der Nordmainischen S-Bahn zunächst über längere Zeit eine offene Baustelle sein wird.

Die städtischen Akteur_innen in Frankfurt und Offenbach schätzen außerdem das Potential, das die beiden Projekte im Hinblick auf den sozialen Zusammenhalt im Quartier und die Aktivierung von Bürger_innen haben. In Offenbach sollte der *Hafengarten* auch der Bevölkerungsfluktuation im Nordend entgegenwirken. Durch das Gärtnern würden die Anwohner_innen eine größere Verbundenheit zu ihrem Quartier entwickeln, so die Annahme. Indem die Stadtbewohner_innen sich selbstständig um die Schaffung und den Erhalt von Grünflächen bemühen, können die Stadtverwaltungen von Frankfurt und Offenbach außerdem Aufgaben ‚nach unten' weitergeben. Dass beide Gärten in Quartieren entstanden sind, die vor ihrer Aufwertung durch neue Immobilienprojekte und die damit einhergehende Schaffung von Parkanlagen über wenige Grün- und Freiflächen verfügten, legt die Vermutung nahe, dass die Städte Frankfurt und Offenbach vor allem dann in Stadtgrün investieren, wenn sie sich dadurch den Zuzug von Besserverdienenden erhoffen.

6.2.2 Fazit der empirischen Ergebnisse

Im Anschluss an die Überprüfung unserer Thesen lassen sich also folgende Aussagen zu unseren drei Hauptannahmen treffen: Erstens finden in den *Urban-Gardening*-Projekten *Frankfurter Garten* und *Hafengarten Offenbach* permanent konflikthafte Aushandlungsprozesse um Raum statt. Diese stehen zum einen in direktem Zusammenhang mit den Projekten, finden also zwischen den Aktiven

statt, und betreffen dann meist die täglichen Routinen im Projekt. Zum anderen
stehen die Gärten in Konkurrenz zu anderen räumlichen Nutzungen. Die Gestaltung und Nutzung der *Urban-Gardening*-Projekte wird letztendlich nicht von
den Aktiven selbst, sondern von externen Akteur_innen, wie der OPG und dem
Frankfurter Grünflächenamt, bestimmt. Zweitens sind die *Urban-Gardening*-
Projekte auf stadtpolitischer Ebene nur bedingt relevant. Als Zwischennutzung
wird *Urban Gardening* von städtischer Seite begrüßt, da sich die Projekte schnell
etablieren und kostengünstig umzusetzen lassen. Darüber hinaus schaffen sie
einen Ort der Begegnung und zeichnen sich durch einen niederschwelligen Zugang aus. Drittens stellen der *Frankfurter Garten* und der *Hafengarten Offenbach* zugleich einen Kontrapunkt und eine Verstärkung von Prozessen der Neoliberalisierung des Städtischen dar. Die Projekte ergänzen auf kostengünstige Art
und Weise städtische Freiraum-Angebote in Zeiten finanzieller Schwierigkeiten
auf städtischer Ebene. *Urban-Gardening*-Projekte bieten Partizipationsmöglichkeiten, erleichtern zugleich aber auch ein *Down-Scaling* staatlicher Aufgaben.

In unserer Arbeit sind wir der Frage nachgegangen, wie sich im *Frankfurter
Garten* und im *Hafengarten Offenbach* konflikthafte Aushandlungsprozesse um
urbanen Raum gestalten. Ein Schwerpunkt lag dabei auf den aktuellen Prozessen
im Kontext neoliberaler Stadtentwicklung. Zusammenfassend lässt sich in Bezug
auf unsere Fragestellung festhalten, dass in den beiden *Urban-Gardening*-
Projekten keine soziale Praxis gelebt wird, die gesamtgesellschaftliche Dynamiken grundsätzlich in Frage stellen würde. Die Projekte stellen sich selbst als
unpolitisch dar. Sie bezeichnen sich zwar als Begegnungs- und Lernorte und
hoffen, in Bezug auf Nachhaltigkeit und Grünversorgung Veränderungen anzustoßen. Doch die Projekte bewegen sich auf politischer Ebene in den vorgegebe-
nen Strukturen. Sie sind professionell aufgestellt und pflegen einen kooperativen
Kontakt zu städtischen Akteur_innen. Die zeitlich begrenzte Nutzungserlaubnis
der Projekte als Folge der Zwischennutzung wird nicht in Frage gestellt beziehungsweise nicht offen kritisiert. Argumente wie Flächennutzungsdruck oder
Verwertungszwänge zur Steigerung der kommunalen Einnahmen werden als
berechtigt akzeptiert. Die *Urban-Gardening*-Projekte stabilisieren durch diese

Vorgehensweise neoliberale Stadtentwicklungsprozesse, die in Frankfurt und Offenbach ablaufen. Denn in gewisser Weise stellen die *Urban-Gardening*-Projekte eine perfekt auf die Stadtentwicklung abgestimmte Bürger_innen-beteiligung da. Es stellt sich die Frage, inwiefern soziale Bewegungen erfolgreich mit städtischen Akteur_innen kooperieren können, ohne sich gleichzeitig von diesen für deren Zwecke vereinnahmen zu lassen.

Auf Quartiersebene spielen der *Frankfurter Garten* und der *Hafengarten Offenbach* eine große Rolle. Die Projekte haben dort eine Lücke geschlossen und kompensieren somit sozial hergestellte räumliche Defizite. Trotzdem ist die Wirkung beziehungsweise die Reichweite der Projekte über das Quartier hinaus begrenzt. Zwar wird fast ausschließlich positiv über die Gärten berichtet und die Projekte haben andere Garteninitiierungen inspiriert. Doch solange sie immer nur als Zwischennutzung eingesetzt werden und der Erfolg stark von der personellen Besetzung auf städtischer Ebene abhängig ist, haben *Urban-Gardening*-Projekte wie der *Frankfurter Garten* oder der *Hafengarten Offenbach* auf gesamtstädtischer Ebene keine verändernde Wirkung.

6.3 Ausblick auf weitere Forschungsperspektiven

Unsere Fallstudie hat gezeigt, dass *Urban-Gardening*-Projekte einen vielschichtigen und für die kritische Stadtforschung durchaus beachtenswerten Untersuchungsgegenstand darstellen. Unsere Ergebnisse beziehen sich allerdings ausschließlich auf die untersuchten Projekte, den *Frankfurter Garten* und den *Hafengarten Offenbach*. Um darüber hinaus repräsentative Ergebnisse zu erhalten und Aussagen über *Urban-Gardening*-Projekte im Allgemeinen treffen zu können, müssten weitere Studien durchgeführt werden. Denkbar wäre eine differenzierte Betrachtung anderer Fallbeispiele in deutschen Städten, um Gemeinsamkeiten und Unterschiede herauszustellen. Das Forschungsdesign könnte sich dabei an dem von uns angewendeten orientieren. Auch eine Untersuchung von *Urban-Gardening*-Projekten in anderen Ländern des Globalen Nordens wäre möglich, um weitreichendere Aussagen über das Phänomen *Urban Gardening* treffen zu können. Betrachtungen der Projekte über einen längeren Zeitraum hinweg, also beispielsweise von der Planungsphase bis zur Auflösung der Zwischennutzung, würden ebenso die Qualität und Aussagekraft der Ergebnisse erhöhen. Hier wäre es auch möglich, zusätzliche oder andere Methoden hinzuzuziehen, beispielsweise eine langfristig angelegte teilnehmende Beobachtung oder Einzelinterviews mit den Aktiven.

Neben diesen Vorschlägen zur Erweiterung unserer Fallstudie, wäre es zudem auch sinnvoll, weitere inhaltliche Aspekte mit in die Forschung aufzunehmen: Auf stadtpolitischer Ebene könnten die bürokratischen Prozesse bei der Etablierung von *Urban-Gardening*-Projekten in den Blick genommen werden. Interessant wäre es hier beispielsweise, zu untersuchen, wie Stadtpolitik mit *Urban Gardening* umgeht und wie in diesem Zusammenhang bürokratische Regelungen angepasst werden. Auch das Zusammenspiel von Stadtpolitik und *Urban Gardening* im Kontext immobilienwirtschaftlicher Dynamiken stellt, insbesondere in prosperierenden Städten, einen wichtigen Forschungsgegenstand dar. Hier wäre auch eine quantitative Erhebung zu Gentrifizierungs- und Aufwertungsprozessen in Vierteln, in denen *Urban-Gardening*-Projekte angesiedelt sind, denkbar. In diesem Zusammenhang könnten Daten zu Milieus, Lebensstilen und der Mietpreisentwicklung erhoben werden. Ein weiterer Aspekt ist der im Zusammenhang mit Quartiersentwicklung oft genannte „Mythos der sozialen Mischung" (Holm 2009: 23). Hier könnte das Phänomen *Urban Gardening* im Kontext politischer Programme zur Quartiersentwicklung untersucht werden.

Urban Gardening aus der Perspektive kritischer Stadtforschung zu untersuchen, hat gezeigt, dass sich in diesem Phänomen tatsächlich viele städtische Prozesse wie in einem Brennglas bündeln. *Urban-Gardening*-Projekte sind bedeutungsoffene Orte, an denen verschiedene Identitäten, alltägliche Routinen und ästhetische Vorstellungen nebeneinander existieren können. Es wurde deutlich, dass sich *Urban-Gardening*-Projekte zwar positiv auf die Lebensqualität ihrer Nutzer_innen auswirken, aber dass sie sich längst nicht auf diesen ‚Wohlfühl-Aspekt' reduzieren lassen. Denn ihnen wird – explizit oder implizit – die Frage verhandelt, wie Städte sind und wie sie sein sollten. Diese Frage bleibt aktuell, ebenso wie die kritische Analyse von *Urban Gardening*.

Literaturverzeichnis

Agnew, J. A. (1987): Place and Politics: The Geographical Mediation of State and Society. Boston und London (Allen & Unwin).

Aldehoff, S. (2013): Kostenlose Gärten. Im Hafen wächst Gemüse. Auf: Frankfurter Rundschau online. Internet: http://www.fr-online.de/offenbach/kostenlose-gaerten-im-hafen-waechst-gemuese,1472856,22309702.html (01.05.2016).

Allen, P. und J. Guthman (2006): From „old school" to „farm-to school": Neoliberalization from the ground up. *Agriculture and Human Values* 23 (4): 401-415.

Alkon, A. H. und T. M. Mares (2012): Food sovereignty in US food movements: radical visions and neoliberal constraints. *Agriculture and Human Values* 29 (3): 347-359.

Alkon, A. H. (2013): The socio-nature of local organic food. *Antipode 45* (3): 663-680.

Amt für Öffentlichkeitsarbeit (2015): OF Willkommen im Stadtteil. Internet: http://www.offenbach.de/medien/bindata/of/flyer/Stadtteilflyer-2015.pdf (30.04.2016).

Andernach.net GmbH [Andernach] (o.J.): Die Essbare Stadt. Aufwertung öffentlicher Flächen durch Nutzpflanzen. Internet: http://www.andernach.de/de/bilder/essbare_stadt_flyer_quer_print_neu.pdf (01.05.2016).

Angotti, T. (2015): Urban agriculture: long-term strategy or impossible dream? Lessons from Prospect Farm in Brooklyn, New York. *Public Health* 129: 336-341.

Anstiftung Gartenliste (o.J.): Die Urbanen Gemeinschaftsgärten im Überblick. Internet: http://anstiftung.de/urbane-gaerten/gaerten-im-ueberblick#Gartenliste (04.04.2016).

Appel, I., C. Grebe und M. Spitthöver, (2011): Aktuelle Garteninitiativen. Kleingärten und neue Gärten in deutschen Großstädten. Kassel (University Press).

Arbeitsförderung, Statistik und Integration (2014): Statistische Eckdaten auf Bezirksebene. 4. Auflage. Internet: http://www.offenbach.de/medien/bindata/of/Statistik_und_wahlen_/dir-18/dir-30/EDA-2014_Eckdaten_auf_Bezirksebene.pdf (30.04.2016).

Armstrong, D. (2000): A survey of community gardens in upstate New York: Implications for health promotion and community development. *Health and Place* 6 (4): 185-202.

Aufbau FFM (2004): Frankfurt – Dokumentation zur Nachkriegszeit. Internet [zugänglich über das Internet Archive]: https://web.archive.org/web/20120303225424/http://www.aufbau-ffm.de/serie/Teil23-25/25-2.html (30.04.2016).

Bader, I. (2007): „Branding" oder wie aus einer Immobilie eine Marke gemacht wird. *MieterEcho* 324. Internet: http://www.bmgev.de/mieterecho/324/17-citybranding-ib.html (01.05.2016).

Baier, A. (Hrsg.) (2013): Stadt der Commonisten: Neue urbane Räume des Do it yourself. Bielefeld (transcript).

Barthel, S., J. Parker und H. Ernstson (2015): Food and Green Space in Cities: A Resilience Lens on Gardens and Urban Environmental Movements. *Urban Studies* 52 (7): 1-18.

Becker, C. W. (2012): Mit Freiraum Stadt machen – aber wie? *Informationen zur Raumentwicklung* 3/4: 91-102.

Beitzer, H. (2014): Da könnte ja jeder gärtnern. Auf: Süddeutsche Zeitung online. Internet: http://www.sueddeutsche.de/panorama/dachgarten-in-st-pauli-da-koennte-ja-jeder-gaertnern-1.2217699 (01.05.2016).

Belina, B. und B. Michel (2007): Raumproduktionen. Zu diesem Band. In: Belina, B. und B. Michel (Hrsg.): Raumproduktionen. Beiträge der Radical Geography. Eine Zwischenbilanz: 7-34. Münster (Westfälisches Dampfboot).

Belina, B. (2013): Raum. Zu den Grundlagen eines historisch-geographischen Materialismus. Münster (Westfälisches Dampfboot).

Belina, B., T. Petzold, J. Schardt und S. Schipper (2013a): Die Goethe-Universität zieht um. Staatliche Raumproduktion und die Neoliberalisierung der Universität. *sub\urban. zeitschrift für kritische stadtforschung* 1: 49-74.

Belina, B., S. Heeg, R. Pütz und A. Vogelpohl (2013b): Neuordnungen des Städtischen im neoliberalen Zeitalter – Zur Einleitung. *Geographische Zeitschrift* 101 (3+4): 125-131.

Belina, B., M. Naumann und A. Strüver (2014a): Stadt, Kritik und Geographie. Einleitung zum Handbuch Kritische Stadtgeographie. In: Belina, B., M. Naumann und A. Strüver (Hrsg.): Handbuch Kritische Stadtgeographie: 9-14. Münster (Westfälisches Dampfboot).

Belina, B., M. Naumann und A. Strüver (2014b) (Hrsg.): Handbuch Kritische Stadtgeographie. Münster (Westfälisches Dampfboot).

Bendt, P., S. Barthel und J. Colding (2013): Civic greening and environmental learning in public-access community gardens in Berlin. *Landscape and Urban Planning* 109 (1): 18-30.

Berger, F. und C. Setzepfandt (2011): 101 Unorte in Frankfurt. Frankfurt (Societäts-Verlag).

Berking, H. (1998): „Global Flows and Local Cultures". Über die Rekonfiguration sozialer Räume im Globalisierungsprozeß. In: *Berliner Journal für Soziologie* 8 (3): 381-392.

Berking, H. (2010): Raumvergessen – Raumversessen. Im Windschatten des Spatial Turn. In: Honer, A., M. Meuser und M. Pfadenhauer (Hrsg.): Fragile Sozialität Inszenierungen, Sinnwelten, Existenzbastler: 387-395. Wiesbaden (VS).

Bertram, G. (2013): Kritisiert die Kritiker_innen! Kommentar zu Margit Mayers „Urbane soziale Bewegungen in der neoliberalisierenden Stadt". *sub\urban. zeitschrift für kritische stadtforschung* 1: 169-174.

Bertuzzo, E. T. (2009): Fragmented Dhaka: analysing everyday life with Henri Lefebvre's theory of production of space. Stuttgart (Steiner).

Besser Leben Offenbach (o.J.): Viele Aktivitäten steigern die Lebensqualität für Bewohner und Besucher. Internet: https://www.offenbach.de/leben-in-of/sicherheit-ordnung/besser-leben-in-offenbach/index.php (04.04.2016).

Bittner, M. (2015a): Der Wochenmarkt kehrt zurück. Auf: Frankfurter Neue Presse online. Internet: http://www.fnp.de/lokales/frankfurt/Der-Wochenmarkt-kehrt-zurueck;art675,1376999 (30.04.2016).

Bittner, M. (2015b): Neue Pläne für den Frankfurter Garten. Auf: Frankfurter Neue Presse online. Internet: http://www.fnp.de/lokales/frankfurt/Neue-Plaene-fuer-Frankfurter-Garten;art675,1296835,PRINT?_FRAME=33,PRINT?_FRAME=33 (07.04.2016).

Blasius, J. (2008): 20 Jahre Gentrification-Forschung in Deutschland. *Informationen zur Raumentwicklung* 11-12: 857-860.

Blasius, J. und J. S. Dangschat (1990): Gentrification. Die Aufwertung innerstädtischer Wohnviertel. Frankfurt am Main und New York (Campus).

Bläser, K., R. Danielzyk, R. Fox-Kämper, L. Funke, M. Rawak und M. Sondermann (2012): Urbanes Grün in der integrierten Stadtentwicklung. Strategien, Projekte, Instrumente. Düsseldorf (Ministerium für Bauen, Wohnen, Stadtentwicklung und Verkehr des Landes Nordrhein-Westfalen).

Blinda, A. (2013): Containerprojekt in Zürich-West: Grünzeug für Hipster. Auf: Spiegel online. Internet: http://www.spiegel.de/reise/staedte/gartenkneipe-in-zuerich-west-frau-gerolds-garten-a-911758.html (01.05.2016).

Bock, S., J. Libbe, T. Preuß, D. Zwicker-Schwarm, A. Hinzen und A. Simon (2013): Urbanes Landmanagement in Stadt und Region. Urbane Landwirtschaft, urbanes Gärtnern und Agrobusiness. Difu-Impulse. Berlin (Deutsches Institut für Urbanistik).

Bommas, P. (2010): Second City Augsburg. Kreativmodelle & Diskursplattformen als Motor der Stadtentwicklung. *Augsburger Volkskundliche Nachrichten* 1 (31): 69-73.

Brake, K. (2011): „Reurbanisierung" – janusköpfiger Paradigmenwechsel. Wissensintensive Ökonomie und neuartige Inwertsetzung städtischer Strukturen. In: Belina, B., N. Gestring, W. Müller und D. Sträter (Hrsg.): Urbane Differenzen. Disparitäten innerhalb und zwischen Städten: 69-96. Münster (Westfälisches Dampfboot).

Brenner, N., J. Peck und N. Theodore (2010): Variegated neoliberalization: geographies, modalities, pathways. *Global Networks* 10 (2): 182-222.

Bundesministerium für Umwelt, Naturschutz, Bau und Reaktorsicherheit [BMUB] (2015): Grün in der Stadt – Für eine lebenswerte Zukunft. Grünbuch Stadtgrün. Berlin (BMUB).

Buttimer, A. und D. Seamon (1980): The human experience of space and place. London (Croom Helm).

Cappelluti, D. und S. Grudde (2012): Der Frankfurter Garten. /50° 6' 46" N, 8° 42' 29" O/. Ein Projektkonzept [privat erhalten].

Cappelluti, D., P. Manahl und T. Kallenbach (2012): Der Frankfurter Garten [privat erhalten].

Cappelluti, D., P. Manahl, S. Koch und T. Kallenbach (2013): Der Frankfurter Garten [privat erhalten].

Cappelluti, D.: Interviewtranskript. Interview geführt am 17.07.2015.

Castells, M. (2001): Das Informationszeitalter. Teil 1 der Trilogie. Der Aufstieg der Netzwerkgesellschaft. Opladen (Leske + Budrich).

Classens, M. (2015): The nature of urban gardens: toward a political ecology of urban agriculture. *Agricultural Human Values* 32 (1): 229-239.

Clay, P. L. (1979): Neighborhood Renewal: Middle Class Resettlement and Incumbent Upgrading in American Neighborhoods. Lexington (Lexington Books).

Cresswell, T. (2004): Place. A short introduction. Oxford (Blackwell).

Crouch, C. (2008): Postdemokratie. Frankfurt am Main (Suhrkamp).

Cunitz, O. (2013): Frankfurter Garten eröffnet. Internet: http://olafcunitz.de/frankfurter-garten-eroffnet/ (13.03.2016).

Cunitz, O.: E-Mail-Interview. Interview zurückgesendet am 14.09.2015.

Dangschat, J. S. (1988): Gentrification: Der Wandel innenstadtnaher Nachbarschaften. In: Friedrichs, J. (Hrsg.): Soziologische Stadtforschung, Kölner Zeitschrift für Soziologie und Sozialpsychologie, Sonderheft 29: 272-292.

DeLind, L. B. (2015): Where have all the houses (among other things) gone? Some critical reflections on urban agriculture. *Renewable Agriculture and Food Systems* 30 (1): 3-7.

Dell, M. (2011): Mach doch einfach, mach doch einfach. Auf: Der Freitag online. Internet: https://www.freitag.de/autoren/mdell/mach-doch-einfach-mach-doch-einfach (01.05.2016).

Diekmann, A. (2007): Empirische Sozialforschung: Grundlagen, Methoden, Anwendungen. Reinbeck (Rowohlt).

Dooling, S. (2008) Ecological gentrification: Re-negotiating justice in the city. *Critical Planning* 15: 41-58.

Dooling, S. (2009): Ecological Gentrification: A Research Agenda Exploring Justice in the City. *International Journal of Urban and Regional Research* 33 (3): 621-639.

Drake, L. und L. J. Lawson (2014): Validating verdancy or vacancy? The relationship of community gardens and vacant lands in the U.S. *Cities* 40 (B): 133-142.

Drescher, A. und J. Gerold (2010): Urbane Ernährungssicherung. Kreative landwirtschaftliche Nutzung städtischer Räume. *Geographische Rundschau* 12: 28-33.

Dutkowski, D. (2012): Urbane Transitformation. Die Triester Straße im Wandel. Diplomarbeit, Technische Universität Wien. Wien (Technische Universität Wien). Internet:http://www.stadtumland.at/fileadmin/sum_admin/Leitplanung_Moedling/urbane_transitformation_Diplomarbeit_Dutkowski.pdf (30.04.2016).

Eastside Frankfurt (o.J.): Alles für den Osten. Internet: http://www.eastside-frankfurt.de/interessengemeinschaft/ (30.04.2016).

Ehrenstein, C. (2015): „Urban Gardening" soll deutsche Städte grün machen. Auf: Die Welt online. Internet: http://www.welt.de/politik/deutschland/article142297673/Urban-Gardening-soll-deutsche-Staedte-gruen-machen.html (28.09.2015).

Eizenberg, E. (2012a): The Changing Meaning of Community Space: Two Models of NGO Management of Community Gardens in New York City. *International Journal of Urban and Regional Research* 36 (1): 106-120.

Eizenberg, E. (2012b): Actually Existing Commons: Three Moments of Space of Community Gardens in New York City. *Antipode* 44 (3): 764-782.

Eizenberg, E. (2013): From the Ground Up. Community Gardens in New York City and the Politics of Spatial Transformation. Farnham (Ashgate).

Entrikin, N. (1991): The betweenness of place: towards a geography of modernity. London (Macmillan).

Erkens, J. (2015): Offenbach. Der Preis der Aufwertung. Auf: Frankfurter Rundschau online. Internet: http://www.fr-online.de/offenbach/offenbach-der-preis-der-aufwertung,1472856,30812774.html (07.04.2016).

Ernwein, M. (2014): Framing urban gardening and agriculture: On space, scale and the public. *Geoforum* 56: 77-86.

Etzioni, A. (1995): Die Entdeckung des Gemeinwesens. Ansprüche, Verantwortlichkeiten und das Programm des Kommunitarismus. Stuttgart (Schäffer & Poeschel).

Eurozone Ostend (2011): Zugemauert, verschalt und verschlossen. Auf: Hessischer Rundfunk online. Internet: http://blogs.hronline.de/eurozone_ostend/index.html?oi=online.de/eurozone_ostend/2011/07/05/danziger-platz-2/2/index.html (30.04.2016).

Exner, A. und I. Schützenberger (2015): Gemeinschaftsgärten als räumlicher Ausdruck
von Organisationsstrukturen. Erkundungen am Beispiel Wien. sub\urban. zeitschrift für
kritische stadtforschung 3 (3): 51-74.

Faix, N. V. (2011): Zur diskursiven Konstruktion der AdressatInnen von Planung. Das
Beispiel der Innenstadtsanierung Rüsselsheim. Forum Humangeographie 5. Frankfurt am
Main (Institut für Humangeographie).

Fasselt, J. und R. Zimmer-Hegmann (2014): Ein neues Image für benachteiligte
Quartiere: Neighbourhood Branding als wirksamer Ansatz? In: Schnur, O. (2014) (Hrsg.):
Quartiersforschung. Zwischen Theorie und Praxis: 267-291. Wiesbaden (VS).

Ffmtipptopp (o.J.): ffmnaturnah. Wir schützen und pflegen. Internet:
http://www.ffmtipptopp.de/index.php?id=32&tx_ttnews%5Btt_news%5D=62&cHash=bf
c4e5e0173931ad864aa8fcfbd45483 (30.04.2016).

Flick, U., E. v. Kardorff, H. Keupp, L. v. Rosenstiel und S. Wolff (Hrsg.) (1995):
Handbuch Qualitative Sozialforschung. Grundlagen, Konzepte, Methoden und
Anwendungen. Weinheim (Beltz).

Flick, U. (2011): Qualitative Sozialforschung. Eine Einführung. Reinbeck (Rowohlt).

Florida, R. (2002): The Rise of the Creative Class. New York (Basic Books).

Frankfurter Garten e.V. [Frankfurter Garten] (2014): Frankfurter Garten Bürger Flyer
2014 [privat erhalten].

Frankfurter Garten e.V. [Frankfurter Garten] (2015): Archiv 2015. Internet:
http://frankfurter-garten.de/fields/2015/ (02.05.2016).

Frankfurter Garten e.V. [Frankfurter Garten] (o.J.a): Mitmachen. Internet:
http://frankfurter-garten.de/mitmachen/ (02.05.2016).

Frankfurter Garten e.V. [Frankfurter Garten] (o.J.b): Gartenclub. Internet:
http://frankfurter-garten.de/event/gartenclub-17/?instance_id=4065408 (02.05.2016).

Frankfurter Garten e.V. [Frankfurter Garten] (o.J.c): Gartengruppe und Garten in Aktion –
für GärtnerInnen und die, die es werden wollen. Internet: http://frankfurter-
garten.de/works/gartengruppe-komm-vorbei/ (02.05.2016).

Frankfurter Garten e.V. [Frankfurter Garten] (o.J.d): No Water Toilets –
Umweltfreundliche Kompost-Toiletten im Garten. Internet: http://frankfurter-
garten.de/works/no-water-toilets-umweltfreundliche-toiletten-im-garten/ (30.04.2016).

Frankfurter Garten e.V. [Frankfurter Garten] (o.J.e): Wir über uns. Internet:
http://frankfurter-garten.de/wir-ueber-uns/ (12.03.2016).

Frankfurter Garten e.V. [Frankfurter Garten] (o.J.f): Fair-Teiler: Nahrungsmittel tauschen,
statt wegwerfen. Internet: http://frankfurter-garten.de/works/fair-teiler/ (08.03.2016).

Fraport AG [Fraport] (2013): Der Umweltfonds. Internet:
http://www.fraport.de/content/fraport/de/misc/binaer/nachhaltigkeit/stakeholder-

dialog/sonstige-veroeffentlichungen/umweltfonds-2013/jcr:content.file/umweltfonds-2013.pdf (30.04.2016).

Friedmann, J. (2010): Place and Place-Making in Cities: A Global Perspective. *Planning Theory & Practice* 11 (2): 149-165.

Friedrichs, J. (2015): Die Welt ist mir zu viel. Auf: Die Zeit online. Internet: http://www.zeit.de/zeit-magazin/2015/01/entschleunigung-biedermeier-handarbeit-stressabbau (01.05.2016).

FritzDeV (2015): Ostendspaziergang am 28. Juni 2015 – Wo bin ich eigentlich Zuhause? Internet: http://www.fritzdev.de/spaziergaenge.html (30.04.2016).

Fusco, D. (2001): Creating relevant science through urban planning and gardening. *Journal of Research in Science and Teaching* 38 (8): 860-877.

Füllner, J. und D. Templin (2011): Stadtplanung von unten. Die „Recht auf Stadt"-Bewegung in Hamburg. In: Holm, A. und D. Gebhardt (Hrsg.): Initiativen für ein Recht auf Stadt. Theorie und Praxis städtischer Aneignung: 79-104. Hamburg (VSA).

Geertz, C. (1996): Afterword. In: Feld, S. und K. H. Basso: Senses of Place: 259-262. Santa Fe (School of American Research Press).

Girgert, W. (2013): Zwischennutzung als Aufwertungsmotor. Internet: http://www.german-architects.com/de/pages/2213_gentrifizierung (01.04.2016).

Gläser, J. und G. Laudel (2009): Experteninterviews und qualitative Inhaltsanalyse. Wiesbaden (VS).

Glatter, J. (2007): Gentrification in Ostdeutschland – untersucht am Beispiel der Dresdner äußeren Neustadt. Dresdner Geographische Beiträge Heft 11. Dresden (Sächsisches Druck- und Verlagshaus).

Goldman, A: E-Mail-Interview. Interview zurückgesendet am 14.07.2015.

Graubner, S.: Interviewtranskript. Interview geführt am 16.07.2015.

Green Urban Commons (2015): Call for Papers – Grüne städtische Gemeingüter? Internet: https://greenurbancommons.wordpress.com/2015/06/02/call-for-papers-grune-stadtische-gemeinguter/ (29.04.2016).

Grunderson, R. (2014): Problems with the defetishization thesis: Ethical consumerism, alternative food systems, and commodity fetishism. *Agriculture and Human Values* 31 (1): 109-117.

Grünflächenamt der Stadt Frankfurt am Main [Grünflächenamt Frankfurt] (2013): Der Hafenpark. Frankfurt (Grünflächenamt der Stadt Frankfurt am Main).

Guelf, F. M. (2010): „La révolution urbaine". Henri Lefèbvres Philosophie der globalen Verstädterung. Dissertation, Technische Universität Berlin. Berlin (Technische Universität Berlin).

Guitart, D., C. Pickering und J. Byrne (2012): Past results and future directions in urban community gardens research. *Urban Forestry & Urban Greening* 11 (4): 364-373.

Gulsrud, N. M., S. Gooding und C. C. Konijnendijk van den Bosch (2013): Green space branding in Denmark in an era of neoliberal governance. *Urban Forestry & Urban Greening* 12 (3): 330-337.

Guthman, J. (2008a): Bringing good food to others: investigating the subjects of alternative food practice. *Cultural Geographies* 15 (4): 431-447.

Guthman, J. (2008b): Neoliberalism and the making of food politics in California. *Geoforum* 39 (3): 1171-1183.

Haeming, A. (2010): Wenn Städter Wurzeln schlagen. Auf: Die Zeit online. Internet: http://www.zeit.de/lebensart/2010-08/grossstadt-gaerten/komplettansicht (10.07.2015).

Haeming, A. (2011a): Der Garten als Marke. Auf: Die Zeit online. Internet: http://www.zeit.de/lebensart/2011-04/prinzessinnengarten-neu/komplettansicht (01.05.2016).

Haeming, A. (2011b): Sachbuch-Phänomen Selbermachen: Ich bastel mir 'ne Wurst. Auf: Spiegel online. Internet: http://www.spiegel.de/kultur/literatur/sachbuch-phaenomen-selbermachen-ich-bastel-mir-ne-wurst-a-775467.html (01.05.2016).

Hafengold (2015): Wie ein neues Stadtviertel entsteht. Internet: http://www.wohnen-hafengold.de/news-reader/items/wie-ein-neues-stadtviertel-entsteht.html (07.04.2016).

Haidle, E. (o.J.): Eine andere Welt ist pflanzbar! Internet: http://www.eine-andere-welt-ist-pflanzbar.de/index.php?article_id=4 (23.04.2016).

Harvey, D. (1989): The Condition of Postmodernity. An Enquiry into the Origins of Cultural Change. Cambridge, USA und Oxford, UK (Blackwell).

Harvey, D. (1996): Cities or urbanization? *City: analysis of urban trends, culture, theory, policy, action* 1 (1+2): 38-61.

Harvey, D. (1997): The new urbanism and the communitarian trap. Auf: Harvard Design Magazine online. Internet: http://www.harvarddesignmagazine.org/issues/1/the-new-urbanism-and-the-communitarian-trap (01.05.2016).

Harvey, D. (2013): Rebellische Städte. Vom Recht auf Stadt zur urbanen Revolution. Berlin (Suhrkamp).

Haufe.de/immobilien [Haufe Immobilien] (2015): Degewo fördert Gemeinschaftsgarten in der Berliner Gropiusstadt. Internet: https://www.haufe.de/immobilien/wohnungswirtschaft/degewo-foerde...garten-in-der-berliner-gropiusstadt_260_319912.html (01.05.2016).

Heeg, S. (1998): „Vom Ende der Stadt als staatlicher Veranstaltung". Reformulierung städtischer Politikformen am Beispiel Berlins. *Prokla* 110: 5-23.

Heeg, S. und M. Rosol (2007): Neoliberale Stadtpolitik im globalen Kontext. Ein

Überblick. *PROKLA. Zeitschrift für kritische Sozialwissenschaft* 149 (4): 491-509.

Heeg, S. (2008): Property-led development als neuer Ansatz in der Stadtentwicklung? Das Beispiel der South Boston Waterfront in Boston. *Erdkunde* 62 (1): 41-57.

Heeg, S. (2016): Zur Neuordnung des Städtischen im neoliberalen Zeitalter. Eine wissenschaftliche Debatte. In: Oehler, P., M. Drilling und N. Thomas (Hrsg.): Soziale Arbeit in der unternehmerischen Stadt. Kontexte, Programmatiken, Ausblicke: 11-22. Wiesbaden (VS).

Heilig, R.: Interviewtranskript. Interview geführt am 12.08.2015.

Heinrich-Böll-Stiftung [HSB] (2015): Gentrifizierung: Über die Polarisierung unserer Städte. Internet: https://www.boell.de/de/2015/02/24/gentrifizierung-von-der-polarisierung-unserer-staedte (01.05.2016).

Heinz, W. (2015): (Ohn-)mächtige Städte in Zeiten neoliberaler Globalisierung. Münster (Westfälisches Dampfboot).

Herbst, M. (2014): Vom Büro direkt auf den Acker. Auf: Frankfurter Allgemeine Zeitung online. Internet: http://www.faz.net/aktuell/stil/drinnen-draussen/hobbygaertner-vom-buero-direkt-auf-den-acker-12933410.html (01.05.2016).

Hirsch, J. (1998): Vom Sicherheits- zum nationalen Wettbewerbsstaat. Berlin (ID Verlag).

Holm, A. (2009): Soziale Mischung. Zur Entstehung und Funktion eines Mythos. *Forum Wissenschaft* 1. Internet: http://www.bdwi.de/forum/archiv/uebersicht/2380964.html (02.05.2016).

Holm, A. (2010): Gentrification und Kultur: Zur Logik kulturell vermittelter Aufwertungsprozesse. In: Hannemann, C., J. Pohlan, A. Pott und H. Glasauer (Hrsg.): Jahrbuch Stadtregion 2009/10: 64-82. Leverkusen (Budrich).

Holm, A. (2011a): Ein ökosoziales Paradoxon. Stadtumbau und Gentrifizierung. *politische ökologie* 124 (Post Oil City): 45-52.

Holm, A. (2011b): Das Recht auf die Stadt. *Blätter für deutsche und internationale Politik* 8: 89-97.

Holm, A. und D. Gebhardt (2011) (Hrsg.): Initiativen für ein Recht auf Stadt. Theorie und Praxis städtischer Aneignungen. Hamburg (VSA).

Holm, A. (2012): Gentrification. In: Eckhardt, F. (Hrsg): Handbuch Stadtsoziologie: 661-687. Wiesbaden (VS).

Holm, A. (2014): Gentrification. In: Belina, B., M. Naumann und A. Strüver (Hrsg.): Handbuch kritische Stadtgeographie: 102-107. Münster (Westfälisches Dampfboot).

Holt-Giménez, E. und Y. Wang (2011): Reform or transform? The pivotal role of food justice in the US food movement. *Race/Ethnicity: Multidisciplinary Global Contexts* 5 (1): 83-102.

Honneth, A. (Hrsg.) (2002): Befreiung aus der Mündigkeit – Paradoxien des gegenwärtigen Kapitalismus. Frankfurt am Main (Campus).

HO Offenbach (2015a): „Wir führen die Innenstadt an den Main" – Starke Resonanz auf Bürgerinfo der OPG. Internet: https://www.offenbach.de/stadtwerke/microsite/hafen/dialog/veranstaltungen/hobuergerinformation-rueckschau-1507.php# (04.04.2016).

HO Offenbach (2015b): Aktuelles Hafen Offenbach. Internet: http://www.offenbach.de/stadtwerke/microsite/hafen/heute/aktuelles/aktuelles.php (07.04.2016).

HO Offenbach (o.J.): *Hafengarten. Internet: https://www.offenbach.de/stadtwerke/microsite/hafen/heute/hafengarten/hafengarten.php (12.03.2016).

Huber, F. J. (2011): Das kulturelle Kapital und die PionierInnen im Gentrifizierungsprozess. Forschungsansätze und Herausforderungen für die Stadtsoziologie. In Frey, O. und F. Koch (Hrsg.), Positionen zur Urbanistik: 167-184. Wien (LIT).

Hugendick, D. (2011): Subversion auf dem Kompost. Auf: Die Zeit online. Internet: http://www.zeit.de/lebensart/2011-05/gardening-glosse (01.05.2016).

Iveson, K. (2013): Cities within the City: Do-It-Yourself Urbanism and the Right to the City. *International Journal of Urban and Regional Research* 37 (3): 941-956.

Jacob, S.: Interviewtranskript. Interview geführt am 22.07.2015.

Jonas, A. E. G. und A. While (2007): Greening the entrepreneurial city? Looking for spaces of sustainability politics in the competitive city. In: R. Krueger und D. Gibbs (Hrsg.): The Sustainable Development Paradox: Urban Political Economy in the United States and Europe: 123-155. London (Guilford Press).

Journal Frankfurt (2013): Frankfurter Garten kommt voran. Auf: Journal Frankfurt online. Internet: http://www.journal-frankfurt.de/journal_news/Kultur-9/Prinzessinnengarten-made-in-FFM-Frankfurter-Garten-kommt-voran-17905.html (30.04.2016).

Jünemann, C.: Interviewtranskript. Interview geführt am 08.07.2015.

Kalberer, R. (2007): Die Bedeutung soziokultureller Zwischennutzungen auf brachgefallenen Industrie- und anderen Arealen. Bachelorarbeit, Universität Zürich. Internet: http://www.zwischennutzung.net/downloads/Bachelorarbeit_RimaKalberer.pdf (02.05.2016).

Kälber, D. (2011): Urbane Landwirtschaft und postfossile Strategie. In: Müller, C. (Hrsg.): Urban Gardening. Über die Rückkehr der Gärten in die Stadt: 266-279. München (oekom).

Kamleithner, C. (2009): „Regieren durch Community": Neoliberale Formen der Stadtplanung. In: Drilling, M. (Hrsg.): Governance der Quartiersentwicklung.

Theoretische und praktische Zugänge zu neuen Steuerungsformen: 29-47. Wiesbaden (VS).

Karow-Kluge, D. und G. Schmitt (2014): Gentrification neu denken – Wer ist beteiligt an Aufwertung und Verdrängung in städtischen Quartieren? *eNewsletter Wegweiser Bürgergesellschaft* 13: 1-12.

Kemper, J. und A. Vogelpohl (2013): Paradoxien der neoliberalen Stadt. *Geographische Zeitschrift*, 101 (3+4): 218-234.

Kennedy, M. und P. Leonard (2001): Dealing with Neighbourhood Change: A Primer on Gentrification and Policy Choices. Washington und Oakland (The Brookings Institution und PolicyLink). Internet: http://www.brookings.edu/~/media/research/files/reports/2001/4/metropolitanpolicy/gentr ification.pdf (01.05.2016).

Kingsley, J. und M. Townsend (2006): „Dig in" to social capital: Community gardens as mechanisms for growing urban social connectedness. *Urban Policy and Research* 24 (4): 525-537.

Kipfer, S., C. Schmid, K. Goonewardena und R. Milgrom (2008): Globalizing Lefebvre? In: Goonewardena, K., S. Kipfer, R. Milgrom und C. Schmid (Hrsg.): Space, Difference, Everyday Life: 285–305. New York (Routledge).

Klamt, M. (2012): Öffentliche Räume. In: Eckhardt, F. (2012) (Hrsg.): Handbuch Stadtsoziologie: 775-804. Wiesbaden (VS).

Klopotek, F. (2004): In: Bröckling, U., S. Krasmann und T. Lemke (2004): Glossar der Gegenwart: 216-221. Frankfurt am Main (Suhrkamp).

Krajewski, C. (2004): Gentrification in zentrumsnahen Stadtquartieren am Beispiel der Spandauer und Rosenthaler Vorstadt in Berlin-Mitte. Internet: http://www.stadtzukuenfte.de/Abstracts_17/Krajewski.pdf (30.04.2016).

Krajewski, C. (2006): Urbane Transformationsprozesse in zentrumsnahen Stadtquartieren – Gentrifizierung und innere Differenzierung am Beispiel der Spandauer Vorstadt und der Rosenthaler Vorstadt in Berlin. Münster (Institut für Geographie der westfälischen Wilhelms-Universität Münster).

Kritische Geographie Offenbach (2015): Gegen den Mythos der Aufwertung. Internet: https://offenbach.noblogs.org/post/2015/05/10/986/ (30.04.2016).

Kuckartz, U. (2010): Einführung in die computergestützte Analyse qualitativer Daten. Wiesbaden (VS).

Kurtz, H. (2001): Differentiating Multiple Meanings of Garden and Community. *Urban Geography* 22 (7): 656-670.

Lang, U. (2014): Cultivating the sustainable city: urban agriculture policies and gardening projects in Minneapolis, Minnesota. *Urban Geography* 35 (4): 477-485.

Lebuhn, H. (2008): Stadt in Bewegung : Mikrokonflikte um den öffentlichen Raum in Berlin und Los Angeles. Münster (Westfälisches Dampfboot).

Leclerc, F. (2014). Nordmainische S-Bahn. Auf: Frankfurter Rundschau online. Internet: http://www.fr-online.de/verkehr/ausbau-s-bahn-plaene-fuer-nordmainische-liegen-aus,23914936,29276726.html (30.04.2016).

Lefebvre, H. (1968): Le droit à la ville. Paris (Anthropos).

Lefebvre, H. (1969): Aufstand in Frankreich: Zur Theorie d. Revolution in den hochindustrialisierten Ländern. Frankfurt am Main und Berlin (Edition Voltaire).

Lefebvre, H. (1970): La révolution urbaine. Paris (Gallimard).

Lefebvre, H. (1972): Das Alltagsleben in der modernen Welt. Frankfurt am Main (Suhrkamp).

Lefebvre, H. (1973): La survie du capitalisme. La reproduction des rapports de production. Paris (Anthropos).

Lefebvre, H. (1974): La production de l'espace. Paris (Gallimard).

Lefebvre, H. (1976): Henri Lefebvre, The Survival of Capitalism: Reproduction of the Relations of Production, London (Allison and Busby).

Lefebvre, H. (1991): The Production of Space. Oxford (Blackwell).

Lefebvre, H. (1996): Writings on Cities. In: Kofman, E. und E. Lebas (Hrsg.): Writings on Cities. Henri Lefebvre. Oxford (Blackwell).

Lefebvre, H. (2003): The Urban Revolution. Minneapolis (University of Minnesota Press).

Lemke, H. (2009): Im Gemüse leben. Globale Renaturierung der Stadtgesellschaft durch urbane Agrikultur. In: Haarmann, A. und H. Lemke (Hrsg.): Kultur I. Natur. Kunst und Philosophie im Kontext der Stadtentwicklung: 121-136. Berlin (Jovis).

Lemke, H. (2012): Politik des Essens. Wovon die Welt von morgen lebt. Bielefeld (transcript).

Levi-Wach, B.: Interviewtranskript. Interview geführt am 10.06.2015.

Lohmann-Thomas, I. : Interviewtranskript. Interview geführt am 17.06.2015.

Lombard, M. (2014): Constructing ordinary places: Place-making in urban informal settlements in Mexico. *Progress in Planning* 94: 1-53.

Lossau, J. und K. Winter (2011): The Social Construction of City Nature. In: Endlicher, W., P. Hostert, I. Kowarik, E. Kulke, J. Lossau, J. Marzluff, E. van der Meer, H. Mieg, G. Niitzmann, M. Schulz und G. Wessolek (Hrsg.): Perspectives in Urban Ecology: 333-345. Berlin und Heidelberg (Springer).

Löw, T. (2013): Urban Gardening im Offenbacher Hafen. Internet: http://frankfurter-beete.de/2013/09/urban-gardening-im-hafen-offenbach/ (04.04.2016).

Löw, M. und S. Steets (2014): Umgang mit Gentrifizierung – Ein Vergleich der Städte Berlin, Frankfurt, Hamburg, Leipzig, München und Offenbach. Endbericht des Lehrforschungsprojekts „Wird Wohnen unbezahlbar? – Gentrifizierung, Mietpreisentwicklung und Protest im Städtevergleich". TU Darmstadt. Internet: http://raumsoz.ifs.tu-darmstadt.de/aktuelles/Umgang%20mit%20Gentrifizierung-Abschlussbericht.pdf (30.04.2016).

Lüders, M. (2014): Die Bedeutung des Urban Gardening für eine nachhaltige Stadtentwicklung. Urbanität, Nachhaltigkeit und die symbolische Dimension städtischer Gärten. Masterarbeit, Universität Konstanz. Internet: http://anstiftung.de/jdownloads/forschungsarbeiten_urbane_gaerten/lueders_nachhaltige_s tadtentwicklung.pdf (02.05.2016).

Magistrat der Stadt Offenbach am Main und Offenbach offensiv e.V. [Masterplan Offenbach] (2015a): Wohnen: Nordend. Internet: http://www.masterplan-offenbach.de/node/573 (12.03.2016).

Magistrat Stadt Offenbach am Main und Offenbach offensiv e.V. [Masterplan] (2015b): Masterplan Offenbach am Main: 2030. Internet: https://www.offenbach.de/medien/bindata/of/dir-19/masterplan_/160303_Broschuere_Masterplan_Offenbach.pdf (30.04.2016).

Mainviertel (2004): Projekt Hafen Offenbach. Internet [zugänglich über das Internet Archive]: https://web.archive.org/web/20040522192501/http://www.offenbach.de/Stadtwerke_Offe nbach_Holding/Gesellschaften/Mainviertel_-_Projekt_Hafen_Offenbach/ (30.04.2016).

Majic, D. (2014): Einmal Verdrängung mit allem. Auf: Frankfurter Rundschau online. Internet: http://www.fr-online.de/offenbach/offenbacher-nordend-einmal-verdraengung-mit-allem,1472856,26797758.html (30.04.2016).

Manus, C. (2015): Mehr als 18 Prozent mehr Miete. Auf: Frankfurter Rundschau online. Internet: http://www.fr-online.de/frankfurt/ostend-frankfurt-mehr-als-18-prozent-mehr-miete,1472798,32198496.html (24.10.2015).

Marcuse, P. (2005): ‚The city' as perverse metaphor. *City. analysis of urban trends, culture, theory, policy, action* 9 (2): 247-254.

Martin, D. (2003): „Place-Framing" as Place-Making: Constituting a Neighbourhood for Organizing and Activism. *Annals of the Association of American Geographers* 93 (3): 730-750.

Massey, D. (1991): A Global Sense of Place. In: *Marxism Today* (June): 24-29.

Massey, D. (1993): Power-Geometry and a Progressive Sense of Place. In: Bird, J. (Hrsg.): Mapping the Futures: Local Cultures, Global Change: 59-69. London (Routledge).

Massey, D. (1994): Space, Place, Gender. Minneapolis (University of Minnesota Press).

Massey, D. und P. Jess (1995): A Place in the World? Oxford (Oxford University Press).

Massey, D. (1999): Power-Geometries and the Politics of Space-Time. Hettner-Lecture. Heidelberg (University of Heidelberg Press).

Massey, D. (2003): Spaces of Politics – Raum und Politik. In: Gebhardt, H., P. Reuber und G. Wolkensdorfer (Hrsg.): Kulturgeographie. Aktuelle Ansätze und Entwicklungen: 31-47. Heidelberg (Spektrum).

Massey, D. (2006): Keine Entlastung für das Lokale. In: Berking, H. (Hrsg.): Die Macht des Lokalen in einer Welt ohne Grenzen: 25-32. Frankfurt am Main (Campus).

Massey, D. (2007): Politik und Raum/Zeit. In: Belina, B. und B. Michel (Hrsg.): Raumproduktionen. Beträge der Radical Geography. Eine Zwischenbilanz: 111-133. Münster (Westfälisches Dampfboot).

Matha, D.: E-Mail-Interview. Interview zurückgesendet am 14.09.2015.

Mattissek, A., C. Pfaffenbach und P. Reuber (2013): Methoden der empirischen Humangeographie. Braunschweig (Westermann). ·

Mayer, M. (1994): Post-Fordist City Politics. In: Amin, A. (Hrsg.): Post-Fordism. A Reader: 316-337. Oxford UK und Cambridge Ma (Blackwell).

Mayer, M. (2008): Städtische soziale Bewegungen. In: Roth, R. und D. Rucht (Hrsg.): Die sozialen Bewegungen in Deutschland seit 1945. Ein Handbuch: 293-318. Frankfurt am Main: (Campus).

Mayer, M. (2013a): Urbane soziale Bewegungen in der neoliberalisierenden Stadt. *sub\urban. zeitschrift für kritische stadtforschung* 1: 155-168.

Mayer, M. (2013b): Was können urbane Bewegungen, was kann die Bewegungsforschung bewirken? Replik zu den fünf Kommentaren. *sub\urban. zeitschrift für kritische stadtforschung* 75: 193-204.

Mayring, P. (1997): Qualitative Inhaltsanalyse. Grundlagen und Techniken. Weinheim (Belz).

McCann, E. (2007): Rasse, Protest und öffentlicher Raum. Lefebvre in der US-amerikanischen Stadt. In: Belina, B. und B. Michel (Hrsg.): Raumproduktionen. Beiträge der Radical Geography. Eine Zwischenbilanz: 235-255. Münster (Westfälisches Dampfboot).

McClintock, N. (2014): Radical, Reformist, and Garden-Variety Neoliberal: Coming to Terms with Urban Agriculture's Contradictions. Urban Studies and Planning Faculty Publications and Presentations, Paper 93. Internet: http://pdxscholar.library.pdx.edu/cgi/viewcontent.cgi?article=1090&context=usp_fac (01.07.2015).

Merkel, J. (2012): Kreative Milieus. In: Eckhardt, F. (2012): Handbuch Stadtsoziologie: 689-710. Wiesbaden (VS).

Merrifield, A. (1993): Place and Space: A Lefebvrian Reconciliation. *Transactions of the Institute of British Geographers* 18 (4): 516-531.

Metzger, J. (2014): Urban Gardening. In: Belina, B., M. Naumann und A. Strüver (Hrsg.): Handbuch Kritische Stadtgeographie: 244-249. Münster (Westfälisches Dampfboot).

Meyer-Renschhausen, E. (2004): Unter dem Müll der Acker. Community Gardens in New York City. Königstein (Helmer).

Meyer-Renschhausen, E. (2011): Von Pflanzerkolonien zum nomadisierenden Junggemüse. Zur Geschichte des Community Gardening in Berlin. In: Müller, C. (Hrsg.): Urban Gardening. Über die Rückkehr der Gärten in die Stadt: 319-333. München (oekom).

Michels, C. (2011): Nichts wie weg. Auf: Frankfurter Rundschau online. Internet: http://www.fr-online.de/freizeittipps/voll-das-leben-nichts-wie-weg,1474298,8264282,view,printVersion.html (07.04.2016).

Middle, I., P. Dzidic, A. Buckley, D. Bennett, M. Tye und R. Jones (2014): Integrating community gardens into public parks: An innovative approach for providing ecosystem services in urban areas. *Urban Forestry & Urban Greening* 13 (4): 638-645.

Moores, S. (2006): Ortskonzepte in einer Welt der Ströme. In: Hepp, A., F. Krotz und S. Moores (Hrsg.): Konnektivität, Netzwerk und Fluss: 189-207. Wiesbaden (VS).

Mösgen, A. (2015): Projektseminar Quantitative Verfahren. Das Ostend im Wandel – Auswertung einer BewohnerInnen-Befragung. Internet: https://www.uni-frankfurt.de/59434280/Wohnen_im_Ostend.pdf (30.04.2016).

Mössner, S. (2016): Quartiersmanagement in der postpolitischen Stadt. In: Oehler, P., M. Drilling und N. Thomas (Hrsg.): Soziale Arbeit in der unternehmerischen Stadt. Kontexte, Programmatiken, Ausblicke: 131-142. Wiesbaden (VS).

Mullis, D. und S. Schipper (2013): Die postdemokratische Stadt zwischen Politisierung und Kontinuität. Oder ist die Stadt jemals demokratisch gewesen? *sub\urban. zeitschrift für kritische stadtforschung* 2: 79-100.

Muthorst, J., K. Schmidt und M. Arning (2010): VGH kippt Hafenbebauung. Auf: Frankfurter Rundschau online. Internet: http://www.fr-online.de/offenbach/offenbacher-grossprojekt-vgh-kippt-hafenbebauung,1472856,2797004.html (30.04.2016).

Müller, C. (Hrsg.) (2011a): Urban Gardening. Über die Rückkehr der Gärten in die Stadt. München (oekom).

Müller, C. (2011b): Guerilla Gardening und andere Strategien der Aneignung des städtischen Raums. In: Bergmann, M. und B. Lange (Hrsg.): Eigensinnige Geographien: 281-288. Wiesbaden (VS).

Müller, C. (2012): Urban Gardening: Die grüne Revolte. Warum Gärtnern in der Stadt politisch ist. *Blätter für deutsche und internationale Politik* 8: 103-111.

Müller, R. (2015): Städte der Zukunft: Grün ist die Hoffnung. Auf Spiegel online. Internet: http://www.spiegel.de/kultur/gesellschaft/hamburg-stadtgruen-3-0-ausstellung-zu-gruenflaechen-projekten-a-1014381.html (01.05.2016).

Neder, S. (2014): Angrillen im Hafengarten. Auf: Offenbach-Post online. Internet: http://www.op-online.de/offenbach/offenbach-warteliste-hafengarten-lang-3480487.html (07.04.2016).

Nienhaus, L. (2013): Tagelöhner trifft Notenbanker. Auf: Frankfurter Allgemeine Zeitung online. Internet: http://www.faz.net/aktuell/wirtschaft/frankfurter-stadtteile-im-wandel-tageloehner-trifft-notenbanker-12545498.html (30.04.2016).

Ochs, B. (2010): Im Frankfurter Osten viel Neues. Auf: Frankfurter Allgemeine Zeitung online. Internet: http://www.faz.net/aktuell/wirtschaft/immobilien/wohnen/stadtteile-im-wandel-im-frankfurter-osten-viel-neues-1576776.html (30.04.2016).

Ochs, B. (2013): Des Großstadtmenschen Garten. Auf: Frankfurter Allgemeine Zeitung online. http://www.faz.net/aktuell/wirtschaft/immobilien/urban-gardening-des-grossstadtmenschen-garten-12204938.html?printPagedArticle=true (10.07.2015).

Offenbacher Projektentwicklungsgesellschaft [OPG] (o.J.): Personen- und Dienstleistungsverzeichnis. Internet: https://www.offenbach.de/vv/oe/opg.php (04.04.2016).

Offenbach-Post (2015): Offenbach kämpft gegen den schlechten Ruf. Auf: Offenbach-Post online. Internet: http://www.op-online.de/offenbach/offenbach-kaempft-gegen-schlechten-5816687.html (30.04.2016).

OF Loves U (o.J.): Hafengarten. Internet: http://www.oflovesu.com/ueber-leben/freizeit/hafengarten/ (07.04.2016).

Ohliger, A.: Interviewtranskript. Interview geführt am 22.07.2015.

Peck, J. und A. Tickell (2002): Neoliberalizing Space. *Antipode* 32 (2): 380-404.

Perret, J. und M. Rutschmann (2011): Aus – Genutzt. Zwischennutzung kurz vor dem Aus – Wohin mit den entstandenen soziokulturellen Qualitäten? Bachelorarbeit, Hochschule Luzern. Internet: http://edoc.zhbluzern.ch/hslu/sa/ba/2011_ba_Perret-Rutschmann.pdf (01.05.2016).

Pesch, F. (2008): Stadtraum heute. Betrachtungen zur Situation des öffentlichen Raums. *RaumPlanung* 136: 32-36.

Pierce, J., D. Martin und J. Murphy (2011): Relational Place-Making: The Networked Politics of Place. *Transactions of the institute of British Geographers* 36 (1): 54-70.

Pole, A. und M. Gray (2013): Farming alone? What's up with the „C" in community supported agriculture? *Agriculture and Human Values* 30 (1): 85-100.

Prechel, A. (2014): Respekt vor der Natur „Made in Germany". Auf: Die Welt online. Internet: http://www.welt.de/regionales/hessen/article131352508/Respekt-vor-der-Natur-Made-in-Germany.html (29.04.2016).

Pred, A. (1984): Place as Historically Contingent of Process: Structuration and the Time-Geography of Becoming Place. *Annals of the Association of American Geographers* 74 (2): 279-297.

Prinzessinnengärten (2016): Über Nomadisch Grün und die Prinzessinnengärten. Internet: http://prinzessinnengarten.net/wir/ (01.05.2016).

Pudup, M. B. (2008): It takes a garden: Cultivating citizen-subjects in organized garden projects. *Geoforum* 39: 1228-1240.

Putnam, R. (1993): Making Democracy Work. Civic traditions in modern Italy. Princeton (Princeton University Press).

Quastel, N. (2009): Political Ecologies of Gentrification. *Urban Geography* 30 (7): 694-725.

Rasper, M. (2012): Vom Gärtnern in der Stadt. Die neue Landlust zwischen Beton und Asphalt. München (oekom).

Reckwitz, A. (2009): Die Selbstkulturalisierung der Stadt. *Mittelweg* 36 18 (2): 2-34.

Reckwitz, A. (2014): Die Erfindung der Kreativität. Zum Prozess gesellschaftlicher Ästhetisierung. Frankfurt am Main (Suhrkamp).

Reichel, H.: Interviewtranskript. Interview geführt am 09.07.2015.

Reimers, B. (Hrsg.) (2010): Gärten und Politik. Vom Kultivieren der Erde. München (oekom).

Rellensmann, L. (2010): Das Phänomen der Zwischennutzung unter besonderer Berücksichtigung der Denkmalpflege am Beispiel der jüngeren Berliner Stadtgeschichte. Masterarbeit, Brandenburgische Technische Universität Cottbus. Internet: https://www-docs.tucottbus.de/denkmalpflege/public/downloads/Rellensmann_Masterarbeit_Zwischen nutzung.pdf (30.05.2016).

Relph, E. (1976): Place and Placelessness. London (Pion).

Reynolds, K. (2015): Disparity Despite Diversity: Social Injustice in New York City's Urban Agriculture System. *Antipode* 47 (1): 240-259.

Richter, H. (2015): Frühlingserwachen im Hafengarten. Auf: Offenbach-Post online. Internet: http://www.op-online.de/offenbach/fruehlingserwachen-hafengarten-offenbach-4841540.html (30.04.2016).

Riedlinger, D. (2014): Urban Gardening – zwischen privat und öffentlich. Auf: ORF online. Internet: http://sciencev2.orf.at/stories/1739497 (01.05.2016).

Rose, N. (2000a): Governing cities, governing citizens. In: Isin, E. F. (2000) (Hrsg.): Democracy, citizenship, and the global city: 95–109. London und New York (Routledge).

Rose, N. (2000b): Tod des Sozialen? Eine Neubestimmung der Grenzen des Regierens. In: Bröckling, U., S. Krasmann und T. Lemke (Hrsg.): Gouvernementalität der Gegenwart. Studien zur Ökonomisierung des Sozialen: 72-109. Frankfurt am Main (Suhrkamp).

Rosendorff, K. (2013): Gegen die Verwahrlosung. Bürgerinitiative beklagt Zustände rund um alte Feuerwache im Ostend. Auf: Die Welt online. Internet: http://www.welt.de/print/welt_kompakt/frankfurt/article118579112/Gegen-die-Verwahrlosung.html (13.04.2016).

Rosol, M. (2006): Gemeinschaftsgärten in Berlin. Eine qualitative Untersuchung zu Potenzialen und Risiken bürgerschaftlichen Engagements im Grünflächenbereich vor dem Hintergrund des Wandels von Staat und Planung. Dissertation, Humboldt-Universität zu Berlin. Berlin (Humboldt-Universität zu Berlin). Internet: http://edoc.hu-berlin.de/dissertationen/rosol-marit-2006-02-14/PDF/rosol.pdf (01.05.2016).

Rosol, M. (2010): Public Participation in Post-Fordist Urban Green Space Governance: The Case of Community Gardens in Berlin. International Journal of Urban and Regional Research 34 (3): 548-563.

Rosol, M. (2011): Ungleiche Versorgung mit Grün- und Freiflächen – (K)ein Thema für die Freiraumplanung? In: Belina, B., N. Gestring und D. Sträter (Hrsg.): Urbane Differenzen. Disparitäten innerhalb und zwischen Städten: 98-114. Münster (Westfälisches Dampfboot).

Rosol, M. (2012): Community volunteering as a neo-liberal strategy? The case of green space production in Berlin. Antipode 44 (1): 239-257.

Rosol, M. und I. Dzudzek (2014): Partizipative Planung. In: Belina, B., M. Naumann und A. Strüver (Hrsg.): Handbuch Kritische Stadtgeographie: 212-217. Münster (Westfälisches Dampfboot).

Röth, F. (2015): Gemüse direkt aus der Stadt. Auf: Frankfurter Allgemeine Zeitung online. Internet: http://www.faz.net/aktuell/wirtschaft/urban-gardening-gemuese-direkt-aus-der-stadt-13746505.html (01.05.2016).

Route der Industriekultur Rhein-Main (2005): Route der Industriekultur Rhein-Main. Offenbach (Stadtplanung und Baumanagement).

Rudolph, M. (2013): Urban Gardening am Danziger Platz. Auf: Eastside Frankfurt online. Internet: http://www.eastside-frankfurt.de/2013/11/urban-gardening-am-danziger-platz/ (13.04.2016).

Sack, D.: Urban Governance. In: Eckhardt, F. (2012): Handbuch Stadtsoziologie: 311-335. Wiesbaden (VS).

Säumel, I. (2013): Wie gesund ist die „Essbare Stadt"? Schwermetalle in Stadtgemüse und Stadtobst. Forum Geoökologie 24 (2): 20-24.

Sbicca, J. (2014): The Need to Feed: Urban Metabolic Struggles of Actually Existing Radical Projects. *Critical Sociology* 40 (6) 817-834.

Schaible, I. (2015): Hafenpark und hippe Läden: Das Ostend im Wandel. Auf: Echo online. Internet: http://www.echo-online.de/politik/hessen/hafenpark-und-hippe-laeden-das-ostend-im-wandel_15221597.htm (30.04.2016).

Schenk, M.: Interviewtranskript. Interview geführt am 07.07.2015.

Scheve, J. (2014): Ort, Raum und Vergemeinschaftung in einem urbanen Gartenprojekt auf dem Tempelhofer Feld in Berlin. *Artec-Paper* 202: 1-106.

Schipper, S. (2014): Die unternehmerische Stadt. In: Belina, B., M. Naumann und A. Strüver (Hrsg.): Handbuch Kritische Stadtgeographie: 97-102. Münster (Westfälisches Dampfboot).

Schipper, S. und B. Belina (2009): Die neoliberale Stadt in der Krise? Anmerkungen zum 35. Deutschen Städtetag unter dem Motto „Städtisches Handeln in Zeiten der Krise". Z. *Zeitschrift Marxistische Erneuerung* 80: 38-51.

Schipper, S. und F. Wiegand (2015): Neubau-Gentrifizierung und globale Finanzkrise. Der Stadtteil Gallus in Frankfurt am Main zwischen immobilienwirtschaftlichen Verwertungszyklen, stadtpolitischen Aufwertungsstrategien und sozialer Verdrängung. *sub\urban. zeitschrift für kritische stadtforschung* 3 (3): 7-32.

Schlegel, T. (2014): Mythen des Raumes: Analyse immobilienwirtschaftlicher Konstruktion „besonderer Orte" in der symbolischen Gentrification am Beispiel von Berlin-Friedrichshain. *der sozius. Zeitschrift für Soziologie* 2: 68-89.

Schlepper, B. (2015): Frankfurt-Ostend Kritik am Frankfurter Garten. Auf: Frankfurter Rundschau online. Internet: http://www.fr-online.de/frankfurt/frankfurt-ostend-kritik-am-frankfurter-garten,1472798,32057478.html (13.04.2016).

Schmelzkopf, K. (1995): Urban community gardens as contested space. *Geographical Review* 85 (3): 364-381.

Schmid, C. (2005a): Stadt, Raum und Gesellschaft: Henri Lefebvre und die Theorie der Produktion des Raumes. Stuttgart (Steiner).

Schmid, C. (2005b): Theorie. In: Diener, R., J. Herzog, M. Meili, P. de Meuron und Schmid, C. (Hrsg.): Die Schweiz – ein städtebauliches Portrait. ETH Studio Basel, Institut Stadt der Gegenwart. Basel, Boston und Berlin (Birkhäuser).

Schmid, C. (2011): Henri Lefebvre und das Recht auf Stadt. In: Holm, Andrej und Dirk Gebhardt (Hrsg.): Initiativen für ein Recht auf Stadt. Theorie und Praxis städtischer Aneignungen: 25-51. Hamburg (VSA).

Schnell, S. M. (2013): Food miles, local eating, and community supported agriculture: Putting local food in its place. *Agriculture and Human Values* 20 (4): 615-628.

Schnur, O. (2014): Quartiersforschung im Überblick: Konzepte, Definitionen und aktuelle Perspektiven. In: Schnur, O. (Hrsg.): Quartiersforschung – Zwischen Theorie und Praxis:

21-56. Wiesbaden (VS).

Schöbel-Rutschmann, S. (2003): Qualität und Quantität – Strukturelle Perspektiven städtischer Grün- und Freiräume in Berlin. Dissertation, Technische Universität Berlin. Internet: https://depositonce.tu-berlin.de/bitstream/11303/1068/1/Dokument_28.pdf (03.05.2016).

Schulze, R. (2014): Das Frankfurter Ostend wird umgebaut. Auf: Frankfurter Allgemeine Zeitung online. Internet: http://www.faz.net/aktuell/rhein-main/boom-im-osten-frankfurts-das-frankfurter-ostend-wird-umgebaut-13125910.html (30.04.2016).

Schulze, R. (2015): Wie sich das Ostend wandelt. Auf: Frankfurter Allgemeine Zeitung online. Internet: http://www.1100architect.com/wp/wp-content/uploads/FAZ_Eastside-Lofts.pdf (30.04.2016).

Schubert, K. und M. Klein (2007): Das Politiklexikon. Bonn (Dietz).

Schweizer, P. und M. Rosol (2012): Ein Gemeinschaftsgarten als gelebtes Beispiel für eine alternative, solidarische Ökonomie. München (Stiftungsgemeinschaft anstiftung & ertomis). Internet: https://www.uni-frankfurt.de/46212124/Schweizer_Rosol_2012.pdf (12.07.2015).

Selle, K. (1997): Kooperation im intermediären Bereich – Planung zwischen „Commodifizierung" und „zivilgesellschaftlicher Transformation". In: Heinelt, H. und K. M. Schmals (Hrsg.): Zivile Gesellschaft. Entwicklung, Defizite, Potentiale: 29-57. Opladen (Leske + Budrich).

Selle, K. (2008): Öffentliche Räume – eine Einführung. Begriff, Bedeutung und Wandel der öffentlich nutzbaren Räume in den Städten. Internet: http://www.pt.rwth-aachen.de/dokumente/lehre_materialien/c3a_oeffentlicher_raum.pdf (30.04.2016).

ShoutOutLoud (o.J.): Unsere Mission. Internet: http://shoutoutloud.eu/unsere-mission/ (30.04.2016).

Simmel, G. (1903): Die Grossstädte und das Geistesleben. In: Petermann, T. (Hrsg.): Die Grossstadt. Vorträge und Aufsätze zur Städteausstellung. Jahrbuch der Gehe-Stiftung Dresden, Band 9: 185-206. Dresden (Gehe-Stiftung).

Smith, N. (2002): New globalism, new urbanism: gentrification as global urban strategy. *Antipode* 34: 427–50.

Soja, E. W. (1996): Thirdspace. Journeys to Los Angeles and Other Real-and-Imagined Places. Oxford UK und Cambridge Ma (Blackwell).

Sondermann, M. (2011): Book Review: Müller, Christa (Hg.): Urban Gardening. Über die Rückkehr der Gärten in die Stadt. Auf: Erdkunde. Archive for Scientific Geography. Internet: https://www.erdkunde.uni-bonn.de/archive/2011/book-reviews-2011-3 (02.05.2016).

Sparke, M. (2009): Globalization. In: Gregory, D., R. Johnston, G. Pratt, M. J. Watts und S. Whatmore (Hrsg.): The Dictionary of Human Geography: 308-311. Malden, Oxford and Chichester (Wiley-Blackwell).

Spars, G. und K. Overmeyer (2014): Raumunternehmen als treibende Kraft der Quartiersentwicklung. In: O. Schnur, M. Drilling und O. Niermann (Hrsg.): Zwischen Lebenswelt und Renditeobjekt. Quartiere als Wohn- und Investitionsorte: 159-173. Wiesbaden (VS).

Stadt Frankfurt am Main (2015a): Frankfurter gärtnert. Frankfurt am Main (Stadt Frankfurt am Main).

Stadt Frankfurt am Main (2015b): Abschlussbericht zur Sanierungsmaßnahme Frankfurt am Main „Ostendstraße". Baustein 3/2015. Internet: https://www.frankfurt.de/sixcms/media.php/738/Baustein_3_15_Abschlussbericht_Osten d.pdf (29.04.2016).

StadtkindFFM (2013): Frankfurter Garten am Danziger Platz. Internet: http://www.stadtkindfrankfurt.de/2013/02/14/frankfurter-garten-am-danziger-platz/ (07.04.2016).

Stadt Offenbach am Main (o.J.): Haushalt und Finanzen. Internet: http://www.offenbach.de/rathaus/haushalt-und-finanzen/index.php (30.04.2016).

Stadt Offenbach (o.J): Wie sich das Nordend und der Hafen Offenbach gegenseitig bereichern. Internet: http://www.offenbach.de/leben-in-of/stadtteile-quartiersmanagement/nordend/nordend-und-hafen.php (07.04.2016).

Stadtplanungsamt Frankfurt am Main (2015): Stadterneuerung Ostend. Internet: http://www.stadtplanungsamt-frankfurt.de/stadterneuerung_ostend_5425.html (29.04.2016).

Stadtpost Offenbach (2016): Park soll die Offenbacher Hafeninsel zum Ausflugsziel machen. Auf: Stadtpost Offenbach online. Internet: https://www.stadtpost.de/stadtpost-offenbach/park-offenbacher-hafeninsel-ausflugsziel-id6119.html (30.04.2016).

Staeheli, L. A., D. Mitchell und K. Gibson (2002): Conflicting rights to the city in New York's community gardens. *GeoJournal* 58 (2/3): 197-205.

Staeheli, L. A. (2008): Citizenship and the problem of community. *Political Geography* 27 (1): 5-21.

Staib, J. (2015): Zurück zur Natur! Auf: Frankfurter Allgemeine Zeitung online. Internet: http://www.faz.net/aktuell/politik/inland/urban-gardening-die-sehnsucht-nach-der-natur-13728855.html (01.05.2016).

Steets, S. (2007): Wir sind die Stadt. Kulturelle Netzwerke und die Konstitution städtischer Räume in Leipzig. Frankfurt am Main (Campus).

Stöber, (2007): Von „brandneuen" Städten und Regionen – Place Branding und die Rolle der visuellen Medien. *Social Geography* 2: 47-61.

Strüver, A. (2014): Doreen Massey – Stadt und Geschlecht. In: Belina, B., M. Naumann und A. Strüver (Hrsg.): Handbuch kritische Stadtgeographie: 37-42.

Süßmann, S.: Interviewtranskript. Interview geführt am 24.07.2015.

Swyngedouw, E. (2013): Die postpolitische Stadt. sub\urban. zeitschrift für kritische stadtforschung 2: 141-158.

Teder, M. (2011): Transitional use – approaching temporary spatial gaps in urban landscapes. Paper for the Young Researchers' Day 2011-07-04 at the ENHR conference 2011. Internet: http://www.enhr2011.com/sites/default/files/Paper-Maria%20Teder-02-03.pdf (30.04.2016).

Tornaghi, C. (2014): Critical Geography of Urban Agriculture. Progress in Human Geography 38 (4): 551-567.

Tuan, Y. (1977): Space and Place. The Perspective of Experience. Minneapolis (University of Minnesota Press).

Twickel, O. (2013): Macht und Metropolen: Man baut unsere Städte für die Oberschicht. Interview mit David Harvey. Auf: Spiegel online. Internet: http://www.spiegel.de/kultur/gesellschaft/der-marxist-und-geograph-david-harvey-ueber-das-recht-auf-stadt-a-895290.html (02.05.2016).

Umweltministerium Hessen (2015a): Landeswettbewerb – Städte sind zum Leben da! Internet: https://umweltministerium.hessen.de/klima-stadt/staedtebau/staedte-sind-zum-leben-da (07.04.2016).

Umweltministerium Hessen (2015b): Übersicht der Wettbewerbsbeiträge. Internet: https://umweltministerium.hessen.de/sites/default/files/media/hmuelv/deckblaetter_u_kur zfassungen_fotoreduziert_2.pdf (30.04.2016).

Vermeulen, T. (2015): Space is the Place. Internet: http://www.frieze.com/article/space-place (01.05.2016).

Virilio, P. (2006): Die Auflösung des Stadtbildes. In: Dünne, J. und S. Günzel: Raumtheorie. Grundlagentexte aus Philosophie und Kulturwissenschaften: 262-273. Frankfurt am Main (Suhrkamp).

Vogelpohl, A. (2011): Städte und die beginnende Urbanisierung. Henri Lefebvre in der aktuellen Stadtforschung. Raumforschung und Raumordnung 69 (4): 233-243.

Vogelpohl, A. (2014a): Henri Lefebvre – Die soziale Produktion des Raumes und die urbanisierte Gesellschaft. In: Belina, B., M. Naumann und A. Strüver (Hrsg.): Handbuch kritische Stadtgeographie: 25-31. Münster (Westfälisches Dampfboot).

Vogelpohl, A. (2014b): Stadt der Quartiere? Das Place-Konzept und die Idee von urbanen Dörfern. In: Schnur, O. (Hrsg.): Quartiersforschung – Zwischen Theorie und Praxis: 69-86. Wiesbaden (VS).

Von Allwörden, A. und N. Faßmann (2013): Pflanze sucht Nachbarn. Von einer Kampagne, die auszog, nachhaltiges Gärtnern zu lernen. *Forum Geoökologie* 24 (2): 25-29.

Von der Haide, E. (2007): Gemüse und Solidarität. Urbane Landwirtschaft und Gemeinschaftsgärten in Buenos Aires. Internet: http://anstiftung.de/jdownloads/Skripte%20zu%20Migration%20und%20Nachhaltigkeit/skript.5.buenos_aires-ella.endversion.pdf (05.04.2015).

Von der Haide, E. (2014): Die neuen Gartenstädte. Urbane Gärten, Gemeinschaftsgärten und Urban Gardening in Stadt- und Freiraumplanung Internationale Best Practice Beispiele für kommunale Strategien im Umgang mit Urbanen Gärten. München (anstiftung & ertomis).

Von Ruschkowski, E. (2002): Lokale Agenda 21 in Deutschland – eine Bilanz. Auf: Bundeszentrale für politische Bildung online. Internet: http://www.bpb.de/apuz/26785/lokale-agenda-21-in-deutschland-eine-bilanz?p=all (02.05.2016).

Wachter, C. (2015): Abschied vom Hafengarten wegen Bebauung. Auf: Offenbach-Post online. Internet: http://www.op-online.de/offenbach/offenbach-abschied-hafengarten-wegen-bebauung-4984989.htm (07.04.2016).

Walker, A.: Interviewtranskript. Interview geführt am 10.06.2015.

Walther, U.-J. und S. Güntner (2007): Vom lernenden Programm zur lernenden Politik? Stand und Perspektiven sozialer Stadtpolitik in Deutschland. In: *Informationen zur Raumentwicklung* 34 (6): 345-362.

Werner, C. (2011): Grüner Daumen gegen graue Stadt. Urbane Gärten und urbane Landwirtschaft. *Entgrenzt* 1(2): 26-36.

Wienekamp, J. S.: Interviewtranskript. Interview geführt am 07.07.2015.

Widmer, C. (2009): Aufwertung benachteiligter Quartiere im Kontext wettbewerbsorientierter Stadtentwicklungspolitik am Beispiel Zürich. In: Drilling, M. und O. Schnur (Hrsg.): Governance der Quartiersentwicklung. Theoretische und praktische Zugänge zu neuen Steuerungsformen: 48-67. Wiesbaden (VS).

Wikipedia (2016): Offenbacher Hafen. Internet: https://de.wikipedia.org/wiki/Offenbacher_Hafen (30.04.2016).

Wildner, K. (2012): Transnationale Urbanität. In: Eckhardt, F. (Hrsg.): Handbuch Stadtsoziologie: 213-229. Wiesbaden (VS).

Wirth, L. (1938): Urbanism as a Way of Life. *The American Journal of Sociology* 44 (1): 1-24.

Wirtschaftsförderung Offenbach (2015): Offenbach. Hafen und Nordend. Lieblingsorte. Internet: https://www.offenbach.de/medien/bindata/soh/Nordend-Map.pdf (13.04.2016).

Wißmann, C. (2014): Urban Gardening: Stadtluft macht Blei. Auf: Spiegel online. Internet: http://www.spiegel.de/wirtschaft/urban-gardening-die-versorgung-der-staedte-neu-organisieren-a-970305.html (30.04.2016).

Wolch, J. R., J. Byrne und J. P. Newell (2014): Urban green space, public health, and environmental justice: The challenge of making cities ‚just green enough‘. *Landscape and Urban Planning* 125: 234-244.

ZDF Nachtstudio [ZDF] (2012): Urban Gardening. Die grüne Zukunft der Städte? Auf: ZDF online. Internet: http://www.zdf.de/nachtstudio/urban-gardening-6870388.html (30.04.2016).

Zukin, S. (2010): Naked City: The Death and Life of Authentic Urban Places. Oxford (Oxford University Press).

Anhang

Anhang 1: Bildmaterial zum Frankfurter Garten

Abbildung 1: Blick auf einige Hochbeete und den Bürocontainer im vorderen Teil des *Frankfurter Gartens* (Eigene Aufnahme, April 2016).

Abbildung 2: Blick auf den Gartenkiosk mit der Dachterrasse und die davor gelegenen Sitzmöglichkeiten (Eigene Aufnahme, April 2016).

Abbildung 3: Hochsaison im *Frankfurter Garten*, Blick auf die Nachbar_innenhäuser (Eigene Aufnahme, Juli 2015).

Abbildung 4: Von Gärtner_innen selbstkonstruierte Wasserpumpe, die mit Windenergie betrieben wird (Eigene Aufnahme, Juli 2015).

Abbildung 5: Blick von der Dachterrasse des Gartenkiosks auf die Garten- und Freifläche des *Frankfurter Gartens* (Eigene Aufnahme, April 2016).

Abbildung 6: Blick von der Dachterrasse des Gartenkiosks auf die
Garten- und Freifläche des *Frankfurter Gartens* (Eigene Aufnahme,
April 2016).

Anhang 2: Bildmaterial zum Hafengarten Offenbach

Abbildung 1: Blick auf den entstehenden *Hafengarten Offenbach* (Aufnahme zur Verfügung gestellt von Sabine Süßmann, ehemalige Koordinatorin des *Hafengartens Offenbach*, Mai 2013).

Abbildung 2: Hochsaison im *Hafengarten Offenbach*, Blick auf einige Beete (Eigene Aufnahme, August 2015).

Abbildung 3: Der Platz vor dem Waggon ist ein beliebter Aufenthaltsort für die Gärtner_innen und Besucher_innen des *Hafengartens Offenbach* (Eigene Aufnahme, August 2015).

Abbildung 4: Blick auf den Waggon sowie auf die Neubauten des Hafenareals Offenbach (Eigene Aufnahme, August 2015).

Printed in the United States
By Bookmasters